霍金：没有身体的舞蹈

他知道什么？他带走什么？

哲远 著

江苏凤凰文艺出版社
JIANGSU PHOENIX LITERATURE AND
ART PUBLISHING, LTD

图书在版编目（CIP）数据

霍金：没有身体的舞蹈：他知道什么？他带走什么？/
哲远著. —南京：江苏凤凰文艺出版社，2018.4
ISBN 978-7-5594-1788-6

Ⅰ.①霍… Ⅱ.①哲… Ⅲ.①宇宙学－普及读物
Ⅳ.①P159-49

中国版本图书馆CIP数据核字（2018）第050815号

书　　　名	霍金：没有身体的舞蹈：他知道什么？他带走什么？	
著　　　者	哲　远	
责 任 编 辑	孙金荣	
特 约 编 辑	司亚宁	
文 字 校 对	孔智敏	
封 面 设 计	赵　博	
出 版 发 行	江苏凤凰文艺出版社	
出版社地址	南京市中央路165号，邮编：210009	
出版社网址	http://www.jswenyi.com	
印　　　刷	三河市金元印装有限公司	
开　　　本	700毫米×1000毫米　1/16	
印　　　张	20	
字　　　数	314千字	
版　　　次	2018年4月第1版　2018年4月第1次印刷	
标 准 书 号	ISBN 978-7-5594-1788-6	
定　　　价	48.00元	

（江苏凤凰文艺版图书凡印刷、装订错误可随时向承印厂调换）

2005 年 10 月，意大利蒙扎市议会通过了一项法案，禁止市民将金鱼养在球形鱼缸里观赏。提案者解释说，把金鱼关在圆形鱼缸里非常残忍，因为弯曲的表面会让金鱼眼中的"现实"世界变得扭曲。抛开这一法案给可怜的金鱼带来的福祉不谈，这个故事还提出了一个有趣的哲学问题：我们怎么知道我们感知到的"现实"是真实的？金鱼看见的世界与我们所谓的"现实"不同，但我们怎么能肯定它看到的就不如我们真实？说不定，我们这一生，也只是在透过一块扭曲的镜片打量周遭的世界。

目录
contents

1 / Preface
序言：浪漫的舞者，霍金

霍金虽然已经离我们远去，但关于他自由的灵魂、浪漫的"舞姿"，以及他言论的探讨甚至争论，或许现在才刚刚开始！

1 / Chapter 1
霍金：地球将在 200 年内毁灭

霍金的一系列震撼言论，再次触动科学界，波及宗教界，社会反响巨大。也只有霍金，才能够在每一次公开露面时，最大限度地吸引公众和媒体的注意力。

21 / Chapter 2
霍金：不要主动和外星人说话

相关的种种猜测和推论浮出水面，真相却一直沉在水底。当人们围绕着霍金的言论争论不休、猜测不停时，却忘了关注霍金本身。霍金是怎样的一个人？他到底有哪些转变？

39 / Chapter 3
霍金还知道什么？

霍金一生颇富传奇色彩。一个无神论者的科学家却与宗教界交好；一个曾经被预言只能再活 3 年的患者，却最终活了 76 岁，甚至一度有过濒死经验。这些传奇的经历，是否让霍金洞悉了某些秘密？

49 / Chapter 4
不解之谜：我们和我们的世界

在任何一个星光闪烁的夜晚，当人们眺望星空时，也许常常会思考两个基本问题：我们为什么会在这里？我们在宇宙中是孤独的吗？

67 / Chapter 5
太阳系的现状与变化

我们试着了解我们的太阳系，原来熟悉的星系却陌生不已：探测活动中怪事连连；我们有可能生活在一个巨大的"摄影棚"里；我们的宇宙甚至可能只是一种幻象，一切感觉真实存在的东西其实并非存在？

113 / Chapter 6
霍金：宇宙如此创生

20世纪科学的智慧和毅力在霍金身上得到了集中的体现。他对宇宙起源后10—43秒以来的宇宙演化图景作了清晰的阐释。

143 / Chapter 7
生命的起源与进化

生命是如何起源的？又经历了哪些过程才达到如今万物同荣的状态？这些问题使我们不得不谨慎审视我们熟悉的、普遍存在的生命本身。

171 / Chapter 8
人类的诞生和现状

我们来自何处，我们将要到哪里去？这个问题困扰了人类数千年。人类学家、考古学家、历史学家、生物学家等都曾对人类起源做过各种角度的研究，然而，迄今仍没有最令人信服的说法。

205 / Chapter 9
我们是孤独的存在吗？

这不仅是指我们作为一个个体是否孤独，还指作为一个能够发展出文明的物种来说，在数千光年的范围内，我们是否孤独。

243 / Chapter 10
外星人究竟在哪里？

种种迹象显示，真相正在逐步展现，"演员"开始粉墨登场，"大戏"即将拉开帷幕，只是，作为观者的我们，不知道是真正的清醒者，还是正在觉醒觉悟中，抑或糊涂茫然，依然沉睡着。

297 / Chapter 11
霍金：生命起源无关上帝

霍金的地球末日论直指人类本性的贪婪自私，地球——盖亚母亲已经不堪重负。而更多的末日论却与"天"有关，关于太阳、太阳系、银河、神秘天体。灾难，自天而降。

霍金：

没有身体的舞蹈

序 言
浪漫的舞者，霍金

霍金虽然已经离我们远去，但关于他自由的灵魂、浪漫的"舞姿"，以及他言论的探讨甚至争论，或许现在才刚刚开始！

爱因斯坦说：上帝从不掷骰子。意即一切都按照宇宙规律运行。

霍金却说：上帝也掷骰子。上帝也不能把握每一件事的全部，宇宙不仅充满规律性，更充满偶然性。宇宙今天的一切都是在必然规律和无规律偶然的作用下形成的。

在一些人眼中，霍金是20世纪后期最伟大的物理学家。在更多人眼中，虽然他的身体不适，可他的灵魂无比自由，宛若浪漫的舞者。

霍金的魅力不仅在于他是一个充满传奇色彩的物理天才，也因为他是一个令人折服的生活强者。患有肌萎缩侧索硬化症的他，在轮椅上坐了40年，近乎全身瘫痪，1985年还因肺炎而渐渐丧失说话能力，演讲和问答只能通过语音合成器来完成。在残酷的现实面前，他却谱写出浪漫的诗篇：学术上，他被誉为当代的爱因斯坦；生活上，他结婚2次，子女3人。这也成为学界公认的霍金式的浪漫。

　　霍金的言论，更是极富浪漫气息。霍金想象中的外星生物充满着理想和浪漫的色彩：体积庞大，造型奇特，生活更是奇趣无比；而他所作的地球将在 200 年内毁灭的预言，从一开始就带有一种浓厚的文学色彩，公众猜想，霍金并不是不知道科学需要严谨的态度，需要实事求是的作风，而是通过这种描述更能让人们产生共鸣，让人乐于接受；霍金提出的时间旅行三种路径，虫洞、黑洞、光速，甚至时间旅行的本身也都是一种大胆而又乐观的想象……

　　霍金的浪漫色彩继续保持着。在接受《美国大观》（Parade Magazine）杂志采访时，霍金又表示，探索太空和时间旅行的主角应该是人类，而不是机器人，哪怕仅仅是出于追求浪漫的前提。霍金说："科学是真理的信徒，这话没错，但科学还是浪漫和激情的忠实拥趸。虽然机器人很擅长收集数据，但是在太空里它们无法完全取代人类。"因此他建议："由人类继续进行太空探索，仅是宇航员飘浮在深色太空背景中的场面，就会令人振奋，而人们需要这种鼓舞人心的力量。"

　　霍金甚至还和女儿合写过一本儿童科幻小说，名为《乔治开启宇宙的秘密钥匙》（George's Secret Key to the Universe）。2007 年 4 月，在美国零重力公司（Zero Gravity）策划下，霍金体验了总时间近 4 分钟的失重之旅，成为世界上第一位体验零重力飞行的残障人士。

　　现在，霍金虽然已经离我们远去，但关于他浪漫的舞姿、言论的探讨甚至争议，或许才刚刚开始！

Chapter 1

霍金:

地球将在 200 年内毁灭

　　霍金的一系列震撼言论，再次触动科学界，波及宗教界，社会反响巨大。也只有霍金，才能够在每一次公开露面时，最大限度地吸引公众和媒体的注意力。

在轮椅上坐了 40 年，被誉为当代爱因斯坦（Einstein）的物理学家史蒂芬·霍金（Stephen Hawking）靠仅剩下的几根能活动的手指，用黑洞理论撬动了整个科学界。他被称为宇宙之王。这一回，他再次搅起一个大旋涡。

2010 年 4 月 25 日，霍金说：外星生命几乎可以确定存在，人类不要主动和它们打招呼。

就在当月月底，霍金又言：人类终可实现时间旅行，但千万不要回到过去，否则会扰乱时间的结构，后果不堪设想。

2010 年 8 月 6 日，霍金警告：地球将在 200 年内毁灭，移民太空是唯一的出路。

2010 年 9 月 2 日，霍金声称：宇宙创造与上帝无关。

正是这一系列震撼言论，再次触动科学界，波及宗教界，社会反响巨大。也只有霍金，才能够在每一次公开露面时，最大限度地吸引公众和媒体的注意力。

当人类昂首于亿万斯年的灿烂星空时，一片伟大思想的光辉正漫过黎明的幽暗地带：让我们和历史一起，记住这个人——斯蒂芬·霍金。

霍金出生的那一天，正值伽利略（Galileo）逝世 300 年祭日。霍金离世的那一天，恰巧又是爱因斯坦出生之日。自 21 岁患肌萎缩侧索硬化症[1]（Amyotrophic Lateral Sclerosis，ALS）起，霍金饱受病痛的折磨，长时间被禁锢在一张轮椅之上。就是在这种极端的身体状况之下，霍金和罗杰·彭罗斯（Roger Penrose）合作，共同证明了奇性定理，并独立提出了"霍金辐射"理论；他无法用健全人的步履

---

[1] 肌萎缩侧索硬化症，是一种运动神经元病，也是四大常见的神经退行性疾病之一。其他三种为亨廷顿氏病、老年性痴呆症、帕金森氏病。本病发病率约十万分之五，男女患者之比约 3∶1，约 10% 的患者有家族遗传史。其遗传方式可以是常染色体显性或隐性。该病又被称为卢伽雷氏症，因美国历史上著名的棒球手卢伽雷（Lou Gehrig）患有此病而得名。本病生存期短者数月，长者 10 余年，平均 3—5 年。

行走，但他乘坐着"思考机器"，一次又一次越过想象的边界，在统一广义相对论和量子力学方面迈出重要的一步，并提出了许多设想；他无法用正常的声音表达，但在电脑的帮助下，一次又一次地成功演讲，提出自己对世界的看法。从时间的开端，到宇宙的黑洞，哪里有宇宙的出发点？哪里有宇宙的停止处？霍金思想的火花在茫茫宇宙中闪烁。

美国探索频道推出科学纪录片《与霍金一起了解宇宙》，图为同名 DVD 的封面。

2010 年 4 月 25 日，美国探索频道开始播出系列科普纪录片《与霍金一起了解宇宙》（*Into the Universe with Stephen Hawking*）。霍金首次以第一人称讲述的方式，对外星生命、时间机器、物种起源等非常火热的话题阐发观点，向人们揭示宇宙的奇迹——从宇宙大爆炸到时间的尽头，以及外星生命和时间旅行的可能性，探索宇宙的炫美与壮丽。此一系列纪录片共有 4 集，分别为《外星生命》《时间旅行》和《万物始末（上、下集）》。

正是在这一系列纪录片中，霍金提出外星人可能存在、时间旅行可行等观点。而在接受媒体访问中，霍金更是先后抛出人类将在 200 年内毁灭、上帝在宇宙形成的过程中并未起作用等看法。这些观点掷地有声，全球各界大为惊异。

这些听上去很科幻的猜想，因为霍金而变得让人有些无法释怀。短短几个月，霍金接二连三发出惊人之论，是肺腑之言，还是哗众取宠？是一直认同还是突然有感而发？是科学家的真知灼见，还是新书作者的宣传之计？

各种猜测纷至沓来，真相却并未大白。本书以霍金的言论为主线，结合这个世界已经和正在发生的种种神秘状况，力图凸显霍金所言的地球、人类、地外生物、宇宙的真实面目，以解开促使霍金作出这些惊人之论的秘密。

1. 霍金新思考之外星生物

"外星生命几乎肯定存在，人类最好不要主动和它们打招呼……"，尽管霍金梦想回到过去与梦露约会，但他自己也承认，这种旅行应该不会上演。

霍金认为，从理论上讲，时光隧道或虫洞能够带着人类前往其他行星。如果虫洞两端位于同一位置，且以时间而非距离分离，那么太空船就能飞入，并在地球附近重新出现。飞船只是回到了遥远的过去，或许恐龙能够看到太空船着陆。

但他同时提出一个"疯狂科学家"悖论：一个科学家建立了一个虫洞，仅需1分钟就回到了过去。通过虫洞，该科学家可以看到1分钟前的自己。如果这位科学家利用虫洞向以前的自己开枪，会发生什么？现在的他也跟着一命呜呼。那又是谁开的枪呢？这便是悖论。这种时间机器会违反整个宇宙所遵循的基本规则。

似乎任何通过虫洞或者其他方法回到过去的时间旅行都是不可能的，否则悖论就会发生。因此，前往过去的时间旅行似乎从未发生过。但是这并不是故事的结尾，这并不意味着所有时间旅行都是不可能的。"我相信时间旅行，相信能够进入未来……"

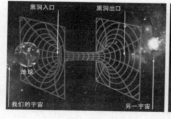

左图：虫洞，穿越第四维的通道。虫洞是根据爱因斯坦相对论预测的连接时空中两个不同地点的假想隧道或捷径。图片中的三维图轮廓集中呈现了这一点：负能量将时间和空间拖入一条隧道入口，并在另一个宇宙出现。

中图：黑洞，天然的时间机器。超大质量的黑洞对时间具有显著的影响，能令时间减缓。这使得它是台天生的时间机器。它之所以比虫洞更有优势，一是因为不会激发悖论，二是不会因反馈而走上自我毁灭之路。当然，考虑到黑洞的危险性，这一时间机器也并不实用。

右图：光速，时空旅行的关键。这是最有可能实现时间旅行的方式之一。

三种穿越路径：虫洞、黑洞、光速

时间流在不同的空间也有不同的速度，这是未来时间旅行的关键。爱因斯坦曾意识到，时间流应该有速度缓慢的地方。例如每艘太空船上都有精确的时钟，但它们每天比地球上的时钟快三十亿分之一秒。

霍金由此认为，带着人类飞入未来的时光机，在理论上是可行的，所需条件包括虫洞、太空中的黑洞或速度接近光速的宇宙飞船。

虫洞：穿越第四维的通道。霍金认为，时间旅行意味着我们要经过第四维，即时间。科学家们所设想的虫洞是穿越第四维的一个通道。霍金说，虫洞就在我们周围，只是小到人类的肉眼无法看见。宇宙中的万物都会出现小孔或者裂缝，这种基本规律同样适用于时间。时间也有着细微的裂缝和空隙。比分子、原子还要小的空隙被称为量子泡沫，虫洞就存在于量子泡沫中。有朝一日，人类也许能够捕获某一个虫洞，将它放大到足以使人类甚至宇宙飞船从中穿过。但霍金认为，虫洞本身存在一定的缺陷，原因就是反馈。一旦虫洞变大，大自然的辐射物便会进入，最终形成一个环路；反馈变得如此强劲，以致最终摧毁虫洞。

黑洞：天然的时间机器。霍金说，时间就如一条河流，在不同的地段会有不同的流速，而这正是实现通往未来之旅的关键。银河系中最重的天体——一个质量相当于 400 万个太阳的超大质量黑洞，可以明显地降低时间流逝的速度。霍金认为，它就像是一部天然的时间机器。如果一艘宇宙飞船绕这个黑洞运行 5 年时光，返回地球时会发现已过去了 10 年。但这种时光旅行的方式也存在问题：接近超大质量黑洞的危险太大。

光速：时空旅行的关键。霍金指出，如果我们想踏上未来之旅，那么速度必须加快。如果人类能够建造出速度接近光速的宇宙飞船，那么，宇宙飞船必然会因为不能违反光速最快的法则，而致使舱内的时间放慢。霍金设想出一艘大型极速宇宙飞船，其速度是人类历史上速度最快的载人飞船"阿波罗"10 号（Apollo 10）的 2000 倍。在太空飞行数年后，飞船将到达其最高速度——相当于光速的 99%。在这一速度下，在船上待 1 天，就相当于在地球上度过 1 年。船上的乘客变相地飞向了未来，实现了时间旅行的梦想。

霍金表示，他相信人类最终将利用掌握的物理学知识，成为穿越第四维的真正旅行者。

2. 霍金新思考之世界末日

"地球将在 200 年内毁灭，而人类要想继续存活只有一条路：移民外星球。"2010 年 8 月 6 日，在接受美国著名知识分子视频共享网站"智囊"（Big Think）访谈时，霍金这样说道。

接受访谈时，霍金表示，人类已经步入了更加危险的时期。人类基因中"具有自私和侵略性的本能"，这种本能帮助人类在历史上无数次灾难中幸存下来。但也是这一本能，致使人类肆无忌惮地掠夺地球资源，这个星球可供生命成长的养分已经所剩无几。

他还指出，在这 200 年里，人类面临的危机次数可能超过以往任何时候。1963 年的古巴导弹危机就是其中一例。"发生这种情况的频率在未来可能会不断升高，我们应该谨慎判断，成功解决这些问题。"

霍金说："如果能在未来 200 年里避开灾难的侵袭，人类应该就安全了，那时我们可以移居到太空……人类不能把所有的鸡蛋都放在一个篮子里，所以，不能将赌注放在一个星球上。"

至于人类如何前往外星球定居，霍金没有给出明确的答案。但按照科学家的估计，如使用化学燃料飞行器，要到达最近的星球也需要 5 万年，这显然早已超过了人类的寿命。如果要在人类的寿命期限之内到达外星球，人类就必须研制出接近光速的飞行器，还要想出办法来抵挡外太空中对人体有害的种种辐射。

人类大规模移民外太空实在难以想象，但霍金认为这关系到人类未来的生存。"如果我们人类是银河系中唯一具有高等智慧的生物，就应该确保自己能够永远生存。"

3．霍金新思考之宇宙创生

爱因斯坦说：上帝从不掷骰子。意即一切都按照宇宙规律运行。

霍金说：上帝也掷骰子。上帝也不能把握每一件事的全部，宇宙不仅充满规律性，更充满偶然性。宇宙今天的一切都是在必然规律和无规律偶然的作用下形成的。

宇宙怎样从无到有？宇宙如何创造出类似你我这样的生物？宇宙又将如何在遥远的未来终结？

哈勃太空望远镜传回的一张图片显示，银河中心充斥着近红外线。霍金表示，我们的存在是物理学结果，与上帝无关。

霍金的致命一击

神学和科学的争论，持续了数百年。而霍金再次引起轩然大波："宇宙创造过程中，上帝没有位置……没有必要借助上帝来为宇宙按下启动键。"

这是霍金在谈到他最近出版的和美国物理学家列纳德·蒙罗迪诺（Leonard Mlodinow）联合撰写的一本新书《大设计》（*The Grand Design*）时所说，他声称不再相信上帝创造宇宙的说法。此前，霍金一度宣扬："宇宙神造论和科学并不矛盾。"在 1988 年出版的《时间简史》（*A Brief History of Time*）一书中，他甚至说到："我们若能发现一套完美的理论，这将是人类理性的终极胜利——因为届时我们应会了解上帝的心意。"

霍金认为，新的科学理论显示，解释生命起源的"自然发生论"完全可以接受。在《大设计》中，霍金说："由于万有引力等定律的存在，宇宙有能力且也乐意把自己从无到有地创造出来。所谓的'自然发生'，解释了'有物胜无物'的道理，也解释了宇宙和人类存在的原因。因此，没必要祈求上帝来点燃蓝色导火纸让宇宙诞生。"

霍金列举了一列：1992 年，科学家发现一颗行星围绕另一颗恒星运行，而不是我们的太阳。他说："它与我们的行星情况一样——单一太阳、地球－太阳距离和太阳质量的幸运组合，它并非与众不同，也不能证明地球是为了取悦人类而精心设计的。"

不止关乎上帝

霍金在这部新作里仅仅是老调重弹地宣布"上帝不存在"吗？没那么简单。

《大设计》谈论的是比上帝存不存在更重要的事，即为什么会有这么一个恰好适合人类生存的宇宙，这个宇宙是如何被"设计"出来的？

10年来，《大设计》是霍金唯一巨著。身为物理学家，霍金思考的诸多问题中不少是宗教终极命题，比如宇宙何时并如何起始？我们为何在此？为何是有非无？何为实在本性？为何自然定律被这么精细地调谐至让我们这样的生命存在？以及最后，我们宇宙的表观"大设计"能否证实使事物运行的仁慈的造物主？科学能否提供另一种解释？等等。

有关宇宙起源以及生命本身最基本的问题，曾经为哲学的范围，现在成为科学家、哲学家和神学家相遇但却自说自话的领地。一些新的发现正在改变我们的宇宙观，甚至危及我们最神圣的信仰系统。

在《大设计》中，霍金和蒙罗迪诺表述了有关宇宙奥秘的最新科学思考。他们解释，根据量子论，宇宙不仅具有单独的存在或历史，而且同时存在每种可能的历史。可以说，我们的宇宙只不过是自发地从无中出现的许多宇宙中的一个，每个宇宙具有不同的自然定律。而我们自身，则是宇宙极早期的量子涨落的产物。

霍金和蒙洛迪诺把解决上述诸多疑问的希望寄托在"M－理论"上。M－理论解释了制约我们和我们宇宙的定律，它还是完备的"万物理论"目前可行的仅有候选者。"如果被证实的话，M－理论将是爱因斯坦寻求的统一理论，也是人类理性的终极胜利。"

4. 外界反应和看法

霍金的这些言论一出，举世哗然。话题之科幻，时间间隔之短，霍金身份之重，使它们立刻成为舆论与关注的中心。

我们如何看待霍金的言论？媒体的热炒，公众的关注，"霍金"一词炙手可热。各同行的现身解读，宗教界的激烈反应，物理爱好者和 UFO 爱好者的推波助澜，将事情演绎得更加扑朔迷离。

"不要接触外星人"引起天文学界的巨大分歧

霍金警告："不要主动和外星人打招呼。"而在这之前，美国宇航局（National Aeronautics and Space Administration，NASA）和其他一些组织已向深空发射了许多信息，试图与外星人取得联系。

搜寻地外文明计划（The Search for Extra-Terrestrial Intelligence，SETI）协会资深天文学家塞思·肖斯塔克（Seth Shostak）表示，霍金的警告重新在一小部分寻找外星生命的天文学家中间激起了已进行 3 年的大讨论。为了避免引来危险的外星人，天文学家是否应该停止向宇宙发送目的性明确的信息呢？

美国宇航局资深天体生物学家玛丽·沃特克（Mary Voytek）谈到，天文学界在这个问题上存在巨大分歧。有些人认为，向宇宙发送信息"就像在森林中喊话，不一定是好主意"；另一些人则反问道，"难道我们要永远躲在石头下面吗？"

大约 20 年前，美国宇航局就这个问题专门召开过会议讨论。美国宇航局约翰逊航天中心（Johnson Space Centre）前主任克里斯多弗·克拉夫特（Christopher Kraft）表示，当时，大多数专家就担心搜寻任务会引来危险的外星人。

不过，在过去 20 多年，许多组织故意向其他星球发送信号。最为著名的是波多黎各阿雷西博天文台 1974 年发送的 3 分钟广播。而美国宇航局发射的 4 颗深空探测器——"先驱者" 10 号（Pioneer 10）和 11 号（Pioneer 11）以及"旅行者" 1 号（Voyager 1）和 2 号（Voyager 2），全部携带有录音，向外星文明致以问候，并提供到达地球的指南。

"宇宙创生无关上帝" 遭宗教界围攻

在英国，基督教、天主教、犹太教和伊斯兰教的领袖们居然"团结"了起来，因为霍金在《大设计》中说："宇宙创造过程中，上帝没有位置。"

圣公会坎特伯雷大主教威廉斯（Rowan Williams）反驳说，霍金混淆了两个层次的问题："神的信仰并不是为了填充宇宙各事物之间的空隙，而是相信有一智慧存在，万物的活动最终都是依赖其存在。"与之相反的是，"物理法则只能解释现实物质之间的关联，但无法解释'为何是有而非无'这个问题"。

英国犹太教首席拉比萨克斯（Jonathan Sacks）也在《泰晤士报》（*The Times*）撰文说："科学只是关于解释，宗教则有关诠释（Interpretation），《圣经》对宇宙如何生成并不感兴趣。"他认为两者不能混淆，霍金的观点犯了逻辑上"最基本的错误"。

罗马天主教领袖、威斯敏斯特大主教文森特·尼科尔斯（Vincent Nichols）立即表示，对大拉比关于科学与宗教关系的说法"完全赞成"。他亦准备下周在《泰晤士报》撰文反驳霍金言论。

英国穆斯林委员会主席、伊斯兰教长莫格拉（Ibrahim Mogra）也表明立场：宇宙和万物的存在本身，已令人知道有全能的创造者存在。

争论的波纹一直传到美国。耶鲁大学神学院的教授和物理学院的宇宙学家正在讨论举办一个研讨会，探讨关于现代宇宙学理论和宗教疑问等话题。

与此同时，无神论者却无不为这样的宣言欢欣鼓舞。英国知名无神论科学家道金斯（Richard Dawkins）欢迎霍金的结论，"达尔文主义将上帝从生物学中赶了出去……（在物理学上）现在霍金给出了致命一击"。

就当他被宗教界人士集体"讨伐"时，霍金在 9 月 10 日接受 CNN "拉里·金现场"（*Larry King Live*）采访时，依然坚持自己的观点："上帝可能存在，但是科学可以解释，为什么宇宙不需要一个创世者。"

学界评论：并非新论，只是吸引大众眼球

无论是不屑一顾者、漠视者、反对者，还是拥护者，霍金做到了这一点：成

功吸引大众眼球。

美国探索频道、智囊网站、《大设计》《每日邮报》……从惊人言论的出处，我们发现这一事实：霍金借助的是大众媒体，选择宣告的对象是普通民众。

霍金所言其实也并非新论。外星人存在、时间旅行、末日论、宇宙起源这类信息早就铺天盖地，好莱坞也已经上演过多部大片。甚至连霍金本人也不是首次阐述这些观点。

"这只是一篇科普文章，在学术上并没有突破——他也许只是在吸引大众眼球。"上海师范大学天体物理研究中心主任李新洲教授这样评价。这是他阅读霍金在《每日邮报》上发表的探讨时间旅行的文章后得出的结论。

霍金的同行更是这样评论他的新书《大设计》："霍金教授在书中所说的，其实在科学界并不是什么新理论。其实就是万有引力定律和广义相对论，加上量子力学。"马里兰大学物理系教授克沃尔基·阿巴扎居安（Kevork Abazajian）向美国之音（VOA）解释。

末日言论早已泛滥，霍金的"地球将在 200 年内毁灭"不过是"冷饭热炒"。对这一言论的反映也分为两派：反思的人认为霍金的预言给了人类警示，人类必须停止过度开发、停止争斗、共同合作；嗤之以鼻的人认为，地球在 200 年内毁灭只是小说家娱乐的产物，霍金干这事实在有点无聊。而有关专家表示，虽然时下全球气候呈现异常，地质灾害增多，但就此认为地球即将终结，是缺少科学依据的。

霍金是要靠这些吓人预言来维持自己的声望吗？纵观这几年，霍金并无新的研究成果问世。奇怪的是，霍金就同样的段子老调重弹，却威力无穷，影响颇大，警示效果甚至超过以往。声名显赫的霍金选择这些"好莱坞式"话题，难道真的只是为了吸引大众眼球吗？

普通大众：霍金言论不过霍金式的浪漫

作为当今的科学偶像，霍金此番的种种说法立即引发公众追问：科学家在理论上取得重大突破了吗？我们已经探寻到外星生命存在的确实证据了吗？制造时间机器的梦想与现实更近了吗？地球真的就要灭亡了吗？

　　霍金的一生都颇富浪漫色彩。有人说，霍金的魅力不仅在于他是一个充满传奇色彩的物理天才，也因为他是一个令人折服的生活强者。患有肌萎缩侧索硬化症的他，在轮椅上坐了 40 年，近乎全身瘫痪，1985 年还因肺炎而渐渐丧失说话能力，演讲和问答只能通过语音合成器来完成。在残酷的现实面前，他却谱写出浪漫的诗篇：学术上，他被誉为当代的爱因斯坦；生活上，他结婚 2 次，子女 3 人。这也成为学界公认的霍金式的浪漫。

　　霍金这几次的言论，更是极富浪漫气息。霍金想象中的外星生物充满着理想和浪漫的色彩：体积庞大，造型奇特，生活更是奇趣无比；而他所作的地球将在 200 年内毁灭的预言，从一开始就带有一种浓厚的文学色彩，公众猜想，霍金并不是不知道科学需要严谨的态度，需要实事求是的作风，而是通过这种描述更能让人们产生共鸣，让人乐于接受；霍金提出的时间旅行的三种路径，虫洞、黑洞、光速，甚至时间旅行本身也都是一种大胆而又乐观的想象……

　　霍金的浪漫色彩继续保持着。在同年 9 月 12 日接受《美国大观》(Parade Magazine）杂志采访时，霍金又表示，探索太空和时间旅行的主角应该是人类，

霍金体验零重力飞行。

而不是机器人，哪怕仅仅是出于追求浪漫的前提。霍金说："科学是真理的信徒，这话没错，但科学还是浪漫和激情的忠实拥趸。虽然机器人很擅长收集数据，但是在太空里它们无法完全取代人类。"因此他建议："由人类继续进行太空探索，仅是宇航员漂浮在深色太空背景中的场面，就会令人振奋，而人们需要这种鼓舞人心的力量。"

霍金甚至还和女儿合写过一本儿童科幻小说，名为《乔治开启宇宙的秘密钥匙》(*George's Secret Key to the Universe*)。2007 年 4 月，在美国零重力公司 (Zero Gravity) 策划下，霍金体验了总时间近 4 分钟的失重之旅，成为世界上第一位体验零重力飞行的残障人士。

质疑：推销新书？

2010 年 4 月，霍金畅谈外星人和时间旅行。

2010 年 8 月，霍金预言地球将要毁灭。

2010 年 9 月，霍金的新书《大设计》发行。

霍金的高调、频繁出镜，再联系到同年 9 月份上市的新书，也难怪一些人因此质疑他不过是借机炒作，好推销他的新书罢了。"霍金的书想必已没什么新意，他的声称不过是哗众取宠，想提高销量而已。"

霍金的系列言论不但重新引发末日情绪，掀起外星热、时间旅行热，也重新引起各界对他的关注，称赞者有之，怀疑、贬低者有之，无可厚非地，霍金掀起了一场舆论风暴。如果从这些来看，霍金卖书的热身运动做得相当不错。

然而，我们还需要看看相关数据。有资料显示，1988 年出版的《时间简史》全球销量已经超过 2500 万册，被译为 65 种文字。《果壳中的宇宙》(*The Universe in a Nutshell*)《时间简史续编》(*A Brief History of Time: a Reader's Companion*)《霍金讲演录——黑洞、婴儿宇宙及其他》(*Black Holes and Baby Universes and Other Essays*)、《时空本性》(*The Nature of Space and Time*)、《时空的未来》(*The Future of Spacetime*) 等著作也销量颇丰。而霍金本人 1973 年即出任英国剑桥大学应用数学及理论物理学系卢卡斯教授（Lucasian Professor）这一荣誉职位，是当代最重要的广义相对论和宇宙论家。

有着如此广泛影响力的物理学家，曾撰写过多本畅销书的科普作家，需要借这些言论炒作自己，借此推销新书吗？那么，霍金又是为什么说这些话，背后有更深层次的原因吗？

5．那些触目惊心的事实

霍金的这些观点或者说言论，在许多科幻小说、影视作品中早已有之，而且演绎得更加光怪陆离、栩栩如生。由于这些作品的渲染，未来世界对于我们而言似乎早已不再陌生，即便将来真的发生了都不会觉得新鲜和奇怪。之所以引起人们更加广泛的关注和争议，很大一部分原因，在于霍金是世界著名科学家的特殊身份，不同于一般的文学家或编剧、导演。

事情仅仅如此吗？霍金为什么会在名利双收之后、在晚年选择谈论这些话题？毕竟，这样的言论和预言有"风险"，一些人甚至已经在质疑科学家"晚年失节""蛊惑世人"了。

近年来频频发生的自然灾害，以及霍金惊人言论之后的种种反应，或许能让我们找到它们之间微妙的联系。

联合国星际外交官风云

英国《每日电讯报》报道称，2010 年 9 月 26 日，联合国将设立"外星人联络处"，并任命外太空事务办公室负责人、马来西亚天体物理学家玛兹兰·奥斯曼（Mazlan Othman）担任外星大使，负责外星人登陆地球的接待工作。这则颇具科幻色彩的消息一经刊出，中外媒体竞相转载，全世界外星迷也为之一振。

然而，这则消息很快被联合国有关部门否认。据英国媒体报道，9 月 28 日，联合国官员否认任命首位空间大使接待外星人。奥斯曼本人则在接受媒体采访时表示，虽然她喜欢这个外星人大使的主意，但实际上这个职位根本不存在。她说："这听起来很酷，但我必须否认此事。"奥斯曼证实，下周将参加皇家学会的会议，但探讨的主题将是"如何处理可能撞击地球的近地小行星"。这一消息最初由英国的《星期日泰晤士报》（*Sunday Times*）报道，随后被全球多家媒体转载。

任命外星大使的消息从何而来？难道是空穴来风？虽然联合国一名发言人表示，这则报道"毫无根据"，但它又为何能引发各大媒体纷纷转载、转发，并吸引了一大批读者的关注？难道是外星人真的要来了？这是否意味着人类要重新思考如何面对可能到来的星际文明冲突？

前美国空军上校罗伯特·萨拉斯（Robert Salas）。

美军空军泄密事件

外星人和 UFO 到底是否存在或光临过地球，一直是美国政府严令保密的最高军事机密。然而 2010 年 9 月 27 日，7 名美国空军前军官集体违反封口令，打破数十年的沉默，在华盛顿召开新闻发布会，披露他们曾和外星 UFO 进行第三类接触的惊人内幕和可信证据。

当地时间 9 月 27 日中午，7 位前美国空军军官和 UFO 与核武器联系研究专家罗伯特·哈斯汀斯（Robert Hastings），在美国首府华盛顿国家记者俱乐部举行新闻发布会。他们声称，UFO 经常光顾美军的核武器军事基地，并对核导弹发射系统进行神秘攻击，导致这些核导弹突然瘫痪失灵。他们认为，地球上还存在着来自另外星球的生命，呼吁政府让真相大白于天下。

UFO 与核武器联系研究专家哈斯汀斯在发布会上表示："我和这些先生们都相信，来自其他星球的生命曾经访问过我们的星球。不论出于什么原因，这些来访者对始于"二战"结束之际的核军备竞赛富有兴趣。"他还说，外星生命通过偶然的修改和操控这些核武器来表达他们的关注。

哈斯汀斯表示，他曾经见证过 120 多位前美军工作人员的证词，这些证词包括 1945—2003 年在核武器基地所经历的飞碟事件。他说极具戏剧性的一次事件是 1966 年，在北达科他州的米诺特（Minot）空军基地，正当观察到一枚飞碟在导弹中穿梭时，发射几枚洲际弹道导弹的最后倒计时被莫名其妙地激活了，这迫使那些极度震惊的美国空军导弹官员们不得不立刻修改发射程序。

"这些外星生命并无敌意。"前美国空军军官、导弹发射员罗伯特·萨拉斯谈到。他说："他们可以对我们的武器做更大的破坏，甚至是永久性的破坏，但他们没有这样做。因此，我个人认为这些不明来客并非怀有敌意。"1967年的一天，时任美国空军上尉的萨拉斯正在蒙大拿州（Montana）马姆斯特罗姆空军基地（Malmstrom Air Force Base）的一处地下装置内工作，这时地上的安全部队突然报告说，基地的正门前方发现了一个发光的红色物体。萨拉斯立即下令说，决不能允许这个不明物体越过基地围栏。说话间，正在进行测试的洲际导弹突然失灵了。萨拉斯认为，不明来客显然是要发出一些与核武器有关的信息。

哈斯汀斯还谈到，出于对自己权力控制的维护，无论是华盛顿还是莫斯科都不会主动地把真相公布于众。

由此，前美国空军军官们反复声明，地球上还存在着来自另外星球的生命，飞碟真相是全世界每个国家的人们都需要知道、并有权利知道的。他们呼吁："人们需要知道事实，需要知道有外星人的存在，这些生命来到了地球，而且还不止是来自一个星球的生命。人们需要改变自己的世界观，来看待与接受这个事实。"

不过，对于27日的新闻发布会，美国空军在其网站上发布了一份情况说明，强调"空军没有与不明飞行物有关的报告、调查和评估能够显示我们的国家安全受到了威胁"。

据这些前空军军官称，他们之所以违反五角大楼封口令披露UFO真相，只是为了不想让世人继续蒙在鼓里。

事实真的如此吗？到底是什么力量让这些曾宣誓"永远保持沉默"的人，放弃退休金，把那些甚至不得和自己的妻子谈起的相关内容告知公众？我们并非是质疑他们的动机，而是这个理由实在不足以承担可能会招致的风险。他们会不会是受美国高层的指示，出来给大众透露点风声？

事情往往是到了无可挽回的地步，当事人才会逐渐承认某些真相。事情是不是已经到了不得不公布于众的地步？披露UFO真相会不会仅仅是冰山一角？

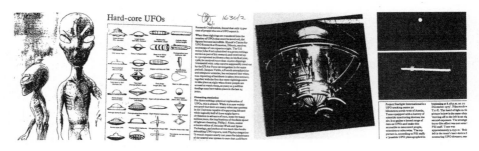

新西兰军方公布的 UFO 资料中的部分图片。

新西兰军方公布 UFO 资料

2010 年 12 月 22 日，新西兰军方公开了大批有关外星人和不明飞行物（UFO）的机密档案。这些档案有数百份、多达 2000 多页，内容包括手绘 UFO 和据称是外星人的手写文件。

此次公开的档案详细列举了 1952—2009 年间，时间跨度长达 57 年的 UFO 和外星人事件。所有档案都来自声称目击或近距离接触了 UFO 或外星人的军方人士、飞行员以及普通民众。不过新西兰空军发言人卡威·塔马立基（Kavae Tamariki）说，新西兰空军仅仅是对信息进行收集，无力对文件中所记载的外星人和不明飞行物目击事件进行调查，无法证实文件中所描述的任何事件，也不对文件的内容作任何评论。

档案里记载的报告，包括一些 UFO 的手绘图，描绘一种类似人类的生物，头戴头盔和面甲，还有一些疑似外星人到访地球时留下的不明文字。档案中，有一个被许多人共同描述的 UFO 目击事件，这就是 1978 年发生在新西兰南岛凯古拉（Kaikoura）的 UFO 目击事件。

新西兰军方表示，密封的原始档案此前一直存放在新西兰国家档案馆，但基于信息自由的原则，军方在相关姓名和细节都被移除后，才公开了这些档案。

公布有关外星人的秘密文件，新西兰不是首例。北约成员国英国、法国、瑞典、丹麦、意大利、爱尔兰、葡萄牙、挪威，美洲国家组织成员国墨西哥、秘鲁、智利、巴西、阿根廷、乌拉圭、厄瓜多尔，东盟成员国菲律宾，以及俄罗斯、瑞士等国家先后公布了与外星人相关的秘密文件。这似乎已经成为一种风潮。作为早期公布外星人秘密文件的国家之一，目前美国北美防空联合司令部有 5 万份、美国空军相关机构有 1.3 万份有关外星人的文件尚待公布。

美国西雅图一家有关星际政治的网站载文称，1999 年澳大利亚与美国在《澳大利亚、新西兰、美国安全条约》的框架下签署了《松树谷条约》，决定在澳大利亚的松树谷（Pine Gap）建立地下外星人基地，实施"人类 –'外星人'空间计划"。这一外星人基地名为"联合防卫空间研究设施"，由澳大利亚国防部和美国国防部高级研究计划局（DARPA）共同建造和运作。松树谷地下外星人基地的情况，如人员、设施、运作和布局等十分秘密，鲜为人知。据称，美国政府派往松树谷的"大多为国家安全局及其附属机构人员，以及中央情报局人员"。

接踵而至的自然灾害

2010 年一开年，全球各国各种重大自然灾害相继爆发，接连不断。俄罗斯大火持续肆虐，巴基斯坦持续强降雨，中欧多国暴雨成灾，阿根廷寒流冰冻袭人，冰岛火山大爆发，海地和智利大地震的发生，暴风雪侵袭全球，风沙困扰大半个地球……2011 年，全球动物群体死亡现象频现，地质活动也非常活跃：新西兰发生 6.3 级地震，缅甸发生 7.2 级地震，日本发生 9.0 级强震并引发系列灾害，比如海啸，福岛第一核电站发生爆炸引发核危机……

事情远不止如此。从整体统计学上的数据来看，近 100 年以来，这些自然灾害发生的次数有增加的趋势。

2010 年 1 月 28 日，联合国国际减灾战略（United Nations International Strategy for Disaster Reduction，简称 UNISDR）与灾害传染病学研究中心（The Centre for Research on Epidemiology of Disasters，简称 CRED）在日内瓦联合发布全球自然灾害最新统计数据。该数据显示，过去 10 年间所发生的 3800 多起灾害事件，造成超过 78 万人丧生、各类物质损失高达 9600 亿美元的灾难性后果。

这是该研究中心的统计数据：1990—1999 年，全球平均每年发生 258 起自然灾害，平均每年造成 4.3 万人死亡；2000—2009 年，全球年均灾害数量及致死人数分别增至 385 起和 7.8 万人。其中，亚洲遭受自然灾害的打击最严重，死伤人数约占全球总数的 85%。

2011 年 1 月 24 日，这两个组织在联合国日内瓦办事处共同发布了 2010 年灾害统计数据。数据显示，2010 年是近 20 年来因自然灾害死亡人数最多的年份之一。灾害流行病学研究中心提供的数据显示，2010 年共发生自然灾害 373 起，低于 2005 年和 2008 年，亚洲自然灾害占全球三成。灾害造成的经济损失为 1100 亿美元，受灾人数 2 亿多人，因灾死亡人数达到了 29.68 万人，其中死亡人数最多的一场灾难为海地大地震，共造成超过 22 万人死亡。

而 2011 年发生的灾害，仅日本地震造成的损失便触目惊心。日本警察厅 2011 年 3 月 22 日宣布，截至当地时间 22 日上午 9 点（北京时间 8 点），日本东北部海域 11 日发生的 9 级强烈地震及引发的海啸灾害，已造成 8928 人死亡，12664 人失踪。但是警察厅官员估计，最终的死亡人数可能将超过 1.8 万人。余震未停，核泄漏仍在继续，但多个国际机构以及经济学家已经开始评估日本的损失，有观点甚至认为这场灾难将会给日本 GDP 造成 20% 的损失。

为什么近年来百年一遇的重大自然灾害如此集中、如此频繁地发生？难道是人类末日即将来临？还是地球进入了新一轮自然灾害集中爆发周期？

人类的未来

一个古老的玛雅预言，一份来自科学家的评估报告，以及已经形成文化标志的 2012 相关电影、书籍，无论相信与否，我们都生活、沉浸在这样的末日阴影下。火山、地震频繁，极端气候，动物灭绝速度加快，全球变暖……这些接踵而至的灾难令人胆战心惊。一些小小的响动，也会让本是惊弓之鸟的我们草木皆兵，更何况这样密集、破坏性极大的自然灾害？

霍金虽然身体残疾，说话只能通过语音合成器来完成，但毕竟还是一位有着科学精神的人物，不至于胡说八道。从身份和成就这个角度来说，霍金的言论确实该引起我们的重视，而不是一味的嘲笑。他的惊世之语背后，必定暗含着我们常人无法弄懂的玄机。

　　无论是星际移民还是不要和外星人打招呼好，无论是借助科技做时间旅行穿梭到未来，还是对宇宙如何创生，我们何以在此等问题，霍金的言论直指一个中心——人类的未来。

　　我们将何去何从？

Chapter 2

霍金：
不要主动和外星人说话

相关的种种猜测和推论浮出水面，真相却一直沉在水底。
当人们围绕着霍金的言论争论不休、猜测不停时，却忘
了关注霍金本身。霍金是怎样的一个人？他到底有哪些
转变？

　　外星生物、时间旅行、末日论、宇宙的创生，这些一直为大众津津乐道的话题，从来也是争论的中心。霍金还是以前的霍金吗？科学家莫非远离了科学精神？

　　霍金为什么会对以前不主动谈及的话题频频发言？他为什么不通过专业期刊提出自己的看法，反而是借助大众媒体向世人宣告自己的意见？

　　相关的种种猜测和推论浮出水面，真相却一直沉在水底。当人们围绕着霍金的言论争论不休、猜测不停时，却忘了关注霍金本身。霍金是怎样的一个人？他到底有哪些转变？

1．霍金其人

　　史蒂芬·霍金，生于 1942 年 1 月 8 日，是本世纪享有国际盛誉的物理学家。他是当代最重要的广义相对论和宇宙论家，被称为宇宙之王。

霍金：轮椅上的天才

　　霍金的生平非常传奇。他在 21 岁时患上肌萎缩侧索硬化症，自 1970 年开始无法自己走动，被禁锢在一张轮椅上长达 40 年之久。霍金无法正常行走与进食，却能在头脑中演算出复杂的图表和公式，他提出了许多尖端科学理论和假设分析，为广义相对论和宇宙论的发展作出了至关重要的贡献，成为国际物理界的超新星。

　　霍金的研究领域主要是宇宙论和黑洞，证明了奇性定理和黑洞面积定理，提出了黑洞蒸发现象和无边界的霍金宇宙模型，在统一20世纪物理学的两大基础理论——爱因斯坦创立的相对论和普朗克（Planck）创立的量子力学方面迈出了重要一步。具体说来，霍金的主要成就如下：

（1）70年代，霍金与彭罗斯一道证明了奇性定理，为此他们共同获得了1988年的沃尔夫物理奖。霍金因此被誉为"继爱因斯坦之后世界上最著名的科学思想家和最杰出的理论物理学家"。奇性定理，即在现在的宇宙膨胀相的开端，时空被高度地畸变，并且具有很小的曲率半径。霍金还证明了黑洞的面积定理，即随时间的增加，黑洞的面积不变。

（2）1970—1974年，霍金主要研究黑洞，有着令人吃惊的发现：黑洞不是完全黑的。在宇宙意义的微观尺度上，粒子和辐射可以从黑洞里漏出来。黑洞附近的强大引力场引起粒子反粒子对的创生，粒子对中的一颗粒子落进黑洞，而另一颗逃到无穷远去，逃逸的粒子好像是从黑洞里发射出来的，也就是说，黑洞像一个热体似的在辐射。这就是著名的霍金辐射。

（3）1974年至今，霍金探讨将广义相对论和量子力学综合成一个统一的理论，并提出了许多设想。其中一个设想是，无论是时间还是空间在范围上都是有限的，但是它们没有任何边界。如果这个设想成立，就不存在奇性，科学定律会处处有效，包括宇宙的开端在内，即宇宙的启始是由科学定律所确定的。一种没有边界的宇宙理论可能将全面取代大爆炸的宇宙理论。

此外，霍金还是现代科普作家，他的代表作是1988年撰写的《时间简史》，这是一本优秀的天文科普小说。该书至今累计发行量已达2500万册，被译成65种语言。此外，他还著有《果壳中的宇宙》《时间简史续编》《霍金讲演录——黑洞、婴儿宇宙及其他》《时空本性》《时空的未来》等著作。

背后的故事：霍金和纪录片

霍金的惊世骇言是只是为一期节目，还是科学家的真知灼见？

谈起《与霍金一起了解宇宙》系列纪录片的创意，制片人本·鲍伊（Ben Bowie）在接受采访时表示："其实我们一开始的创意非常简单，就是想寻找世界上最聪明的人，利用他的伟大智慧，制作一档发人深省的电视节目，而这个人非霍金莫属，没有人比他更适合解释宇宙。"

"2007 年 1 月，我们去剑桥见他，这就像参加招标会一样，也有点像角斗士即将面对他的终极裁决，所以非常紧张，但之后，我们听到了他令人欣喜的回答：'我喜欢这个主意。'"本·鲍伊对这次会面印象深刻。

他还透露，节目的制作过程也是历经万难的。制作团队利用所有收集到的科学知识，结合最尖端的电脑动画技术，谨慎而精确地核实霍金的想象和理论。

霍金本人对节目的审核非常严苛。本·鲍伊介绍道："他逐行审阅剧本，观看我们已经拍摄好的镜头。每个小时的节目其实都需要 5 个小时的审核，因为霍金博士需要时间整理自己的思路，并通过电脑说出来。他有着伟大的耐力，严于律己。如果有任何内容他不喜欢或者感觉不够准确，他会很清楚地提出来。"该系列纪录片的制作耗时 3 年多，期间霍金曾多次坚持对剧本做大幅修改。

探索频道（*Discovery Channel*）执行制作人约翰·史密森（John Smithson）信心十足地表示："霍金博士对节目的内容非常关心。这档节目对他而言非常重要，他强调了一次又一次，我们一定要播放这档节目给更多的观众看，越多越好。"

从上面的内容我们可以看出，霍金对该纪录片的认真和执着。如果仅仅是一时作秀、吸引眼球、宣传新书，他会付出这么多的精力吗？

霍金这几年在做什么？

美国洛斯阿拉莫斯国家实验室（Los Alamos National Laboratory）的论文库，集中了全世界有关宇宙理论研究的前沿论文，从 2004 年起，我们就没有看到霍金有新论文在此出现了。霍金这些年在做什么？或者说，他感兴趣、关注的对象究竟是何方神圣？

这几年，我们没有看到霍金有类似黑洞理论这样有创见的理论面世了。从霍金最近的言论，我们是否可以寻觅出科学家近年来关注对象的蛛丝马迹，窥探科学家内心的真实想法？

看看霍金这段时间的言论，每一条都足以使媒体竞相报道，每一条都能引起大众足够的恐慌。虽然说，真正的科学精神，是对宇宙万物的惊讶心态和好奇导致的观察思考，不是确定性本身，更不是死板、现实、不容置疑的代名词，但霍金的言论按常理来说，确实难以接受。更为奇怪的是，霍金虽然在此后不断强调时间旅行、移民太空等的重要性，却并未多做解释，只是一味地以"人类的自私贪婪基因""地球在变化，将有一天不适合人类居住"等老调子说话。

我们需要警示，但我们同样需要警示的理由。毕竟，科学不是宗教，不是要提出警示，然后人们就去遵从。霍金本人也肯定明白，他需要给我们进一步的解释。但为什么直到现在霍金还未多做解释？

霍金是在忽悠我们吗？一次又一次，霍金不断地强调说明事情的严肃性。但还有一种可能性却不能不提：霍金是不是有不得已的苦衷？

霍金是不是知道某些秘密，却苦于某种原因，不可以也不能够和大众说？对于霍金这几次的大胆言论，我们是否可以理解为，他出于一个科学家的责任，冒着种种风险，善意地"透露"了某些信息？

霍金的奇思妙想到底说明了什么？

2. 有哪些转变

霍金是第一次谈论这些问题吗？查看资料，霍金在其他场合也曾多次谈到这些问题。从时间上讲，这些言论相隔较长，不如这次连连而发；从内容上讲，以前的看法与现在的意见多少有些出入，有的甚至完全相反。

从霍金的一生来看，他似乎是一个易变的、充满了矛盾的人。数年前，他做过一次题为"哥德尔和物理学的终结"的演讲，对揭示终极的理论非常乐观，似乎是唾手可及，然而不久后，他又宣称自己放弃揭示终极理论，因为上帝的心思他猜不透。在《时间简史》中，他说一个完整的理论的发现，将会"是人类理性的最终胜利，届时我们应该领会到上帝的心意"。此言一出，罗马教皇心头大悦，立马使得霍金成了梵蒂冈的座上宾。这一次，他又倒戈，把矛头直指上帝的存在。

那么，这一次呢，是理解为物理学家一如既往的善变，还是科学家的终极箴言？

外星人：不和我们说话？不要主动和外星人说话！

就外星人这一话题，世人的争论大多围绕着是否存在、智能与否、该不该接触、可能的影响等方面展开。霍金对这个话题也有诸多看法，曾在不同场合谈及。现将收集到的霍金谈论外星人的资料整理、对比，其中变化与相同之处耐人寻味。

2000年1月，霍金在接受《星期日电讯报》（Sunday Dispatch）采访时称："在宇宙150亿年的历史中，人类历史最多不过200万年，人类要在宇宙中与其他星球上进化得与人差不多的生物接触的机会非常小。而任何我们接触的外星人肯定比人类先进，但他们为什么没到地球拜访呢？可能的解释是：已经有外星人意识到人类的存在，但他们让我们自己发展不预干扰，但更可能的是：他们对像我们这样'低级'的生命不太重视。"

2001年，在孟买参加"2001年弦论"的科学研讨会上，霍金和部分科学家认为，一旦弦论获得科学证实，将可为宇宙形成和发展过程中的种种理论冲突提供答案。他说，如果其他恒星系早已有生命发展，人类在现阶段却不会有机会去发现这些生命。不过人类在探索银河系的过程中，迟早可能会发现和人类不同的原始生命。他还认为，其他星球不太可能已有比人类更先进的生命形式。甚至"在银河系内很难发现像人类一样发达的智能生命"，原因是，"如果存在比我们还要聪明的智能生命的话，那么他们早就应当和我们接触了"。

2008年4月21日，在美国宇航局50周年庆典上，霍金发表言论：外星生命存在，但只是原始生命。他理论性地认为有可能回答是否有地外生命这一问题。对于这一问题，人们一般有两种选择：一种选择是其他地方可能没有生命；另一种选择是其他地方可能有智能生命，但他们得足够聪明才能将信号发射到太空，而且他们还得足够聪明才能制造出毁灭性的核武器。但霍金表示，他宁愿选择第三种：有外星生命存在但只是原始生命。他补充说，"原始生命普遍存在而智能生命很稀少"。那么霍金担心外星生命吗？他警告说："外星生命可能不像我们这样有DNA，如果你碰到了外星生命，你可能会感染难以抵抗的疾病。"

以上资料显示，霍金一直猜测外星生物是极可能存在的，只是在智能与否、联系与否、后果怎样等方面有不同看法。

2000 年，外星生命存在 + 他们不和我们说话。

2001 年，外星生命存在 + 他们原始得还无法和我们说话。

2008 年，外星生命存在 + 和他们接触我们会感染上疾病。

2010 年，外星生命存在 + 不要主动和他们打招呼。

如此来看，霍金一直认为外星生命是可能存在的。那么，为什么霍金一开始认为他们的文明发达得对我们不屑一顾，后来又称他们还不如人类发达，而现在却又警告他们"会给人类带来灾难"？

霍金的看法是一直在变，还是一直未说出他真正的想法？或者是他后来接触、知晓了某些事件或秘密才改变了自己的看法？再或者，这些关于外星人的只言片语，并不能表明霍金的看法？把这些资料拼接在一块，虽然我们仍未探明霍金的看法，但真相却耐人寻味。

时间旅行：从时序保护猜想到时间旅行是可行的，不要回到过去

霍金在《果壳中的宇宙》一书中说到："在公开场合思考时间旅行是很微妙的。他要么面临反对把公币浪费在这么荒谬的规划上的浪声，要么被要求把研究归于军事用途。"尽管有如此顾虑，霍金还是不止一次或在公开场合或在学术著作中谈及时间旅行这个话题。

态度一：时序保护猜想

1900 年 4 月，霍金在剑桥大学西格玛俱乐部的讲演中就谈到："但是，我们过去不能将来永远也不能进行时间旅行的最好证据是，我们从未遭受到从未来来的游客的侵犯。"

1992 年，霍金提出一个能维护时间秩序次序而严禁时光机器运行的物理学定律，被称为"时序保护猜想"（Chronology Protection Conjecture）。该猜想认为，物理规律不允许出现逆时运动，即任何人也不能建成回到过去的时光机器。他幽默地说："看来物理学定律严禁这种时间旅行（指回到过去），这也许对于我们（以及我们的母亲们）的存活是个幸事。似乎有一种时序保护机构，不允许向过去旅行。"他谈到："如果一个人向过去旅行，将会发生的是不确定原理的效应在那里产生大量的辐射，这辐射要么把时空卷曲得太厉害以致不可能在时间中倒退回去，

要么使时空在类似于大爆炸和大挤压的奇性处终结。不管哪种情况，我们的过去都不会受到居心回测之徒的威胁。"

霍金以他的好朋友基普·索恩（Kip Thorne）为例。他说若能时光旅行的话，一旦某个坏人回到过去，杀了索恩的祖父，那索恩岂不从未出生过，而所有索恩的朋友对索恩的记忆，是否会忽然从脑中消失？所以，若真能经由时光旅行回到过去，将会发生很多不合逻辑、不可思议之事。因此有学者就以此提出了一个悖论。这个悖论是说，假设有人搭时光机器回去杀死他自己的祖父（母），而若其祖父（母）真的被他杀死，那他岂不从未出生过，那么到底又是谁杀了他的祖父（母）？这个悖论被称为"祖父（母）悖论"（Grandfather Grandmother Paradox）。

霍金由此认为，大自然憎恶时间机器。大自然是通过真空涨落束的生长来维护时间顺序的。他指出："当我们想做时间机器时，不论用什么样的事物（例如虫洞、旋转柱、宇宙弦或其他什么东西），在它成为时间机器前，总会有一束真空涨落穿过它，并破坏它。"他还说："自由意志的概念和科学定律属于不同的范畴。如果人们想从科学定律推出人类行为的话，他就会在自参考系统的逻辑二律背反中陷入困境。这正如时间旅行若可能的话人们会遇到的麻烦，我认为永远不可能作时间旅行。"

态度二：飞向未来？

在《果壳中的宇宙》中，霍金提出疑问："护卫过去，时间旅行可行吗？一种先进的文明能返回以前并改变过去吗？"霍金自答到，不可能。那么，我们可以搭时间机器去未来吗？

早在之前的《时间简史》中，他就谈到："一种对来自未来的访客缺席的可能解释方法是，因为我们观察了过去并且发现它并没有允许从未来旅行返回所需的那类卷曲，所以过去是固定的。另一方面，未来是未知的开放的，所以也可能有所需的曲率。这意味着，任何时间旅行都被局限于未来。"

然而，他自己又否定说："所以，人们希望随着科学技术的推进，我们最终能够造出时间机器。但是，如果这样的话，为什么从来没有一个来自未来的人回来告诉我们如何实现呢？鉴于我们现在处于初级发展阶段，也许有充分理由认为，让我们分享时间旅行的秘密是不智的。"

态度三：时间旅行是可能的，但不要回到过去。

"我对时间痴迷已久，如果有一台时间机器，我会去拜访风华正茂的玛丽莲·梦露，或是造访将望远镜转向宇宙的伽利略。或许，我还会走到宇宙的尽头，破解整个宇宙湮灭之谜。"

2010年霍金在纪录片《与霍金一起了解宇宙》中如是说。他声称带着人类飞入未来的时光机，在理论上是可行的，所需条件包括虫洞、太空中的黑洞或速度接近光速的宇宙飞船。霍金还表示，有朝一日，人们有可能制造出飞行速度极快、接近光速的飞船，而这种飞船上的时间流逝速度则会相对较慢，因此人们搭乘这种飞船能够穿越数千年的时空造访未来，同样，可以利用这种飞船造访遥远的星系。此外，在地球发生大灾变时，人们还可以乘上这种飞船，等灾变过去后再返回地球重建家园。

霍金警告：不要回到过去，只有疯狂的科学家，才会想要回到过去"颠倒因果"。霍金说："通过时间机器回到过去，会破坏主宰整个宇宙的最基本法则。"霍金将他的"时序保护猜想"归结为"起因一定发生在结果之前，绝不能本末倒置"，回到未来，基本上就是在和全宇宙对着干——事物不可能否定自己的存在前提。"如果可以的话，那么任何力量都不可能阻止宇宙陷入彻底的混沌。"

"我的思想是自由的，自由地遨游宇宙并探究那些终极谜题，最终我们能否利用大自然的法则执掌时间的进程呢？"这个霍金思考多年的问题，似乎已经尘埃落定。

宇宙奥秘：从洞悉上帝的心愿到跟上帝较劲

"宇宙有开端吗？如果有的话，在此之前发生过什么？宇宙从何处来，又往何处去？"在《果壳中的宇宙》中，霍金问道。

科学巨人牛顿说："我不能相信，这么有计划的宇宙，不是万能的上帝所创造的。"

霍金说："宇宙创造过程中，上帝没有位置……没有必要借助上帝来为宇宙按下启动键。"

作为国际物理学界最重要的广义相对论和宇宙论家，霍金对宗教与科学之间的关系，每次的表述都不尽相同：

1988 年，霍金在《时间简史》这本书的结尾写道："那时，我们所有人，包括哲学家、科学家以及普普通通的人，都能参加为何我们和宇宙存在的问题的讨论……如果我们对此找到答案，那将是人类理性的终极胜利，因为我们那时即洞悉了上帝的心愿。"

2006 年，霍金在访问香港时，被问及神的存在这一问题时，答道："法国科学家拉普拉斯（Laplace）曾向拿破仑（Napoleon）解释，科学定律如何影响宇宙的演进。但拿破仑问，上帝在过程中扮演什么角色呢？科学家的回答是，我并不需要这个假设。"

2008 年年底，代表科学界的著名科学家霍金与代表宗教界的教皇会见、握手言欢和欢聚一堂。西方主要报刊述评说，霍金与教皇的握手言欢是划时代的重大事件，它标志着持续了数百年的科学与宗教的冲突终于结束。

2010 年 6 月，霍金在一次电视谈话中说，"上帝本来应该是自然法则的一种化身……将其人格化是完全错误的。"他还展望到，"宗教建立在权威制胜的基础上，而科学则是建立在观察和推理的基础上。科学无疑会战胜宗教，因为只有科学才能解决问题。"

2010 年 9 月 2 日，霍金在谈到他最近出版的一本新书《大设计》时称，"由于存在像地心吸力等定律，宇宙能够，也将可以无中生有，自我创造……没有必要借助上帝来为宇宙按下启动键。"

2010 年 9 月 10 日，当霍金被宗教界人士集体"讨伐"时，他在接受 CNN "拉里·金现场"的采访时说："上帝可能存在，但是科学可以解释，为什么宇宙不需要一个创世者。"

霍金从未公开声称自己是无神论者。这与达尔文（Darwin）类似，尽管达尔文的进化论提出了对传统宗教最大的挑战，但他始终平和对待与宗教界人士的交流，更多地把自己定位为一名怀疑论者或不可知论者。而近代早期的西方科学家大多是虔诚的基督徒，包括被宗教裁判所审判过的伽利略，以及被很多人当作无神论者讴歌的哥白尼（Copernicus）。科学家牛顿去世后，诗人亚历山大·蒲柏（Alexander Pope）为他撰写的墓志铭是："自然和自然的规律隐藏在茫茫黑夜之中。

上帝说，让牛顿降生吧。于是一片光明。"

和以前的含糊说法相比，如今霍金展示的是比 20 多年前更强的自信，他提出的是关于宇宙、关于一切事物的理论，这是爱因斯坦也不曾做到的事。在被问及对自己所引发的争议有何看法时，霍金回答："科学愈来愈足以回答过去一向属于宗教领域的问题，科学的说法就很完整了，神学是没有必要的。"

地球毁灭：霍金式预言？

"近代的末日预言者为了避免尴尬，不为世界的末日设定日期。"霍金在《宇宙的未来》中如是说，"迄今为止，所有为世界末日设定的日期都无声无息地过去了。""当然，科学预言也许并不比那些巫师或预言家的更可靠些。人们只要想到天气预报就可以了。但是在某些情形下，我们认为可以做可靠的预言。宇宙在非常大的尺度下的未来，便是其中一个例子。"

那么，霍金的"地球将在 200 年内毁灭，移民太空是唯一出路"也是这种例子吗？盘点霍金近十年的预言，我们组成了一个预言时间表。

预言一：2050 年，人类移民火星。

2006 年 6 月 13 日，霍金访问香港，并发表演讲。霍金预言：人类 40 年内殖民火星，攸关存亡。他声称："在 20 年内，我们可能已经在月球建造永久基地，40 年内可能已经在火星建立基地。"向太空开发新的生存空间是维系人类继续存在的关键，因为地球毁灭的风险越来越高，"除非我们另寻新的恒星系统，否则无法找到一个像地球一样好的地方"。"因为月球和火星都很细小，而且缺乏或完全没有大气层。我们不会找到像地球一样美好的地方，除非我们离开太阳系。"

霍金说，如果人类可以

一名女大学生献上鲜花欢迎霍金抵达香港

在未来100年内避免彼此互相残杀，那么到太空常驻定居而不需仰赖地球提供支援就有可能实现。"为了人类生存，扩大到太空对人类来说是很重要的事情。地球上的生命被一场灾难摧毁的风险日渐增加，例如突然恶化的全球暖化，核武战争，基因改造的病毒，甚至其他我们还不知道的危险。"

预言二：2200年，地球毁灭，人类移民太空是唯一出路。

2010年8月6日，霍金在接受美国视频共享网站智囊采访时声称，"地球将在200年内毁灭"，原因是"人类自私、贪婪的遗传基因"，解决办法是：移民太空是唯一出路。

预言三：2100年，人类进入外太空，新人种出现。

2006年1月，在印度孟买参加学术研讨会的霍金向参加这次会议的3000多位学者表示，人类将在100年之内登陆太阳系中的其他星球，并以此为踏板进入外太空。他还预言，在下一个千年到来之前，人类将得以"重生"，一种新的人种将出现。

霍金对未来人类移民其他星球充满信心，他说："如果未来100年人类不自我毁灭的话，那么人类可能移民太阳系的其他行星，而且还将向太阳系以外的空间进发。"他在会上表示，由于未来将可以进行太空旅行，因此人类必须努力提高身体和心理素质，以更好地适应未来生活的需要。霍金说："尽管我并不赞成进行人类基因遗传工程的研究，但无论我们是持欢迎还是反对的态度，将来肯定会出现一种新的人种。事实上，如果人类在未来100年之内没有进行自我毁灭，那么我预计我们将移居太阳系其他星球上生活。"

预言四：2600年，地球变成炽热的"火球"。

霍金呼吁各国减缓目前人口每隔40年增多一倍的繁殖率："到了2600年，世界人口将拥挤异常，摩肩接踵。电力消耗将使地球变成热烘烘的红火球。"

预言五：2000年后，地球不适合人类居住，人类灭绝。

2001年2月，霍金预言：一两千年以后地球将不适合人类居住，动物灭绝后就轮到人了！他指出，地球大气层将会变得越来越热，以至于最后地球会如同金星一样表面满是滚烫的硫酸。尽管太阳系中不存在更适合人类居住的其他星球，但若人类那时仍没有能力迁徙至更遥远的外星球，那么面临的无疑将是被灭绝的命运，甚至可能活不过下一个千年！

霍金是在阅读了世界保护濒临灭绝生物基金会发布的一份研究报告后，才有了此番言论。该基金会聘请了世界各国总共 7000 名专家，进行了长达 4 年的调查后才完成了这一报告。报告称：4 年来，濒临灭绝的哺乳动物已从 129 种增加到了 169 种，鸟类已从 168 种增加到了 182 种。此外，高达 20％的两栖动物和 30％的鱼类也面临着同样的命运。正是按照如此快速的"灭绝速度"，霍金推算出：人类不出 2000 年也将面临灭绝的厄运！

霍金关于人类毁灭的预言，有一个共同点，即毁于灾难，地球不适合人类居住。对于移民外太空，则从 40 年往后推到了 200 年。

物理学之外

到了这里，我们对霍金的言论也就不足为怪了。他的那些惊人言论，并非是一夜之间就谋生出来的。

从外星人到时间旅行，从地球变热到人类毁灭，从移民火星到踏入外太空，时间跨度之大，范围之广，不禁引人遐思：霍金究竟知道什么？他为什么不通过正式的科学文献提出看法，反而以大众媒体的形式告知大众？他为什么不以科学的方法证实自己的猜想呢？

霍金的黑洞、奇点理论等，都是经过数学演算、证明的结果。而他现在的这些言论，不过是没有根据的"推论 + 预言"，大多已经超过科学的物理学家的工作范围。比起科学家的展望，霍金的言论更多地带有预言色彩。

早在 2006 年 6 月 22 日，在英国著名的网络杂志《刺》（*Spiked*）上，乔·科普林斯基就发表文章声称，发现霍金在香港的演讲有了"非科学精神"的预言风格。霍金大意说了"人类终究无法避免地球上发生的大灾难，星际移民是唯一的出路"之类的话。科普林斯基认为，这就不是科学分析了，只不过是对未知的恐惧罢了。

事实果真如此吗？

3. 科学家和"非科学"

科学家和非科学精神似乎多有牵连。在科学史上，有着非科学精神的不止霍金一个，伟大的科学家牛顿也曾预言过世界末日。而晚年转变自己的信仰或态度，在科学家身上也多次上演。

牛顿：2060 年是世界末日

艾萨克·牛顿（1643 年 1 月 4 日—1727 年 3 月 31 日），英国伟大的数学家、物理学家、天文学家和自然哲学家。他同时也是一位非常虔诚的基督徒。虽然对近代科学贡献巨大，然而牛顿毕生的主要精力却用于神学的探索，视科学为余事。在谈到自己的科学成就时，牛顿说自己不过是在"追随上帝的思想""照上帝的思想去思想而已"。这也可以从他的著作中看出来：在他一生所有作品的比例中，他的科学著作不到 20%，而超过 80% 的都是神学著作。

位于英国伦敦威斯敏斯特教堂的艾撒克·牛顿勋爵墓地。美国作家丹·布朗（Dan Brown）在其畅销书《达·芬奇密码》（*The Da Vinci Cod*）中，将牛顿描绘成郇山隐修会的会长之一，掌握着基督教隐藏的惊天秘密。

和霍金类似的是，牛顿也曾预言过世界末日。1704 年，在一封信函中牛顿预言，世界末日将于 2060 年降临。这封信函目前陈列于耶路撒冷希伯来大学的牛顿的秘密展室，供世人观览寻思。

牛顿的根据是《但以理书》（*The Book of Daniel*）12-7："我听见那在河水以上，穿细麻衣的，向天举起左右手，凭着那永远活着的主起誓说，要到一年、二年、半年，打破圣民权力完成的时候，这一切事就都完成了！"牛顿由此解释，在公元 800 年神圣罗马帝国的查理曼大帝（Charlemagne）之后的 1260 年，就是世界的末日。依此算起来，具体日期便是 2060 年。

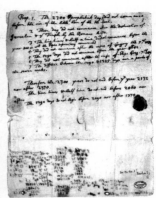

牛顿手稿：2007 年 6 月 18 日由犹太国家综合大学图书馆提供，具有 300 年历史（牛顿死于 280 多年前）。手稿的具体内容为：计算启示的精确日期及耶路撒冷圣殿的精确尺度，解释《圣经》由来的过程。

　　负责这项牛顿的秘密手稿展的希伯来大学哲学教授班梅纳潜表示，牛顿的手稿被放在纸箱中多年，许多学者都不在意牛顿对《圣经》的解读，但现在已经到 21 世纪，有许多人对牛顿的解释有兴趣，也许牛顿知道一些我们所不了解的事，他才会认为 2060 年是世界末日的时刻。

爱因斯坦：上帝可以说是难以量化的终极法则

　　科学家的信仰会不会发生变化？和霍金一样，爱因斯坦对微妙的神学和科学之间的关系，从年轻到晚年发生了一些变化。

　　爱因斯坦有时也会说到神或上帝，但他指的是斯宾诺莎（Spinoza）的上帝，也就是大自然的代名词，而不是超自然的、有人格和意识的、操纵着人类命运的上帝。"我所认为的上帝倒不一定是个性化的神，勉强可说是宇宙里的难以量化的终极法则……"

　　台北的何浩若到美国普林斯顿大学拜访爱因斯坦博士，由于机会十分难得，见面后曾经向这位举世闻名的科学家请教了一些很特殊的问题。

　　他说："博士，据说你年轻时不相信上帝，你现在信不信上帝？"

　　爱因斯坦回答说："我年轻的时候的确并不相信上帝，然而现在我已经逐渐改变了这种观念，我觉得上帝是可能存在的。"

　　爱因斯坦的根据如此："以人体的任何一个器官为例，我们知道眼睛结构的复杂与巧妙的程度，至少要超出最好的照像机 1000 倍以上，一只蚊子的翅膀每秒钟居然能振动 300 次以上，你想诸如此类的现象，我们难道能以大自然'偶然的凑合'来加以合理的解释？我们的自然界看起来似乎异常复杂，可是只要仔细加以注意，却可以发现非常和谐、非常有规律，因此才能经常维持平衡，才能绵延不断生生不息，这些都需要一个超自然的最高智慧者加以整体的设计和统御。"

科学与神学之间的互不相容之势，由来已久。有趣的是，近代早期的西方科学家大多是虔诚的教徒。在信上帝的科学家中，基督徒包括大数学家欧拉(Euler)，大发明家爱迪生（ Edison ），发现电磁感应的法拉第（ Faraday ），实现无线电通信的马可尼（ Marconi ），发明电话的贝尔(Bell)，遗传学奠基人孟德尔(Mendel)……还有中世纪和近代早期几乎所有的科学家都是基督徒，如我们前面提到过的哥白尼、伽利略等。另外也有不信基督教，但是相信一个没有位格的上帝，即自然神论者，如上面的爱因斯坦……

霍金谈转变

霍金说："在科学界，时间旅行一度被认为是歪理邪说。过去因为担心有人会把怪人的标签贴在自己身上，我对这个问题常常避而不谈。但现在，我不再那么谨小慎微了。"那么，他那些类似的言论，都是因为这个理由吗？

我们来看看霍金对自己这些言论的看法：

2010 年 5 月，霍金在英国第 4 频道《英国天才》(*Genius of Britain*) 做客，讲述科学巨大革新背后科学家们的故事。霍金在节目中显得非常幽默，他告诉大家，他不是一个古板的人，对流行的东西也非常感兴趣。

对于之前关于时间旅行的话题引起的广泛争论，霍金回应并再次重申了时间机器的必要性："我们的人口和地球上的资源成反比，而技术的前行也不一定会让我们的环境变得更好，因为我们人类的遗传基因中决定了自己的自私，所以我们生存的唯一机会是将目光瞄准其他星球，寻找适合人类居住的行星。"

他还提及移民外太空的可能性与前景："当然，这件事情非常难，也许不会在很短的时间内做到，但我们必须具备这种意识，我们可以花 30 年在月球上建立基地，花 50 年到达火星，花 200 年探索系外行星等。"霍金还认为这是完全可行的。

据霍金说，太空旅行不会局限于科幻小说。他相信人类必然会开发太空以求生存。"我们对地球有限资源的利用正呈指数级上涨，同时增长的还有我们借以善意或恶意的改造环境的技术能力。但我们的基因密码仍然具备自私自负的天性——过去，这是对我们的生存有利的。再过几百年，避免灾难会变得相当困难，更不必说再过千年或百万年。我们生存的唯一机会不是继续局限于地球范围内，而要放眼太空。人类迁移至太空不会很快发生，而是要经历上百年甚至上千年。我们可以在 30 年内建立在月基地，50 年后到达火星，200 年后探索外行星的卫星。"

该系列片的最后一集中是霍金与理查德·道金斯（Richard Dawkins）的直接对话，两人都是目前英国最著名的物理学家。以下是两人非常有趣的对话：

理查德·道金斯：请问，是否真的有其他星球存在生命？

霍金逗趣地回答：这和问您为何否认上帝存在是一个性质的问题，我们都无法证实。

理查德·道金斯：那你认为上帝是存在的吗？

霍金：关键是，宇宙诞生的方式是上帝以我们不能理解的原因选择的呢，还是被科学规律决定的呢？我认为是后者。如果你愿意的话，你可以将科学道理称为"上帝"，但那绝不会是一个人形的上帝，你可以和他见面，向他提问。"即使存在这么一位上帝，我想问他是怎么看 11 维 M 理论这样复杂的事物的。"

霍金：

没有身体的舞蹈

Chapter 3

霍金还知道什么？

　　霍金一生颇富传奇色彩。一个无神论者的科学家却与宗教界交好；一个曾经被预言只能再活 3 年的患者，却最终活了 76 岁，甚至一度有过濒死经验。这些传奇的经历，是否让霍金洞悉了某些秘密？

2010 年，霍金的一系列惊人言论挑战着人类的想象力。

从资料可以看出，在这些言论之前，霍金就对时间机器、外星人、宇宙奥秘等话题颇为关注；随后的事实也表明，霍金多次重申自己的观点和立场，非常的认真、严肃。到底是什么让霍金如此坚持自己现在的看法，笃信外星生命一定存在，多次呼吁一定要建造时间机器，甚至移民外太空？霍金究竟还知道什么？

霍金一生颇富传奇色彩。一个无神论者的科学家却与宗教界交好；一个曾经被预言只能再活 3 年的患者，却最终活了 76 岁，甚至一度有过濒死经验。这些传奇的经历，是否让霍金洞悉了某些秘密？

1. 教皇对霍金说了什么？

这是一个广为流传的故事。

1981 年，40 岁的霍金在轮椅上参加了一个宇宙学大会，会议的主办地就在梵蒂冈，与传统科学界观点不同的耶稣会（The Society of Jesus）主办了这个宇宙学大会。霍金在会上首次发表了他关于无边界宇宙的思想。

在会议的尾声，所有参加者应邀出席教皇的一次演讲。教皇警告物理学家要防止对宇宙是如何或为什么开始的问题挖掘太深，说这完全是神学家的事情。"任何关于世界起源的科学假说，例如原始原子的假说，并未解决有关宇宙起源的问题。科学单靠自身无法解决这一问题；这需要超越物理学和天体物理学的知识，尤其需要来自上帝启示的知识。"教皇约翰·保罗二世（John Paul Ⅱ）说，现代

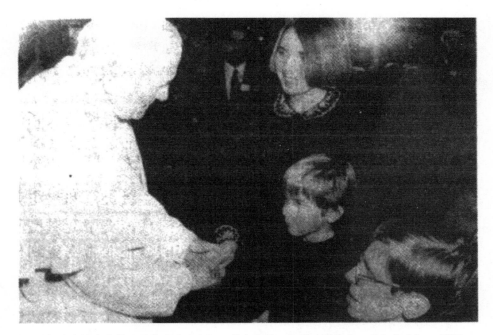

1986年霍金被选为教廷科学院院士之际，教宗约翰·保罗二世和简·瓦尔德（Jane Wilde，霍金的第一任妻子）、蒂莫西（Timothy，霍金次子）以及霍金在梵帝冈。

宇宙学并没有错，他甚至也相信大爆炸的思想也许有些道理。但要在大爆炸处划出一条界线，宇宙学家不应超越它。霍金回忆道："教皇告诉我们，在大爆炸之后的宇宙演化是可以研究的，但不应该去过问大爆炸本身，因为那是创生的时刻，因而是上帝的事务。"

　　教皇坐在高高的椅子上，客人们逐个被介绍给教皇。他们从平台的一边进入，按照西方的传统，跪倒在教皇面前，轻声地交谈几句，然后从平台的另一侧离开。但是当霍金驱动轮椅来到教皇前时，历史上奇异的一幕出现了。在所有人的注视下，教皇离开自己的座位，走到霍金跟前，跪下来，使他的脸与霍金的脸在同一水平线上，以便和他平等地交谈。两个人谈话的时间比教皇与任何其他客人谈话的时间都要长。最后，教皇站了起来，掸了掸自己长袍上的灰尘，微笑着与霍金告别。霍金的轮椅就呼呼地驶向了平台的另一边。这不仅使得四周的教徒们目瞪口呆，认为教皇的姿态对霍金过分地尊敬了，还完全不能理解教皇为什么要跪在霍金面前。对他们来说，霍金的观点是与正统的教义相对立的。

教皇为什么屈尊跪下来？是出于霍金的学说吗？如果是，且不说与教皇本身信仰的冲突，连霍金本人也在《时间简史》里写道："那时候我心中暗喜，他并不知道，我刚在会议上作过的演讲的主题——时空是有限而无界的可能性，就表明着没有开端、没有创生的时刻。"

教皇到底对霍金说了什么？这事关宇宙起源？事关人类命运吗？或者是某种忠告抑或警示？

据说，教皇保罗二世与霍金之间一直相互尊敬，教皇还两次会见霍金。有人推测，教皇对霍金所言大概意思是说叫他不要再研究下去了。可能霍金的研究已经接近揭开上帝的真相了。诸种猜测，或许有理，或许胡扯，但不可否认，霍金再次燃起了对宇宙起源问题的兴趣，就如他自己在《时间简史》里坦承："整个70年代我主要在研究黑洞，但在1981年参加在梵蒂冈由耶稣会组织的宇宙学会议时，我对于宇宙的起源和命运问题的兴趣重新被唤起。"

耐人寻味的还有一点，虽然霍金的宇宙论使上帝没有存身之处，梵蒂冈教廷仍对他表示了敬意。教廷科学院选举霍金为该院院士，教皇保罗二世两次会见他，为后世留下了佳话。2008年年底，代表科学界的著名科学家霍金与代表宗教界的教皇会见，握手言欢，欢聚一堂。霍金说，他不反对宗教和宗教信仰，他反对的是人格化的上帝。教皇重复了前任观点，"科学告诉你天堂如何运作，圣经告诉你如何进入天堂"。西方主要报刊甚至述评说，这标志着持续了数百年的科学与宗教的冲突终于结束，标志着科学和宗教各回本位、从不同角度为全人类造福，而不是把人类拉进毫无进步意义的冲突陷阱之中。

2006年6月，霍金在第三次访华时游览北京天坛。在听了导游关于天坛的御道、王道和神道的解释后，霍金选择走神道。"现在你就是上帝了。"导游笑说。

2．在濒死过程中，霍金体验到了什么？

有人说，霍金在最近 4 年经历了 3 件事：一是 2007 年 4 月经赞助体验时长为 4 分钟的无重力旅行；二是 2008 年 9 月，适逢欧洲大型强子对撞机实验；三是 2009 年 4 月，他呼吸衰竭，停止呼吸长达 20 分钟之久，亲身经历了濒临死亡极限体验。并因此推断，这些经历促使他改变了 20 年前的理论：坚信外星人的存在，肯定时光机的可行性。"或许，他与爱因斯坦找到了上帝的秘密吧！"

濒死经验

很久以来，医生们常常能听到病人叙述这种奇特的经历。著名哲学家和医学博士雷蒙德·穆迪（Raymond Moody）出版了一本名为《生命后的生命》（*Life After Life*）的书，它轰动了西方。在这本书中，穆迪把这种现象定名为"濒死经验"（Near Death Experience，NDE）。他认为，濒死经验是人在弥留之际因为恐惧死亡而产生的一种现代科学尚未发掘的奇特现象。

濒死经验，也就是濒临死亡的体验，指由某些遭受严重创伤或疾病但意外地获得恢复的人，和处于潜在毁灭性境遇中预感即将死亡而又侥幸脱险的人，所叙述的在他们受到死亡威胁时的主观体验。它和人的临终过程心理一样，是人类走向死亡时的精神活动。

心理社会学家肯尼斯·赖因格将临床死亡后经过救生法抢救，最终又死而复生的人叙述的这种奇特的濒死经验，基本归纳为学术界现已认可的五大阶段：

第一阶段：安详和轻松，持此种说法者约占 57%；

第二阶段：意识逸出体外，有这种感受的人约占 35%；

第三阶段：通过黑洞，有此感觉的约占 23%；

第四阶段：与亲朋好友欢聚，他们全都形象高大，绚丽多彩，光环萦绕，宛如天使；

第五阶段：与宇宙合而为一，持这种说法的人占 10%。他们同那束光线融为一体，刹那间，觉得自己犹如同宇宙融合在一起，同时得到了一种最完美的爱情，并且自以为掌握了整个宇宙的奥秘。

以下，我们将要讲一些有过濒死经验的人的例子。

汤姆·索耶：从机械修配工到物理学学士

轰动美国的汤姆·索耶（Tom Sawyer）事故是典型的例子。当时汤姆·索耶居住在纽约安大略湖边的罗切斯特（Rochester）。这位身材矮胖的汉子年方30，是一位机械修配工。一天下午，当索耶正满身油污地躺在小型载重卡车下修理时，突然，千斤顶松脱，3吨重的卡车压上了他的腹部。当消防队员将3吨重的卡车从索耶的胸腹部移开时，他失去了知觉，接着呼吸停止。救护车刚开动，他的心脏也停止了跳动。在医院，医护人员立即采用救生法通力抢救索耶，终于从死神的手中把他夺回。

6年过去了，汤姆·索耶坚强地站立了起来。在一次新闻界举行的专题招待会上，他强抑欢快的泪水，描述起自己的濒死经验。当消防队员将他从卡车下抱出来时，索耶已经停止呼吸；与此同时，索耶蓦地感觉到一种从未有过的安宁和轻松。他觉得自己的躯体一分为二，一半在消防队员的手上，不过，那只是个空的身壳；而另一半是真正的身形，它比空气还要轻，晃晃悠悠地飘落到一张床垫上，他感到无比舒适。突然，索耶看到了消防队员们拥挤在自己工作的工厂里，自己的另一躯体正躺在担架上，血从嘴里喷涌而出，满地的油污也变得通红。很快，救护车在街道上急速倒车，一群人手忙脚乱地将担架送上了车。两个女儿在哭天叫地，脸色苍白的邻居拉住了她们。路边挤满了观望的人，他们的神情有震惊、恐惧、悲戚、漠然……起初，索耶觉得自己是在离地面3米左右的距离观看，随即上升到4米、5米、10米、100米……接着，索耶看到载着自己躯体的救护车在高速公路上飞驰而去。这时，索耶发现眼前的景象消失，自己被推进了一个黑洞中，心绪依旧保持着无限的安宁。渐渐地，某种力量越来越强烈地拖着他向前而去！而且不时被挤压，不时碰到洞壁上。他问自己："我还活着吗？"接着，他又肯定地意识到，自己死了。突然，前方出现了一丝光线，它先是犹如天际中的一颗星星，瞬间，又变成一轮黎明时的太阳，飞快上升，不一会儿就成了一个巨大的圆球。光芒四射的阳光并不使他感到眩目耀眼，相反，眼望着这轮红日，他感到无与伦比的快乐。他越是朝金色的阳光接近，对宇宙的认识就越加深刻。就在这时，一个似乎被深深埋没的爱情记忆蓦地出现在他的脑海里，并且渐渐地照亮了他的意识域。这是一种美妙的记忆。他醒悟到，这奇特的光线本身就是由爱情组成的，但他没有陶醉在这种爱情中。他觉得自己一生中从未如此集中和专注，而且，越是接近光线，这种感觉就越强烈。忽然，洞口出现了他那已经过世的父母亲，他们身材高大，浑身放射出彩色光芒，头顶上环绕一束光轮。他们笑吟吟地朝他走来，转眼间，他的脑海里出现了一幕幕重大的生活经历，如生日盛典、初中毕业典礼、订婚仪式，甜蜜的婚礼……最后，他同光线融合在一起，他感觉到了一种无以形容的心醉神迷。他似乎与宇宙合为一体，许多美妙的景色在他的眼前闪过，他清醒地意识到，自己就是这些美景，就是飞逝的森林、高山、河流、天际、银河……宇宙的一切奥秘全部展现在他的面前。

如今，汤姆·索耶已不再是原来的汤姆·索耶，他的身体、智能和精神等三方面都已经发生了巨大的变化，其中突出的表现是他陡然狂热迷恋上了物理学，尤其是量子力学。几年后，毫无物理学基础的索耶在大学里获得了物理学学士学位。他对记者说："在那次事故发生以后，我在同神秘光线融合的瞬间，就忽然意识到自己已经掌握了物理学的全部知识。在大学里，只不过是将这些知识一段一段地从记忆中追回来。"

查维·亚艾那：长睡不醒的人

1987 年，在西班牙的巴塞罗那（Barcelona），一位名叫查维·亚艾那的 24 岁青年工人，不幸被一只装有机器的大箱子压伤，成为一个昏迷不醒的"植物人"。1990 年 3 月的一天，亚艾那突然清醒过来，虽然只有短短的 10 多分钟，却向人们叙述了他长眠不醒时的奇遇："我变回一个孩子，由我已去世的姨妈领着。她带着我，走进一条发光的隧道，它是通向另一个世界的。她对我说：'你要我找的永恒的平静，在另一个世界你可得到。'我用手掩住双眼，但玛丽亚姨妈轻轻地把我的手拉了回来。"不幸的是，10 多分钟过后，亚艾那又长睡不醒。

迈克尔·萨翁:《死亡的回忆》

美国心脏病科专家迈克尔·萨翁(Michael Soliom)起初对濒死经验持怀疑态度，认为它迎合了人类的好奇心理。于是他对自己的病人进行调查，许多人异口同声地声称经历过五大阶段中的某一两个阶段。但是，这些都没能消除这位心脏病专家的疑窦。因此他竟毅然以身家性命为赌注，决定亲自"去地狱出差"。他建立了一个由曾是无濒死经验的幸存者和有濒死经验的幸存者组成的监督小组，同时组织了一个高水平的抢救小组，以医学方法亲由体验了死亡。复活后，他写成一部著名的论著《死亡的回忆》(*Recollection of Death*)，宣称濒死经验是人类最大的奇迹。

霍金体验到了宇宙的奥秘吗?

心理学家肯尼斯发现，经历过第一至第四阶段的濒死经验者，往往普遍消除了对死亡的恐惧。而经历过第五阶段的濒死经验者都会在身体、智能和精神三方面出现巨大的三重变化，他们会犹如重新转胎投世，变成了"超人"。那么，在2009 年 4 月，停止呼吸长达 20 分钟之久的霍金看到了什么？

美国出版了一些研究濒死经验的书，讲很多有濒死经验的人能极清晰地回忆过去，有的还能看到平时看不到的东西，比如别的星球上的状况。霍金在濒死经验中是不是轻松地穿越到未来，于是他认为自己是在时间旅行？是不是他看到了地球的未来，然后宣称人类为避免灭亡要移民太空？难道他也和汤姆·索耶一样，和宇宙合为一体，体会到了宇宙的奥秘？会不会他可能是看到了别的星球上的状况，包括外星人和他们的先进技术，才警告我们避免与之接触？

濒死经验对经历者的生活往往造成一定的影响。肯尼思·林（Kenneth Ring）是濒死经验研究领域中最多产的研究者和作家之一，他发现很多经历过濒死经验的人，在此之后变得更自信、更外向了。林在一项研究中，将经历者在生活态度上所发生的变化进行了量化处理。这通常包括拥有生活目标，欣赏生命，具有更多的同情心、耐心和更强的理解力，以及对自身能力的全面肯定。霍金会不会在此后有了新的觉醒？

霍金在濒死状态下到底发生了什么？而这段经历对霍金有什么样的影响呢？当然，所有这一切都只是猜测。如果是真的，也许科学会有一次大的飞跃。

小结：那些我们知道的，和我们忽视的

在我们身边，你是否感觉到了一种变化，你却说不上来？你是否看到了却解释不出的诸种现象？比如灾难，比如末日论？电影《2012》是这个变化世界的真实写照吗？

这个世界变得越来越难以理解。科学在进步，技术在发展，人类在飞跃，可当我们知悉更多宇宙的奥秘时，我们发现，我们似乎越来越不懂这个宇宙了。连霍金也来告诉我们，我们可能不是唯一的智慧生物，我们的地球可能将不再适合居住，我们可能穿越到未来。

我们想把霍金的警告解读为警示，可心绪还未安宁的时候，又闹出联合国将设首位星际外交官。虽然后来被联合国否认为闹剧一场，但还是极度地挑拨了公众的神经。之后美国退休空军军官集体披露 UFO 事件，再次将外星生物这个话题推到舆论的顶尖。而坊间热议的各种秘密工程、项目，比如蒙淘克工程，更是让这一系列事情变得扑朔迷离。

我们感受到的是，冬天越来越冷，夏天越来越热；地震越来越频繁，海啸也加快来光顾；天坑越来越多，地火越烧越旺；动物灭绝的速度加快，地球人口急速上升。

我们看到的是，越来越多的科学家站出来，谈末日论，谈外星人，谈移民太空，或是力挺，或是斥责，但毫无疑问的是，这个世界热闹异常。同样，愈来愈多的所谓前某某长，某某负责人，或参与者，出来指责各国政府的官员们对公众隐瞒了本该知晓的事实。

从第二章，我们得知，霍金的这些言论并非首次出现，其震撼值也不比现在低。可是为什么，霍金现在的言论会引起这么大的轰动？为什么偏偏是这次，闹

出来了星际外交官风云？以及紧随其后的美军空军大揭秘？这一切是不是太过巧合了？

为什么一下子那么多的披露报告涌现出来，是变化如此之大，不能再忽视？而主流媒体为什么从一开始集体缄默到现在逐步揭露？你不觉得这些资讯集体涌现很奇怪么？难道说，时间到了？让我们知晓这个巨变世界，以及一些真相的时间到了？

科学家认知到的变化，军方工作人员的大量披露性报告，民间组织的调查——这些都仅仅是一小部分浮出水面的变化，不论认知、谈论与否，这些变化已经存在。到底还有哪些巨变是我们不知道或者忽视的？让我们来看看这些被忽视的真相。

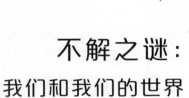

Chapter 4

不解之谜：

我们和我们的世界

在任何一个星光闪烁的夜晚，当人们眺望星空时，

也许常常会思考两个基本问题：我们为什么会在这里？

我们在宇宙中是孤独的吗？

在任何一个星光闪烁的夜晚，当人们眺望星空时，也许常常会思考两个基本问题：我们为什么会在这里？我们在宇宙中是孤独的吗？

了解我们周围的世界并把我们自己也看成这个世界的一部分，一直是人类的一个伟大梦想。初民用史前神话和早期巫术来解释世界，神秘主义者和预言家靠直觉和想象力构成了自己的宇宙。

2500多年前，古希腊思想家用理性的解释代替了神话观念和巫术的仪式。自此以来，这种试图了解外在宇宙和内在心灵的愿望在哲学的世界里继续探索着。随着16世纪和17世纪科学的进步，勇于开拓的人们开始用观察和实验的方法来探索实在的本质。

物理学家已经在探索宇宙的奥妙；生物学家正在解开生命的谜题；社会学家和人类学家正在研究我们不可思议的社会形态和文化意义；而脑部科学家和哲学家也没有停止前行的脚步。

尽管如此，我们的科学还是不能解释一些基本的现象，回答一些基本的问题。例如，经典物理学和量子物理学的矛盾，达尔文的进化论在古典生物学和分子生物学理论中造成的完全迥异的结果，等等。

在这一章中，我们就来讨论这些领域中所显现出的、在现代科学框架内不可能得到解释的各种形式的谜。

1. 宇宙现象中的谜

正如我们看到的，现代科学家建立起来的科学图景还是模糊不清的。它不能为迄今为止人类所发现的各种奇特的自然现象提供令人满意的答案。当面临不停出现的反常现象和矛盾时，我们不得不承认，由现代科学所传播的知识仍不完美。而科学研究的几乎所有主要领域，都不时出现概念上的黑洞。这些领域包括宇宙学、物理学、生物学、神经生理学和认知科学。

物质从何而来？

茫茫宇宙，物质从何而来？

对于这一问题，有无数的人尝试着从哲学、宇宙学、物理学等各种角度给出答案。时至今日，最为人接受的便是大爆炸学说中的"物质自大爆炸中来"。

恒星、星系以及宇宙本身的年龄是一个谜题。大爆炸学说认为，宇宙自诞生以来，已经度过 120 亿年。然而人们发现，宇宙中的有些星系太大、太深，不可能是大爆炸的作品。难道，物质不是在大爆炸过程中产生的吗？

科学家利用四束高度聚焦的光锥线做了探索。结果显示，在超过 32.6 亿光年的距离之外，存在着非常巨大的银河结构，且在大约 5 亿光年的间隔上具有一系列特征。每一种特征都类似于其邻近的结构，称之为"长城"，它在天空穿越超过 5 亿光年。这些巨大的结构意味着，宇宙的年龄远远大于大爆炸能够允许的年龄——按有些天文物理学家的估计，超过 630 亿年。而科学家推测的大爆炸不过在 120 亿年前发生。宇宙中某些星系怎么会比宇宙本身的年龄还大呢？

物质究竟从何而来？宇宙的真实年龄到底又是多少呢？

和谐常数之谜：生命为何刚好产生？

现代宇宙学还面临另一个谜，这就是有关宇宙中存在生命的可能性问题。

正如我们一直知道的，生命在宇宙中是存在的。然而我们似乎一直在忽略这一事实：生命能够进化的条件极其苛刻，基本参数的微小变化都会导致生命在宇宙的广大范围内不可能存在，而非常奇特的是，宇宙参数恰好适合于生命存在。这一切是幸运的结果吗？

现在，天文物理学家发现，不仅生命过程精确地与宇宙中的物理过程和谐一致，甚至连宇宙中的物理特性也精准地与生命可能进化所需的条件和谐一致。问题出来了：先前出现的条件是如何与在后来才出现的条件相适应的呢？

宇宙对生命的精确和谐，包括宇宙中物质的量和分布，宇宙力的数值和控制物质相互作用的常数。

物质看上去仅构成太空中的一种很稀薄的沉淀，但它刚好是允许生命进化所需的精确的适宜厚度。如果宇宙的物质含量甚至只要比现在的稍微大一点儿，那么后果就不堪设想：恒星的更高密度会使星际间碰撞产生的可能性大大加大，这导致把带有生命的行星撞出安全轨道，生命的最终归宿不是冻凝就是汽化。而束缚核粒子的强力也非常关键：比实际稍小一点，那么氘核就不可能存在，太阳这类恒星就不能发光；比实际微微大一点，具有活力的恒星就将膨胀，还可能会爆炸。

物理宇宙与生命参数的精确和谐构成了一系列巧合。在这一系列的巧合中，只要稍微偏离给定值，就会导致生命的终结，更确切地说，生命决不可能会诞生。这包括宇宙中物质的数量和分布恰到好处，普遍存在的力的值以及中子、质子和电子各自的电荷也精确地相互平衡。如果中子不比原子核中的质子重，那么太阳这类恒星的有活力的寿命期就将缩小到几百年；如果电子的电荷和质子的电荷不精确地平衡的话，那么物质的所有构型就将是不稳定的，结果就是宇宙仅由辐射和相对均匀的混合气体构成。在紧随大爆炸之后的膨胀中，如果没有从大尺度的规律性分离出精确的小尺度的规律性的话，今天的星系和恒星也不会存在，更不用说会产生寻求这些不解之谜的答案的人类居住的地球。而三种不同元素氦、铍的不稳定同位素和碳的共振频率尽管极不可能调谐，但它们却调谐得非常精确，结果产生出足够的碳构成更重的元素——宇宙中的生命构件。

不可思议的正确选择

就如我们前面所提，生命的形成、存活的条件要求很高。但宇宙空间中物质的质量和分布以及四种宇宙力的值是如此精确地和谐，恰好使生命能够在宇宙中进化。难道，宇宙的膨胀速率和宇宙力的值，是在这个宇宙开始出现时就已经确定了？

科学家 R. 皮诺斯（R.Penose）对此作了研究。根据他的计算，要获得我们实际上能存在的这种宇宙，需要在 101023 个可供选择的宇宙中作正确的选择。退一步来说，纯粹的偶然性也能产生有序，可这也需要有足够的时间。保罗·戴维斯（Paul Davies）认为，这个时间大约至少是 101080 年的数量级。据此推测，宇宙几乎不可能靠纯粹偶然性调节到产生生命的那个过程。

戴维斯估计的这些数字都特别巨大。它们是否也适用于在我们之前也许就已经存在的不同宇宙，或者是和我们现在同时存在的宇宙呢？宇宙常数按这样的方式调节，会不会是因为只有这样才能导致生命的进化，从而才能导致现在观察世界的人类的存在？

这些问题已经被提出来了，各种假设也纷纷冒出来了，但是我们至今还没有找到满意的答案。偶然性似乎还仍然不是一个合理的答案。难道，这真的是造物主有目的的设计克服了这一问题吗？然而这一说法对自然科学而言，比纯粹的偶然性甚至更难接受。

不解之谜仍存在：宇宙怎么会在零时刻的时候预料到 100 多亿年后出现的情况呢？人类学原则告诉我们，宇宙之所以如此是因为我们人类正在观察它。而哥本哈根学派的哲学也认为，物理实在依赖于观察者。

生命之谜和大爆炸之谜是否有可能相互关联？如果我们对该宇宙的情况知道得更多的话，是否有可能会发现它的常数与生命的进化如此显著地和谐的原因？

2．物理现象中的谜

从经典物理学到量子物理学，物理现象中的很多问题等待着我们解决：惠勒的龙、爱因斯坦—波多尔斯基—罗森思想实验、泡利原理、霍伊尔假设，等等。量子论显示，量子世界确实充满了稀奇古怪、现阶段还不足以解决的谜题。

惠勒的龙

关于令人费解的量子现象的解释，阿尔伯特·爱因斯坦和尼尔斯·玻尔（Niels Bohr）自 1927 年就展开了交谈和通信，直至 1933 年告一段落。玻尔和爱因斯坦都认为：不可能同时测得一个基本粒子的位置和速度。他们之间的分歧是：爱因斯坦相信，基本粒子实际上存在确定的位置和确定的速度，仅仅是我们无法观察到而已；玻尔却认为，必须抛弃这种粒子同时具有位置和速度的观念。

物理学家的实验结果彻底粉碎了人们这一期望：真实世界中大量物质应如何起作用。双缝干涉实验是典型的例子。实验说明，光既具有波动性，又具有粒子性。而在光束分裂实验中，出现了更令人费解的光子实验现象。这一实验似乎不得不得出奇怪的结论：一个光子莫名其妙地"知道"另一个光子正在干什么，并能够自由选择它的光路。

将光束分裂实验运用在宇宙学中，这种现象变得更加奇怪。人们发现，时间和空间对它的影响很小。人们检验了来自几十亿光年以外的河外星系的光子。结果表明，这些光子仍能相互干涉，就好像在实验中相隔几秒钟发射的光子能相互干涉一样。这种干涉本身令人十分费解，而且其不受时间和空间约束的事实，更与人们所有预料相矛盾。

这些实验表明，相继连续发射的电子互相干涉，不论它们是几秒钟前在实验室中产生的，还是几十亿年前在遥远的河外星系产生的。

在量子被发射和显示它们被接收的这段时间里，它们究竟是什么或究竟干了些什么，我们还无从得知。约翰·阿奇博尔德·惠勒（John Archibald Wheeler）生动地描述了这一问题：在这段时间里，量子是一条"巨大的烟龙"，龙头和尾巴分别在探测和发射位置上清晰可见，而龙的身体被"烟雾"遮掩，为我们所不知。

爱因斯坦—波多尔斯基—罗森思想实验

爱因斯坦坚信，量子的烟龙不是自然界的事实，而是量子论所提供的描述不适当。因此，爱因斯坦及他的同事鲍里斯·波多尔斯基（Boris Podolski）和纳森·罗森（Nathan Rosen）提出了著名的思想实验。有趣的是，检验实验的结果不但没能解决量子的不确定性问题，反而承认了在空间相互分离的粒子间的瞬时信息传递。

该实验是要得到处于相同状态的两个相同的粒子并允许它们分离，然后对其中一个粒子的位置进行测量。物理仪器的检验结果没有证实爱因斯坦的预料。原因在于，测量一个粒子的活动对另一个粒子产生了某种测量影响。正像宇宙学的光束分裂实验一样，两个粒子尽管在空间上是分离的，但它们却是直接相互关联的。这种奇怪的现象，就是物理学家约翰·贝尔（John Bell）在60年代所预言的贝尔定理。

粒子具有瞬时相关性，所以信息能够越过有限空间而无需有限的传递时间。爱因斯坦—波多尔斯基—罗森思想实验的检验证实了这一定理。然而，信息的瞬时传递违反了相对论的基本定律：宇宙中没有任何信号能传播得比光速快。但量子似乎无视这一禁令，它们的相关性是瞬时的，且并不缩短距离。

泡利原理

1925年，沃尔夫冈·泡利（Wolfgang Pauli）提出了围绕着原子核的电子相互排斥的数学模型。

在此，我们可以用薛定谔波函数 ψ（×1，×2，×3，……，×n）来描述电子在原子壳层中的状态。如果任何两个电子相互交换，波函数就会改变符号。这意味着不相容原理必须是反对称的。而波函数的反对称原理规定，原子中的电子必须占据不同的轨道。但是，整个原子为什么能遵守反对称规则呢？

这一点目前我们尚不清楚。不相容原理要求电子间有精确相互作用而不涉及动力学的力。原子、分子或金属元素中的电子直接地、非动态地相互联系在一起，如爱因斯坦—波多尔斯基—罗森思想实验中，两个电子和光束分裂实验中的两个光子，似乎知道相互的量子态而无需交换能一样。

电子对单一态的不相容，有助于具有特定性质的有序原子结构的出现，这是宇宙中所有复杂现象的基础。不过，泡利原理只是描述了不相容起作用的方式：一个电子"知道"其他电子在干什么的方式。但是，它并没有解释这种方式。

量子世界一层一层地解开物质的奥秘，然而与此同时，也蒙上一层层的面纱。每次新的发现或新的探究解开一个谜题的时候，更多的困惑也蜂拥而来。对于这个量子世界，我们什么时候才能真正洞悉其奥秘呢？

3．生命现象中的谜

有生命机体的进化及其复杂结构的产生和再产生，是生物学上持久的，也许具有深远意义的谜。

物种的进化之谜

在生命世界中，无论就单个有机体的形态而言，还是就它们的组群分类而言，已经出现了高度的多样性和一致性，尽管人们知道，进化所能利用的时间是有限的，而且认为它受突变和自然选择的随机过程的支配。

生物学家认为，我们今天所看到的有机体和生物的形式，是由不可思议的遗传突变和自然选择塑造并创造出的。自然界就好像一个盲眼钟表匠，它的试错法产生了生物圈的有序和多样性的全景。一般来讲，物种随机变异所产生的绝大多数突变体在某些方面都存在缺陷，因而会被自然选择所淘汰。然而，随机突变不时地会偶然碰到使个体更适于生存和繁殖的遗传组合，这种个体又把它的突变基因遗传给子孙后代，而由这些后代所产生的许多后代，就取代了属于先前占主要地位的物种的那些个体。

现在，大多数研究人员对此观点表示赞同。然而不少人也对此提出质疑：随机过程是否能够创造出一种甚至其基本要素，如蛋白质和基因，都比人类的智能更复杂的进化结果呢？诸如人的大脑这种真正非常复杂的系统是偶然出现的吗？

质疑者的结论是，被自然选择所影响的偶然突变，能够很好地说明特定物种的变异，但几乎不能说明它们的连续变异。

那些过于巧合的随机组合

自从达尔文于 1859 年出版《物种起源》(*The Origin of Species*) 一书，物竞天择这一概念便在世界范围内流行起来。然而物种真的是在突变和自然选择的双重作用下，达到现在的生存面貌或状态的吗？

有人发出了不同的声音。康拉德·洛伦茨 (Konrad Lorenz) 便是其中之一。

许多生物学家断言，偶然突变和自然选择的原理在进化中起一定作用。洛伦茨认为，尽管这种断言在形式上是正确的，但仅仅这种断言本身并不能说明事实。突变和自然选择可以说明特定物种内部的变异，但是在地球这颗行星上，这可能是远远不够的：在可利用的 40 亿年时间里，生物进化通过随机过程从物种的原生动物祖先，衍化出今天这样复杂的和有序的有机体。

数学家也抛出了自己的看法，如赫尔曼·韦耳 (Hermann Weyl)。他从两方面指出问题。一方面是组合数的巨大。分子作为生命基础，每一个都由大约 100 万个原子组成，因而原子的可能组合数非常巨大。另一方面，特定组合产生的可能性微乎其微。能够产生有效基因的原子组合数极为有限，更遑论通过随机过程产生这种组合的可能性。

科学界不接受这些猜测，因为它们具有目的论的味道。但是生命在有限的时间内是如何建立起复杂的结构呢？

物种进化过程：有序化的一致性和较大的规则性

物种在进化过程中的一大特点是，呈现出有序化的一致性和较大的规则性。

与它们的多样性一样，生物物种的一致性非常明显。例如，鸟、蝙蝠的翅膀和海豹的鳍与两栖动物、爬行动物及脊椎动物的前肢同源，即便它们在种系发生方面完全无关。而不同物种的心脏和神经系统的位置也显示出共同的秩序：内骨骼物种的神经系统在背部，心脏在腹部；而外骨骼物种的心脏和神经系统所处的位置恰好相反。此外，进化历史非常不同的物种，共有某些非常特殊的解剖学特征，最显著的例子是眼睛。即便在种系发生方面毫不相干，还是有不少于40种物种的眼睛，都拥有同样的基本结构。

至于规则性，以寒武纪期间的有机体为例。尽管在此期间产生的有机体种类多如繁星，但生活在生物圈内的物种主要可以分为二十几类。无论是在类内或类与类之间，都表现出惊人的有序性和规则性。

疑问：生命究竟是怎样进化的？

渐进的和随机的进化过程能产生这种有序和组织吗？

达尔文在《物种起源》中宣称："自然选择不能产生重大的或突然的变化；它只能小步地和缓慢地起作用。"然而这种自然选择的渐进性和连续性，受到了当代古生物学家的攻击——"种系发生的渐进率"是错误的。

达尔文的巨著出版大约120年后，两位美国古生物学家把"跳跃"引进物种进化。他们是杰伊·古尔德（Jay Gould）和奈尔斯·埃尔德雷杰（Niles Eldredge）。他们的理论实际上是"不连续平衡"理论。根据这一理论，新物种倾向于在相对短暂的时间周期内突然出现，通常为5000年—50000年。这不仅仅是单个物种，包括全部物种都是以突然创造的形式出现的，而这标志着某个纪元的开始。再次以寒武纪为例。在较短的几百万年时间里，寒武纪的剧变，产生出了现今居住在地球上的绝大多数无脊椎物种。

然而，在有效的时间范围内，无论是来自物理学的解释还是来自生物学的理论，都不能解答这个谜。因为这两种理论中的偶然性不涉及单个的幸存者和繁殖体，而是涉及整个物种和群体。因此，在生命领域中依然存在着有序进化之谜。

机体的产生和再生

在有序的进化潮流中，已知单个有机体能繁殖它们复杂的多细胞结构，尽管它们的每个细胞只包含同一组遗传指令。那么，这些指令真的是通过与自然选择邂逅的偶然突变而进化的吗？

问题来了：物种一旦进化，其个体成员如何设法产生出它们特定的有机体形式呢？种瓜得瓜，种豆得豆——从鸡蛋里孵出来的从来都是鸡而不是鸭，这一事实需要解释。

我们知道，单细胞有机体能够通过分裂把它们染色体的脱氧核糖核酸（DNA）转变为新细胞从而再生。但是，比较复杂的物种怎么办？它们一定要通过自身的生殖细胞进行繁殖。它们之所以能这样做，是因为假定它们的每个细胞都具有构建整个有机体的一整套指令。

如果根据DNA来解释，人们可以得到这一假定：每一物种的遗传密码都有整个有机体的蓝图。但这一假定也存在问题。为何非常不同的物种之间的遗传密码往往十分类似？而比较类似的物种之间的遗传密码却往往大不相同？比如说，黑猩猩染色体中的DNA有99%与人类染色体中的相同，而具有许多共同形态特征的两栖动物却有着极为不同的DNA。

问题似乎又回到了遗传密码本身的进化。进化是怎样在DNA中产生出保证某一物种具有生存能力的那些变化的？进化又是如何通过现存物种的遗传密码的逐步精致化持续下去的？

DNA 与胚胎发育

耶鲁大学的生物学家艾德蒙·辛诺特（Edmund Sinnott）指出，关于生物学中形态产生过程的某些基本的东西仍有待于发现，单靠遗传模式过于简单，不能说明事实。

单单就哺乳纲物种而言，胚胎发育需要子宫内无数能动行为方式的有序展开。这包括数十亿个细胞的协调相互作用。如果说这个过程完全是靠基因编码来实现的，那么必定要求遗传程序奇迹般地完备和细致。因而必须要求这些程序有足够的灵活性来说明，在各种不同条件下能动行为方式的变异。然而对胚胎中的每个细胞来说，遗传密码都是相同的。弄清楚它如何操纵和协调整个范围内细胞的相互作用，无疑非常困难。

关于调节通道和胚胎发育，诺贝尔奖金获得者、生物学家弗朗索瓦·雅各布（Francois Jacob）明确指出，我们人类至今还知之甚少。雅各布说，分子生物学之所以能飞速地发展，主要是因为微生物学中的信息碰巧是由组建单元的线性序列所决定的，所以遗传信息、各种基本结构之间的关系以及遗传逻辑等都是单维线性的。但从胚胎的发育看，世界不再是线性的，基因中的单维碱基序列在某种程度上，决定着二维细胞层的产生，而这些二维细胞层又以精确的方式，参与决定有机体形状和特性的三维组织和器官的产生。

按照雅各布的观点，这是怎样发生的仍是一个十足的谜。涉及胚胎发育的调节通道的原理还不清楚，而且尽管人们已经颇为具体地知道人手的分子解剖结构，但有机体是如何指令自身创造这种手的，人们几乎一无所知。

4．文化现象中的谜

在社会历史领域中，不同的社会文明尽管相距遥远，互不相知，但它们却创造了极为类似的器具和建筑，甚至其社会成员对某一现象会出现同时的顿悟。这一奇妙的情况为什么会出现呢？

类似的人工制造物

这是巧合吗？那些处在明显不同区域的文化创造出了一大批非常类似的工具。

以手斧为例。一如我们所知，手斧是石器时代的广泛工具：典型的形状是杏仁状或梨形，两边打制得较为对称，做工简单、粗糙，基本形式为功用性质。明显不同的地方是制作材料的各异：欧洲人用燧石制作；中东地区的人以黑硅石为材料；非洲人用石英岩、页岩、辉绿岩为对象。

对于这种奇怪的现象，现代考古学家研究之后抛出这一说法：这是"大家都需要的"，这一实用主义解决方法导致了初民相互一致的发现。然而，这并不能解释，为什么几乎所有的传统文化在制作细节上惊人的一致。

在数量如此之多、分布范围如此之广的人群中，能产生出细节上如此类似的工具吗？这种可能性似乎不大。更妙的是，许多人工制造物似乎跳越了空间，超越了直接的文化联系的范围。如古代埃及和前哥伦布美洲的大金字塔。即便外型上有差异，但不容否认，它们都用了显著一致的设计方法。

这些现象不是孤例。考古学家发现，所有文化的陶器制作工艺的相同点颇多，甚至用火的技术也导致产生了世界上不同地方基本相同的工具设计。伊格纳奇奥·马什利（Ignazio Masulli）是博洛尼亚大学（University of Bologna）知名历史学家，对埃及、波斯、印度和中国公元前5—6世纪的当地文化所制造出的罐、盆和其他人工制品进行了深入研究。他发现，这一现象找不到合理的解释：那些人工制品的基本设计显著重复。考古学家已经证明，这些文化之间没有直接的联系，而从实用角度看，设计的范围远远大于它们实际采用的方法。

这种现象是普遍的。尽管每个文化附加了它自己的一些细节，但阿兹台克人（Aztecs）、祖鲁人（Zulus）、马来人（Malayans）、古代印第安人（ancient Indians）和中国人（Chinese），都似乎是根据一个共同的模式或原型来制造他们的工具和建造他们的墓碑的。

同时出现的文明

古犹太人、希腊人、中国人和印度人都经历了各自的文化大发展。这些地域之间相隔如此遥远，而奇怪的是，其文化发展几乎可以说是同时进行的。

公元前750—前500年，巴勒斯坦的主要犹太人预言家享有盛誉；公元前660—前550年，印度早期的吠陀经典《优波尼沙》（*Upanishads*）形成；公元前563—前487年是乔达摩·悉达多（Siddhartha Gautama）生活的时期；约公元前551—前479年，孔子（Confucius）在中国教书讲学；公元前469—前399年，古希腊的苏格拉底（Socrates）正在研究他的哲学。

与此同时，这些地域的文明也快速发展起来。正当古希腊哲学家柏拉图（Plato）和亚里士多德（Aristotle）等人创立了西方文明的哲学基础时，中国的儒家、法家、道家的各派先哲也建立起了东方文明的观念基础。在伯罗奔尼撒战争（Peloponnesian Wars）后的古希腊，柏拉图和亚里士多德分别创立了他们各自的学院，许多巡回演说的博学之人向国王、君主和市民提出忠告和发表演讲；而在战国后期的中国，类似的不知疲倦和富有创造性的哲人创立了学校，并向公众讲课，创立教义以及在诸侯国之间纵横捭阖。

奇怪的顿悟

同时性的文化成就并不只限于古代文明，它们在当今时代同样上演。

在自然科学领域，这样的例子为数不少：互不知道对方工作的不同研究者同时顿悟。最为著名的莫过于这三对：牛顿和莱布尼茨（Leibniz）几乎同时独立地发明了微积分；达尔文和华莱士（Wallace）同时独立地提出了生物进化的基本机制；贝尔和格雷（Grey）同时独立地发明了电话。在此，我们不去争论到底谁是进化论之父，不去哀叹格雷的"5 丝米"之差，我们要注意的是：他们的顿悟，几乎同时出现。

这些同时顿悟的例子并非只在同种文化同一个分支中出现。在跳越同种文化的不同分支之间，这类故事也悄然展开。正当英国科学家牛顿用三棱镜来分解进入剑桥寓所窗户的光柱时，荷兰画家样·维梅尔（Jan Vermeer）和其他画家也正在研究透过彩色窗户和门玻璃的光的性质。在詹姆斯·麦克斯韦（James Maxwell）用公式来说明他的电磁学理论，得出光是由电波和磁波的相互旋转产生的结论时，英国画家脱尔诺（W.Turner）正在把光画成旋涡状。在最近几年，物理学家根据超对称理论一直在探索多维空间，而此时前卫派艺术家已开始在他们的画布上实验视觉的重叠，以代表多达 7 维的空间。

空间和时间，光和引力，质量和能量都已经被物理学家和艺术家作了研究，有时是在同时，有时一派比另一派早一点，但这两派都不知道对方的工作。伦纳德·谢莱因（Leonard Shlain）出版了《艺术和物理学：对空间、时间和光的平行洞察》（*Art and Physics: Parallel Visions in Space, Time, and Light*）一书。在该书中，他提供了许多实例，证明了艺术家们反映和期望的东西，正是物理学家心灵中出现的需要突破的有关概念，但艺术家对物理学和物理学家所关心的任何事都一无所知。

所有这些对应仅仅被说成是偶然的巧合，就能对它们不加理会吗？

5．心灵和意识世界中的谜

你有这种经历吗？当最亲的人突然发生什么事情的时候，即便远在天边，你好像也有所感觉？当你预料有不好的事发生时，坏事往往就发生了？

在心灵和意识世界中，信息的传递有时似乎超越了感觉和知觉。它不仅发生在个人之间，而且还发生在群体之间；不仅发生在原始人之间，而且还发生在现代人之间。甚至在特定情况下，个人似乎能够回忆起过去的几乎所有经历，有时还能回忆起好像属于其他人的前生命经历。那么，这些信息是从何而来的？它们又是怎样跨空间、跨时间、跨个体传递的？

意识与大脑功能

为什么我们大脑的一部分功能与意识体验相伴？意识与什么种类的神经功能和机制相联系？

人类的新大脑皮层分裂成左右两个半球，这是极其典型的特点。两个半球具有各自的不同功能，它们联合起来工作。左半球是普通语言的中心和典型的大脑线性活动的中心。它以前后相继的模式运作，连结原因和结果，理解普通常识和思想的线性过程。右半脑是通讯和相互关联的关键。它能同时处理复杂的材料，描绘出知觉和认知的情感上的细微差别，但是它指向图像而不指向语言。

这些发现与大脑中高级的和低级的心理功能都有关。现代神经科学对心理状态只有相当简单和基本要素方面的认识。除此以外，神经科学现状尚不允许构建细节方面的模型，以显示大脑中的过程是如何产生相应的心理功能。这是因为在本质上，我们仍不知悉大脑高级功能的细节方面的信息。这些功能中最神秘的是抽象思维、微妙的感情状态和记忆。

长时记忆之谜

对于短时记忆，我们一般根据大脑皮层中神经网络的形成和再形成来解释。但长时记忆的成因却是个谜。

我们每个人几乎都可突然地回想起过去的事，甚至某些细节可能还历历在目。这不足奇怪，但心理学家和神经病学家的临床实践却显示出这样的证据：绝大多数人能回忆起比这早得多的事。资料表明，许多人受到一些特别的影响——他们刚出生时就发生在他们身上的精神创伤和其他特殊事件留下的痕迹。例如，母亲在怀孕期受到生理和情感上压力的影响，可以在孩子一生中的心理性格上显示出来。

足以使人感到惊异的是，我们的大脑似乎能够贮存比我们在一生中所积累起的更多的信息。正由于此，这种证据明显引起更大的争议。有争议并不能说它是不足信的、不重要的。临床神经病学家提供了最令人信服的证据。通过让病人"回归"到孩提时代，治疗学家经常发现，病人能回顾到更早的时间，体验到子宫内或出生时的事，有些病人还能回顾过去的几个生命时代，而这些生命时代跨越了很长时间。在美国，著名精神病医师斯坦尼斯拉夫·格罗夫（Stanislav Grof）甚至通过催眠回归，使被试者回溯到动物祖先的状态。

精神感应：进入他人的心灵和意识中去？

人际间（Transpersonal）的接触和通信，也使人感到迷惑。有证据显示，通信中可能出现某种超感觉感知（Ex-Trasensory Perception，ESP）。

精神感应是最普通的超感觉感知的形式，它可能在所谓的原始文化中广泛流传。许多部族社会的巫师能够通过精神感觉通信。他们利用各种技术进入似乎必要的意识转换状态，其中包括孤独、集中注意力、禁食、跳舞、击鼓、念咒语和利用致幻香草，等等。如在玛雅人中流行的致幻蘑菇。国王通过服用这种致幻剂，遨游太虚，与诸神相会，获得治理国家的必备知识，或者咨询各种问题。

不仅是巫师，我们所有的人似乎都有精神感觉的能力。

来自人类学的证据证实了这一点。人类学家A.P.伊尔金（A. P. Elkin）注意到，一个远离家乡的人，有时会突然宣布他的母亲死了，他的妻子分娩了，等等。他对自己感知到的事深信不疑，而结果证明，事实往往如此。这种情况尤其常常在双胞胎之间出现。在许多情况下，双胞胎中的一个能感觉到另一个的疼痛，即使另一个远在世界的另一边。除了这种双疼痛现象外，母亲和爱人的敏感性也同样值得注意。有数不清的事例显示，母亲知道她的儿子或女儿在什么时间遇到了大的危险，或实际涉及了某种事故。而这种情况也常常在配偶之间上演。

除了人类学的材料之外，各种人际间通信的大部分趣闻和不可重复的科学证据，来自控制实验条件的实验室研究。如墨西哥国家大学的哈科沃·格林伯格·济尔布波姆（Jacobo Grinberg Zylberbaum）的研究工作。实验有利地证明了这种精神感应。

甚至病人与治疗者之间的治疗关系也可以说明这种联系。许多心理治疗专家注意到，在治疗期间，他们体验到自己个性和正常的经验范围之外的记忆、感觉、态度和联想。而这些体验，大多是来自他们的病人的经历。

这些体验产生了又一个激起人们好奇心的问题：为什么绝大部分的人，而并不仅仅是有特别感觉天赋的人，都有"进入"到其他人，尤其是亲戚或有紧密感情的人的大脑和心灵中的能力？

心理意向

威廉·伯拉德（William Braud）和玛丽莲·斯切里茨（Marilyn Schlitz）的声称或许能说明问题。他们说自己已经证实这一观点：一个人的心理意象可以越过空间，引起远距离外的另一个人的生理变化，这种影响与某个人自身的心理意象对他自身生理变化的影响相似。他们的实验显示，试图影响自身生理功能的人，比试图通过远距离影响其他人的生理功能的人，只是显得效果稍微明显一点。

与有倾向性的相对，自发的远距离身体效应在一大组群的人中也被发现。根据印度的传统观念，当许多人进行共同的沉思时，未沉思者也会受到影响。1974年，马哈瑞希·马赫西（Maharish Mahesh）瑜珈师傅也接受了这一观点。他认为，只要有1%的人按规则地沉思，它的效应将影响到其余99%的人。

那么，前一小节的文化现象之谜是不是可以这样解答？

个人与整个文化似乎能够进行人际间的联系和通信，共同具有他们的及它们的某些观念、人工制品和成就，而这些观念、人工制品和成就，超越了个人和文化相互作用的普通形式。

事实会不会就是这样？一切还有待考证。

小结：科学之外

我们应当如何解释这些奇异的发现呢？它们中的大多数能够在相同的条件下重复发生，有些还能够在严格受控的实验中发生，因此我们不能简单地不予考虑，我们应力图阐明这些发现的意义。

如同我们前面指出的那样，物理世界的谜涉及粒子和其他物理系统之间的信息传递，也包括它们的特性的协调；生命世界的谜涉及进化过程中随机性的限度和对某种因素的需要；心灵和文化现象中的谜意味着个人之间和个人群体之间超越感觉界限和时空界限的信息传递。

这些谜题看来确实意义深长，它们确实具有共同的冲击力，它们所显示的结论是：这个世界上的事物和事件的联系，比我们通常所想象的要紧密得多，起连结作用的因素似乎与所有的自然领域都相关。如果不存在联系，我们就不可能指望自然界中会出现任何比氢和氦更复杂的东西；像生命所必需的那些复杂系统的存在，等等。同样，生命系统的进化，它们的产生、繁殖和它们之间的交流，仍将是诗歌或宗教敬畏和惊奇的对象，而不仅仅是科学理解的对象。

还原我们所在这个世界真实的面目，是否就能解决上述谜题？

我们从何而来，我们为什么会在这里，我们将要到哪里去？

我们的这个宇宙，开始于何处、何时，又将会走向怎样的末尾？

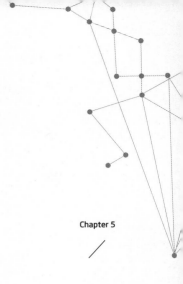

Chapter 5

太阳系的现状与变化

我们试着了解我们的太阳系，原来熟悉的星系却陌生不已：探测活动中怪事连连；我们有可能生活在一个巨大的"摄影棚"里；我们的宇宙甚至可能只是一种幻象，一切感觉真实存在的东西其实并非存在？

天体的变动究竟对人类有多大影响？我们的太阳系又有怎样的变化？

进一步说，我们对这个星系了解多少？当我们看到整个太阳系集体"躁动"变暖的时候，我们对地球的变暖也就不足为奇了。新的疑惑却也出现：为什么整个太阳系都在变暖？

2012 不仅仅与地球有关。

为了解答疑惑，我们试着了解我们的太阳系，原来熟悉的星系却陌生不已：探测活动中怪事连连；我们有可能生活在一个巨大的"摄影棚"里；我们的宇宙甚至可能只是一种幻象，一切感觉真实存在的东西其实并非存在？

什么才是真实，什么才是真相，或者，一切都是真实、真相的一部分？

1. 太阳系变化之地球的变化

近年来，地球就像一个硕大的靶心，各种灾难频频射来。印尼海啸，冰岛火山喷发，日本、汶川地震，海平面上升，太平洋岛国被淹……这颗孕育生命的蓝色星球，似乎不再宁和。

地球正在发生惊天巨变。而这些事实，大部分是我们所熟悉的，甚至是我们亲身经历的。现在，我们将这些事实和相关的科学数据组合起来，关注一下这段时期内地球到底有哪些变化。

全球变暖与冰川融化

数据表明，刚刚过去的 20 世纪是地球温度上升幅度最大的 100 年。近百年来地球气温总共升高了 0.8℃。据世界气象组织的最新报告预测，今后 100 年，全球平均气温将继续升高 1.4℃—5.8℃。

比起 1940—1980 年的平均温度，1995—2004 年这十年的平均温度，许多地区升高了近 2℃。阿拉斯加尤为明显。1970—2005 年，阿拉斯加的冬季平均气温上升 5℃，夏季平均气温上升 10℃，年均气温升高达 7℃，为全球之最。

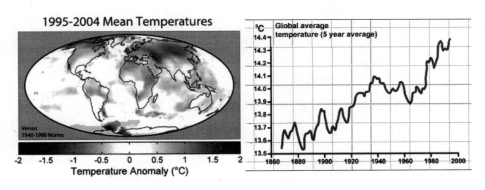

全球 1995—2004 年的平均温度。　　　　　全球 1860—2000 年的平均温度。

气温变暖已经是不争的事实。变暖引起的各类影响，大家早已熟知。尤为明显的，变暖使得冰川融化速度加快。

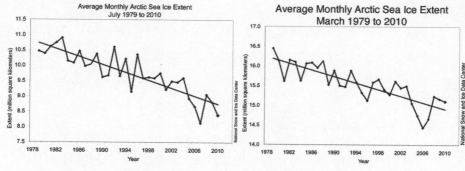

1979—2010年，北极7月份冰层面积以每10年6.4%的线性速率下降。

1979—2010年，3月份北极冰川以每10年2.6%的线性速率下降。

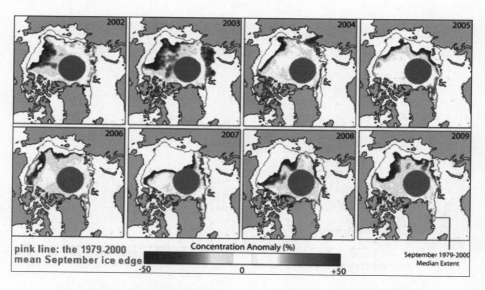

2002年—2009年，9月份的冰层面积也快速下降，冰层边缘不断萎缩。

美国国家冰雪数据中心（NSIDC）的数据显示：1979—2010年，北极7月份冰层面积（Arcti Sea Ice Extent）以每10年6.4%的线性速率下降；1979—2010年，3月份北极冰川以每10年2.6%的线性速率下降。总的说来，1979—2009年，北极冰川面积迅速减少，预计至2020年，北极夏季的冰川将完全消失。2011年1月11日，太阳提前48小时在格陵兰岛升起，这是有史以来的第一次。科学家推

乞力马扎罗山顶的冰雪迅速消融。

测的原因之一，便是北极冰盖融化导致地平线降低。

　　不只是北极，世界其他地方的冰川也在迅速融化。南极陆海交界处的底层冰川正在迅速消融，且这种状况遍及整个南极洲。2002年3月，南极半岛的"拉森B"陆缘冰出现了大面积坍塌，一块相当于美国罗得岛州大小的冰山从这里脱离，坍塌面积创近30年纪录。南美布罗吉冰川长度仅仅在1948—1990年间就已经缩减40%—50%；欧洲的阿尔卑斯山冰川，自过去40年来融化速度加快，预计未来几十年该地区将失去所有主要冰川；亚洲喜马拉雅山绝大多数冰川在过去30年里都在退化和变薄；非洲热带冰川自从1900年以来已经消失了60%—70%，乞力马扎罗山（Mt. Kilimanjaro，非洲最高峰）顶的冰雪在20世纪期间消失了80%，很可能在2020年完全消失。

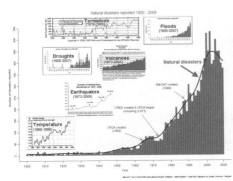

1900—2009年，全球自然灾害迅速上升。

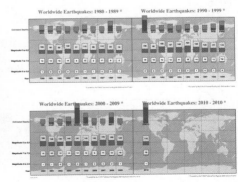

1980—2010年，全球范围内的地震。

冰川融化，势必严重影响海洋气流及整个大气环境。1880—2000 年，海平面不断上升。至今，整个海平面已经上升了 10—25 厘米。因无法控制海平面上涨，图瓦卢已经举国迁往新西兰。同样面临危机的还有马尔代夫、基里巴斯、密克罗尼西亚联邦等共计 43 个位于海洋中、主要以珊瑚岛构成国土的海拔很低的国家。危险范围从太平洋蔓延到印度洋的低地环礁岛国。图瓦卢是第一个因海平面上升被迫撤离家园的国家，然而更加不幸的是，它绝对不会是最后一个。那么，下一个会轮到谁呢？

地球拉响的警报：自然灾害

自 20 世纪 70 年代以来，以地震、火山、风暴、洪水、干旱、地陷、地火等为代表的自然灾害呈现出指数增长的趋势。这是世卫组织（WHO）的 EM-DAT 数据显示的。

地震。1973 年以来，全球地震总数、频率和所释放的能量都在迅速增加。近 30 年来，平均每年 8 级以上地震约为 1 次；7 级以上地震约为 15 次。值得关注的是 8 级以上地震：1980—1989 年总计 4 次；1990—1999 年总计 6 次；2000—2009 年总计 13 次，这是 90 年代的 2 倍，80 年代的 3 倍。

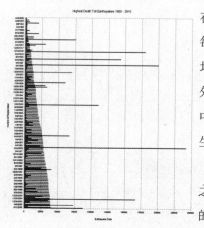

数据还表明，地震所造成的人口死亡率也在加大。据不严格的估算，1900—1910 年平均每起地震死亡约 5000 人。1998—2008 年，平均死亡人数增加了 8 倍，达到了 4 万人。此外，1980—2008 年有 593680 人死亡，而且其中 90% 发生在 1990 年以来，但高达 88% 是发生在 1998—2008 年的短短 10 年内！

海啸。地震带来的危害很大，海啸是其中之一。据悉，超过 80% 的海啸是由地震引起的，最危险的区域是那些地震高发区，即地壳板块接合、碰撞、下沉之处。从 20 世纪开始

1900—2010 年高地震死亡率。

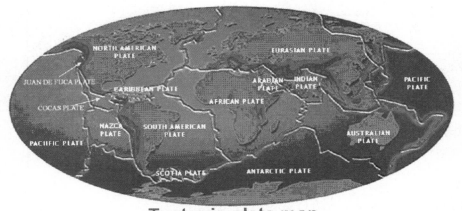

Tectonic plate map

地壳构造板块地图。地壳板块接合、碰撞、下沉之处为地震高发区。

以来，全球总计有 911 次海啸记录在案，平均每年 9 次，98 次海啸波峰在 1—5 米，6 次远距离海啸波峰超过 5 米、波及范围超过 5000 公里。太平洋地区海啸出现频率最高，20 世纪 77% 的海啸出现在太平洋地区，9% 在地中海，10% 在大西洋，4% 在印度洋。2004 年 12 月 26 日，印尼苏门答腊岛西海域发生里氏 9.1 级强烈地震，为有仪器记录以来的第三强震，并引发海啸，造成超过 14 个国家逾 23 万人死亡，沿岸海浪高达 30 米。

火山。1875—2004 年，火山活动不断上升。在过去的 1 万年，总计爆发过 183 座火山。1840—2008 年，火山爆发指数（VEI）在 1 级（相当于 6.6 级地震）以上的火山活动天数持续上升。2010 年 3 月 20 日，冰岛埃亚菲亚德拉冰盖火山发生 200 年一遇爆炸性喷发。4 月 14 日、5 月初，火山再次喷发。冰岛科学家 4 月 15 日预测，火山最长可能持续喷发一年。火山喷出的火山灰在距地面 7000 米以上的大气层形成烟尘云团，阻滞欧洲空中交通以及大约 680 万旅客，国际航空界一天损失超过 2 亿美元。

北京时间 2011 年 1 月 26 日消息，美科学家表示，黄石国家公园破火山口恐 60 万年来首度喷发。据悉，黄石国家公园地下的超级火山自 2004 年以来一直以创纪录的速度升高。根据科学家的预测，一旦爆发，它的破坏力将是圣海伦斯火

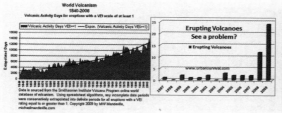 

1840 年—2008 年，火山爆发指数在 1 级以上的火山活动天数。

全球火山爆发情况。

山 1980 年喷发时的 1000 倍，美国 2/3 的地区将不适宜居住，火山喷发还会向空中释放有毒气体，令数以千计的航班停飞，数百万人流离失所。

风暴。风暴分为两种：在陆地上的就是龙卷风；在海洋上的就是飓风。以绝对数量计算，美国的龙卷风居世界首位，平均每年超过 1000 起；加拿大居第二位，每年在 100 起左右，两国加起来占据了世界龙卷风的绝大多数！其他经历较频繁龙卷风的地区包括北欧、西亚、孟加拉、日本、澳大利亚、新西兰、中国沿海、南非和阿根廷。以美国为例，1953—2009 年，龙卷风发生次数在迅速增加。印度洋、太平洋、大西洋的飓风次数也在明显增加！与此同时，风暴的破坏力也在增强。2005 年，发表在《自然》杂志上的一项研究发现，在过去 30 年中，在大西洋和太平洋，飓风的破坏力增加了 1 倍。

位于美国怀俄明州的黄石国家公园破火山口（粗线圈起的区域）是世界上最大的超级火山。

位于美国华盛顿州的圣海伦斯火山 1980 年 7 月 22 日喷发时的景象。黄石国家公园地下火山一旦爆发，破坏力将是圣海伦斯火山的 1000 倍。

干旱与洪水。 1900—2007 年，干旱和洪水事件，每年都有很大变化。自 20 世纪 70 年代以来，不管是次数还是频率，灾害事件迅猛增长。

全球范围内龙卷风有可能发生的地区。

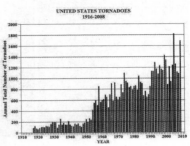

1916 年—2008 年，美国的龙卷风数量。

地下火（underground fire）。 学名是泥炭火灾，地下火是其通俗称呼。据美国《时代》（*Time*）杂志 2010 年 7 月 25 日报道，除了南极洲外，每个大洲下面都有地下煤火在燃烧，共计数千处。

在美国 21 个州，有 200 多处地下煤火，大多数煤火已燃烧多年。最为著名的就是宾夕法尼亚州 36 处中的一处。这处已经燃烧了 48 年的地火释放出有毒气体，令森特勒利亚镇（Centralia）居民患病，联邦政府被迫在 20 世纪八九十年代采取强硬措施迁移当地居民，如今这里已经变成无人居住的"鬼镇"。

地下火现象在煤炭资源丰富、正在推行工业化的国家更为严重，例如中国和印度。目前，中国有 50 多处煤田

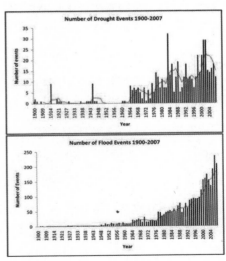

上图：1900—2007 年干旱的数量。
下图：1900—2007 年洪水的数量。

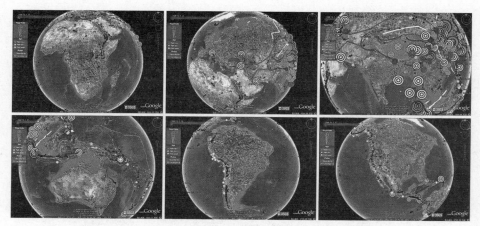

燃烧的地球，此刻全球几乎都在燃烧中。小火焰示意地下火。

火区昼夜燃烧，燃烧面积达 720 平方公里，每年经济损失约 40 亿元。而在印度，丹巴德市附近的贾里亚（Jharia）煤田地下一共存在 68 个地下火点，燃烧面积达到 58 平方英里，向当地居民释放了大量有毒气体。

地下火会向空气中排放二氧化碳、甲烷、汞以及其他 40 多种有毒气体和颗粒。这些气体对人类健康和全球变暖的影响非常大。地下火却难以扑灭，就像打鼹鼠游戏一样难以完成。

天坑、地陷。近几年，中国、美国、冰岛、葡萄牙都出现过可怕的地陷大坑，地陷在全球频频露面。直至 2010 年，已经被确认的天坑达 78 个，其中 2/3 分布在美国。

近年以来，中国境内地陷连连发生。据《全国地质灾害通报》的数据：2006 年我国全年共发生地面塌陷 398 起，2007 年发生 578 起，2008 年发生 451 起，2009 年发生 316 起，2010 年 1—5 月份共发生 142 起，平均每天发生一起灾害报告。而中国地质调查局最新数据显示，我国已有 50 多个城市不同程度地出现地面沉降和地裂缝灾害，沉降面积扩展到 9.4 万平方千米，发生岩溶塌陷 1400 多起。以广州为例，广州 2008 年地陷相比 2007 年，足足增长了 750%。

与此同时，世界其他城市也不安宁。2010 年 5 月 30 日，危地马拉市中心在短短几分钟内，街道表面出现一个深达 30 米的大坑。2010 年 11 月 1 日，德国图

左上：这是巴哈马最大的天坑大蓝洞。

右上：重庆奉节小寨天坑，靠近长江三峡，为椭圆形，直径 626 米，深度 662 米。

左下：危地马拉的天坑，深 30 米。

右下：德国小镇突然出现的深坑，其直径达 35 米，深达 25 米。

林根州小镇施玛卡尔登（Schmalkalden）一个居民区附近突然出现一个深坑，其直径达 35 米，深达 12 米。

美国著名灾难大片《地陷危机》（*On Hostile Ground*）里的类似片断，正在全球不少城市热演。而地面整体陷落，似乎也不再鲜见。2009 年，美国科罗拉多大学一份最新研究报告表明，全球 33 个人口密集的大型三角洲地区中，有 2/3 正面临地陷海升（地面下陷、海平面上升）的双重威胁。数据显示，地面每下沉 1 毫米，所在城市就会有 2 亿元人民币左右的损失。而中国的长江三角洲、珠江三角洲及黄河三角洲，名列在这一危机榜单上。

地球磁场的变化

如果说前面的自然灾害都是从地球外部看地球变化，那么，接下来我们就去看看地球内部的变化。

20 世纪 70 年代以来的地质和大气环境的变化，从一定程度上说明地球内部活动在加剧。地球内部深达数千公里，就目前来讲，直接测量和观察地球深部是不可能的。而地球磁场能反应地球内部的变化。我们就从地球磁场来看地球的内部活动。

地球磁场的变化，一般从磁场强度、磁极移动、地磁抽搐等等方面显示出来。

磁场减弱。至今，地球磁场减弱趋势已超过 250 年。1900—2000 年的数据表明，地球磁场持续减弱。到目前为止，这已令人吃惊地减少了 10% 左右，足以导致其零星地爆发。如果以现有的减弱比率继续下去的话，磁场便会在 2000 年之内消失。在最新一期的《自然地球科学》(*Nature Geosciences*) 杂志上，德国科学家公布了他们的这项最新研究成果。他们预计，地球磁场的逐渐弱化过程，可能会持续数百年甚至数千年。

磁极移动。地球的磁极 (Magnetic Pole) 与地极 (Geographic Pole) 并不重合，之间有 11.5 度的夹角。北磁极 (NMP) 是地球表面上磁场垂直向下穿过的点，现在的位置在北极加拿大 (Canadian Arctic)。

某个年份的北磁极位置其实是一个平均值，因为北磁极不断地沿一个没有规律的路径来回移动，每天高达 80 公里或更多。从 1831 年初次发现到 2001 年最新测定，在整个 20 世纪里，北磁极移动了惊人的 1100 公里。更令人吃惊的是，

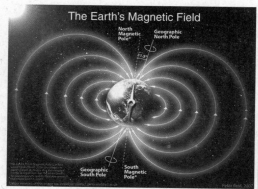

磁极与地极。

北磁极现在的位置在北极加拿大。

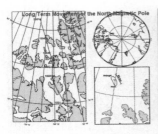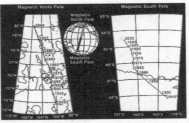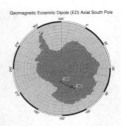

北磁极的移动位置。　　　　　　　　　　　　　南磁极的移动位置。

从 1970 年左右开始，北磁极移动速度加快，已超过了 40 公里／年。1989 年，它再次开始加速，科学家在 2007 年确认，北磁极每年以 55 公里到 60 公里的速度朝西伯利亚方向移动。以目前的速度和方向，约在 50 年内就会移动到西伯利亚。同时，南磁极也在移动。1909 年，磁南极（South Magnetic Pole）第一次确定在南极大陆上，由于每年移动 10—15 公里，现在已经移动到南部海洋里了。最新研究结果表明，由于地核磁场变化，地球北磁极正以每年约 64 公里的速度向俄罗斯西伯利亚方向移动。

　　磁极偏移已经开始影响地球。从现有资料来看，主要有以下三方面的影响：一是使局部升温。从 20 世纪 70 年代开始，大约有 1/3 面积在北极圈内的阿拉斯加开始升温。其冬季平均气温上升 5℃，夏季平均气温上升 10℃，年平均气温升高达 7℃。二是使机场改道。快速移动的磁极造成了美国国际机场方位出现 3℃到 4℃的改变，因此需要更改跑道编码，方便飞行员用指南针协助飞机起降。三是影响动物的导航系统。磁极的移动影响了靠地磁导航的鸟类和鱼类的导航系统，使动物对方向感到困惑，从而无法及时迁徙过冬。科学家推测，最近出现的动物集体死亡现象或许与此有关。2011 年 1 月 7 日，意大利北部小城法恩扎出现大约8000 只坠地死亡的斑鸠，10 日，意大利北部 700 多只乌龟死亡。同样的动物集体死亡现象，正在美国、韩国、英国、中国、瑞典和新西兰上演。

　　磁极逆转。在过去的 2000 年内，北磁极仅仅是在北极附近徘徊。然而南北磁极完全逆转过去多次发生。熔岩和火山灰沉积物通常包含这些逆转的热剩磁性记录（Thermoremnant Magnetic Records）。

　　证据表明，过去 3.3 亿年内发生了 400 多次逆转，平均约 70 万年一次。然而

自 2011 年以来，动物集体死亡现象在全球各地上演。

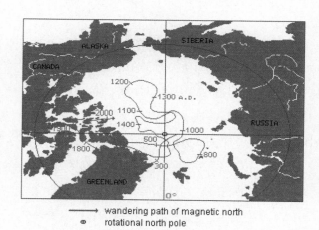

北磁极在北极附近徘徊的路径。

逆转时间不固定，从少于 10 万年到数千万年不等。在最近的地质时代里，平均每 20 万年出现一次逆转。上一次逆转发生在 78 万年前。

这一次磁极会逆转吗？对目前的人类而言，逆转不会很快发生，除非受到某种外界因素的强烈影响，因为完成一次逆转得需要 1000—8000 年。

地磁抽搐。磁北和真北之间的夹角称为磁偏角（Magnetic Declination）。磁场的不断变化导致磁偏角也随时间改变，有的地方磁偏角的变化非常大。1900—2008 年，英国天文台的磁偏角发生了几次抽搐，原因不明。1970 年之后，

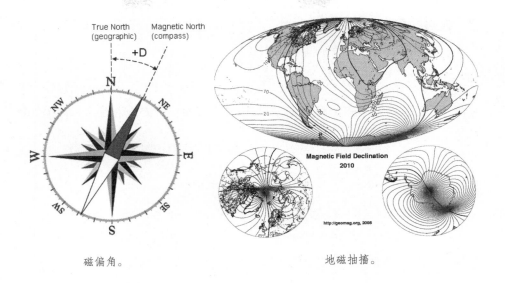

磁偏角。　　　　　　　　　　　　　地磁抽搐。

英国天文台的地磁抽搐（Geomagnetic Jerks）频率加快。

从 1900—2008 年英国 Lerwick、Eskdalemuir 和 Greenwich–Abinger–Hartland 天文台的磁偏角变化率曲线图中可看出，在长期变化中有几次趋势变化，特别是在 1925、1969、1978 和 1992 年。这些突然的变化被称为抽搐（Jerks）或脉动（Impulses），目前原因不明，当然也无法预测。但可以发现一个趋势：抽搐的频率加快，特别是 1970 年之后。

地震、火山、风暴、干旱、洪水、地火、地陷以及地球磁场的变化等是孤立事件吗？或者它们彼此之间一直相互影响着？这一切，又会引起怎样的连锁反应呢？气象学中的蝴蝶效应，会不会在这些现象中重现？如果每一种灾害都在增加，所有的灾害叠加在一起形成共振，其后果难以想象。

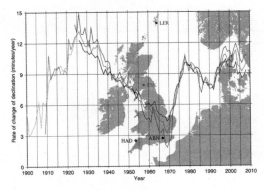

1970 年后，地磁抽搐的频率加快。

2．太阳系变化之太阳的变化

地球发生巨变的时候，我们的太阳也正在经历种种变化。太阳活动加强，太阳磁场强度波动，神秘的黑暗伴星，太阳周围惊现的不明飞行物体……神秘莫测的星空，又因太阳添上不少谜题。

太阳活动

太阳的活跃是我们从未观察过的——起码在有记载的历史里。辐射放射、质子放射，和其他一些反常的能量燃烧，所有这些频率的增加都是以前从未见过的。如第五章所述，太阳活动会在 2012 年左右达到高峰期。在此，我们就不作赘述了。我们知道，太阳活动有 11 年的小周期和 22 年的大周期，而第 24 个太阳活动峰预计 2013 年到来。

太阳风暴向地球"开火"。   NASA 公布的通过 SDO 捕捉到的一组太阳风暴。

太阳活动正处于 8000 年来的顶峰，肆意向地球"开火"。2005 年 1 月 20 日爆发的太阳耀斑产生了 50 年内最大的一次质子风暴，其峰值 15 分钟内就到达地球，而以往通常都是 2 个小时以上才能到达地球。2010 年 4 月 21 日，NASA 公布了通过 SDO 捕捉到的一组太阳风暴（Solar Windstorm）画面，这组画面清晰地显示了巨大的风眼在太阳表面肆虐。

2011 年甫一开始，增强的太阳活动已经给人类敲响了警钟。2 月 15 日，北京时间 9 时 56 分，太阳爆发 5 年来最强烈的一次耀斑，释放大量带电粒子，以每秒 900 公里的速度冲向地球，打破了太阳长达 3 年之久的沉寂期。由于受到太阳风暴发生时向地球释放大量放射线和带电粒子的影响，现在全球数十亿人正在使用的手机网络系统也受到严重干扰。未来，等待我们的又是怎样的一副景象？

太阳磁场

太阳磁场遍及太阳系，因此又被称为星际磁场（Interplanetary Magnetic Field，IMF）。IMF 是一个弱场，在地球附近的磁场强度在 1—37nT（1nT=10 亿分之一特斯拉，特斯拉为磁场强度的单位）范围内变化，平均值约 6nT。

1882—2008 年的星际磁场强度图，显示了太阳磁场的周期性变化。通常认为 IMF 有一个 4nT 的底限，IMF 的磁场强度不会低于它。

下面两幅图是来自 NOAA 的资料：2000—2010 年的星际磁场强度图。图片显示，2005 年 IMF 开始下滑持续低走，到 2009 年 12 月，IMF 强度竟下降到了 1nT，这是有记录以来从未曾发生过的。2010 年起，IMF 回升到正常水平。

IMF 延伸至星际空间时，呈现一个波浪状结构。

1975—2010 年，磁场与太阳的 11 年活动周期相对应。

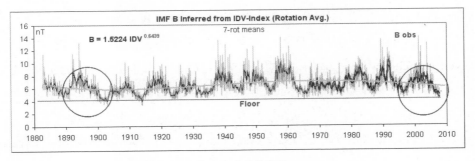

IMF 有一个 4nT 的底限。

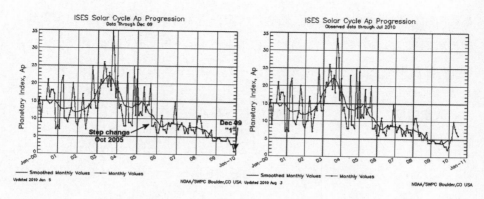

2000—2010 年的星际磁场强度图。

黑暗伴星

当科学家发现天王星和海王星的运行轨道与理论计算值不符合时，曾设想在外层空间可能另有一个天体的引力在干扰天王星和海王星的运动。这个天体可能是一颗未知的大行星，也可能是太阳系的另一颗恒星——太阳伴星（Companion Star）。

1984 年，美国物理学家理查德·穆勒（Richard Muller）及其同事提出了太阳存在着一颗伴星这一假说。与此同时，另外的两位天体物理学者丹尼尔·惠特米尔（Daniel Whitmire）和杰克逊，也独立地提出了几乎完全相同的假说。他们用希腊神话中复仇女神的名字，把这颗推想出来的太阳伴星称为复仇星（Nemesis），与太阳形成双星系统（Binary Star System）。这一结果发表在《自然》杂志上。沃尔特·克鲁特顿（Walter Cruttenden）以此为研究，创建了双星研究所（Binary Research Institute），并完善出一套双星系统理论（Binary Research Theory）。

Nemesis 假说的动机来源之一便是理查德·穆勒在 1983 年提出的天罚论（Nemesis Theory）——我们太阳的褐矮星伴星每 2600 万年就会接近太阳系的最边上，扰乱奥尔特云（Oort Cloud）中彗星的运动轨道，使这些彗星朝我们的方向飞来，从而造成地球上的大灭绝。根据设想，Nemesis 可能是红矮星，大小不到太阳的 1/3，明亮度约是太阳的 1/1000；Nemesis 可能在一个椭圆轨道上运行，它的近日点（最近点）约距太阳 0.5 光年，能进入奥尔特云中间。Nemesis 的远日

太阳伴星。

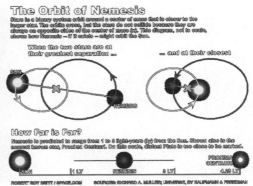

伴星复仇女神的运行轨道。

点（最遥远的点），接近 3 光年远。太阳已知的最近邻居，比邻星，约 4.25 光年远。

由加州理工学院天文学家迈克尔·布朗（Michael Brown）博士首次发现的小行星塞德娜（Sedna），给出了太阳伴星存在的间接的物理证明。塞德娜是一个矮行星，位于柯伊伯带（Kuiper Belt）和奥尔特云之间，有一个绕太阳的超长椭圆形轨道。这显示了必须有一个天体为塞德娜的轨道负责，其引力足以保持塞德娜在远端时的位置。2009 年 10 月，NASA 的星际边界探测器（Interstellar Boundary Explorer，缩写为 IBEX）首次完成太阳风层（Heliosphere）的全天天空图像，发现了一个起源未知的飘带垂直于太阳风层外的星系磁场的方向。

塞德娜的神秘轨道及 IBEX 发现的神秘飘带表明，太阳系外一定存在一个天体影响着太阳系，这个天体很有可能就是太阳的黑暗伴星，也就是有时科学家所称的第二个太阳，两个太阳形成双星系统。

《黑暗伴星》（The Dark Star）的作者安迪·劳埃德（Andy Lloyd）还认为，这个伴星是个亚褐矮

神秘飘带垂直于太阳风层外的星系磁场。

星（Sub-Brown Dwarf），有自己的行星：前五个较小；第六个地球般大小的叫
Homeworld；第七个我们称作尼比鲁。

"暗星（Dark Star）正在慢慢接近，并且与我们的太阳在很多方面产生了共振。
这使太阳系所有的行星都变暖了，不仅仅是地球。大范围的太阳系变化已经无法
阻挡。"卡米洛特工程（Project Camelot）的《全景图》如此提到。

太阳周围的不明飞行物体

2010 年 1 月 18 日左右，NASA 专门监测太阳的立体飞船——环日立体摄影
卫星（Stereo Spacecraft）开始记录到在太阳周围有许多 UFO。从照片上看，这
些物体绝非自然天体，直径都在地球的数倍。这些"UFO 似乎在活动，因为在
NASA 许多立体照片上，它们都处在不同的位置"。它们不像是行星或某些体积
较大的小行星、彗星，否则早已经被太阳产生的强大引力吸进太阳了。

量子物理学家哈拉·美茵（Nassim Haramein）说，他看到这些飞行的东西后
给 NASA 写了一封电子邮件，问 NASA 的人说他们认为这些是什么东西。随后
NASA 就撤换了网站上的视频。NASA 立体投影科学家戈曼（Joe Gurman）博士
解释说，这些不明飞行物是由于 NASA 设备出现故障，数据超压缩形成的假相。
如果真相是这样，NASA 为什么还要撤换照片和视频资料？ NASA 到底想要隐瞒
什么？

2010 年 1 月 18 日至今，这个事情出现了重大的发展，太阳轨道上的这些超
级 UFO 正不断地增多，出现各种不同的形状。2 月 27 日，美国 NASA 公布了最
新的照片，这些超级 UFO 竟然增加到几千艘，每一艘的直径都超过地球。这些
停在太阳轨道上的密密麻麻 UFO，似乎在为什么事情"忙碌"着。是我们的太
阳出现了什么问题吗？ 美国科学家观测到，不明飞行物总是在太阳发生大规模喷
发前闯入。至于这些 UFO 到底是不是因为太阳确实有问题而过来的，NASA 正
在紧张地观察和研究。

哈拉·美茵获取了 NASA 撤换前的原始照片和视频，从量子物理学的角度
对这些 UFO 进行分析。他在长约 10 分钟的视频解释中指出，这些地球大小的
UFO 实际上是巨大的外星飞船或是能跨越时空的巨型飞船，这些外星飞船利用

太阳周围的不明飞行物体。

太阳作为黑洞奇点或星门，来造访我们的太阳系。他还表示，太阳周围经常有不明飞行物光顾。并且不只一艘，而是一个完整的编队。

其他的爱好者经过综合分析，得出了自己的以下"不"结论：一是不可能是太阳黑子，太阳黑子出现在太阳表面；二是不是 NASA 解释的望远镜故障，因为很多天文学家都观测到过，这次中国紫金山天文台也观测到了；三是不会是噪点，望远镜处理照片流程：一次性同时拍多张，再通过比较（噪点是随机出现的，比较同时间的多张图可以除去这种可能），最后合成，所以太空望远镜一般不会有噪点；四是陨石或天体会被吸进去，而这次的可以徘徊飞行；五是不会是太阳的抛出物，比较以前的太阳照片你会明白，太阳不会抛出球状物。

2012 年确实是太阳不寻常的一年，包括太阳黑子的不正常活动、地球气象的大异常等。这些 UFO 是因为太阳确实有问题而过来的吗？还是如科学家所言是从太阳寻找星门跨维来到地球？

3．太阳系之星际气候

变化不只是关于地球和太阳，整个太阳系都在发生变化。近年来，许多行星表面气候异常程度都超过了地球。这些科学数据不是来自边缘科学家，而是来自

太阳系九大行星。　　　　　　　　　　　　　　太阳系正在变暖。

诸多高度可靠的研究机构，展示了正在发生的惊人的气候变化。不仅仅是我们的地球，整个太阳系都正在经历深刻的、以前从未见过的物理改变！

　　太阳系最明显的变化就是升温。因为大部分行星没有大量的水，温度升高会使得大气的组成成分变化非常大，因此行星表面呈现的颜色、纹理变化非常大。行星变暖的事实已被新闻媒体大量报道。例如冥王星剧烈变红，木星大红斑罕见爆发揭示气候异常，火星正在变热、海王星红辐射正在加强，海王星最大的卫星在同步升温等等。此外，星际磁场、磁层等也在发生惊人改变。

水星

　　2008—2009 年，水星的磁层和磁场迅速地改变，展现出了一个完全不同的磁层。科学家对水星磁场与太阳风相互作用如此强烈的动力学改变，感到震惊。

 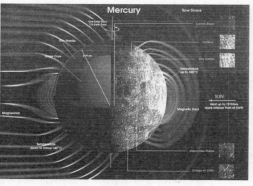

水星概貌。　　　　　　　　　　　　　　　　水星磁层。

金星

1975—2001 年间，金星夜间的大气光辉（Night-Side Airglow）增加了2500%，增加的光辉是绿色的，这意味着是氧原子的释放。金星的天空是橙黄色的，有着厚厚的大气层。其大气主要由二氧化碳组成，并含有少量的氮气。而富含氧原子的极光，表明了金星大气中氧原子的大量增加，也宣告金星正在无节制地全球变暖。

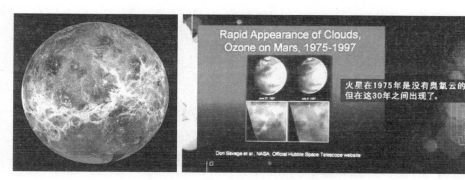

金星。　　　　　　　　　　　　　1975 年—1997 年，出现在火星上的臭氧、云层。

火星

2007 年 4 月 5 日，《自然》杂志发表了科学家对火星表面亮度的测量研究结果，证实近几十年来火星表面温度上升了 0.65℃。1975—1997 年，火星迅速出现了云层和臭氧。火星南极冰帽正在融化，约有高达 25%—50% 的冰层地貌受到侵蚀。

20 世纪 70 年代 NASA 海盗（Viking）计划以及之后 20 年运行的 NASA 火星全球探勘者号（Global Surveyor）都获得了火星的热图。洛里·费通（Lori Fenton）的小组通过将二者进行对比，发现火星表面巨大的刈幅（长而宽的地带）在过去 30 年里变得更暗或者更亮。通过研究，他们得出火星正在变暖的结论。

木星

1997—2000 年，木星中部维度的 2 个白色漩涡（White Ovals）消失。菲利普·马库斯（Philip Marcus）等对木星上当前正在发生的事情做了数值模拟，预测到木

火星上高达 50% 的冰层地貌受到侵蚀

火星南极冰帽。

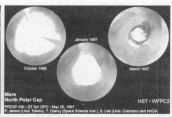

火星南极冰帽正在消融。

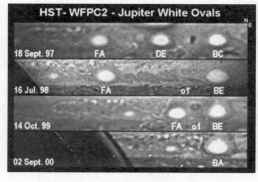

木星大气上层白色旋涡消失对比图。

木星大红斑变热。

星在未来仅仅 10 年内全球就会变暖 18℃。而现在就如同预测的那样，木星在全球变暖。而木星大红斑（Great Red Spot）罕见爆发，也揭示出该星气候异常。此外，木星的磁场也在加强。

1974 年，木星有了等离子环（Plasma Torus），而这在之前是没有的，且 25 年内厚度增加 200%。1979—1995 年，木卫一（Io）的等离子环密度增加 200%；1973—1996 年，木卫一电离层的高度增加了 1000%；1979—1998 年，木卫一表面温度增加了 200%。木卫二也变得更亮了。1979—1995 年，木卫三（Ganymede）也亮了 200%，而且大气密度增加了 1000%。

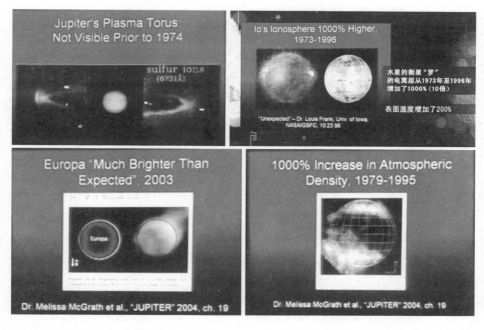

左上：1974 年，木星有了等离子环。

右上：木卫一电离层的高度增加了 1000%；表面温度增加了 200%。

左下：在 2003 年，木卫二比预期的更加明亮。

右下：1979—1995 年，木卫三变亮了 200%；1979—1995 年，木卫三大气密度增大了 1000%。

土星

1981—1993 年的 12 年中，土星等离子环（Saturn's Plasma Torus）密度增加了 1000%。1995 年在土星极地地区首次看到了极光。2004 年在赤道附近首次检测到了大量 X 射线。1980—1996 年

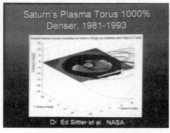

土星的等离子环密度增加了 1000%。

哈勃望远镜拍到的土星主要极光。

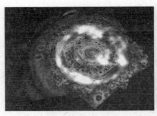

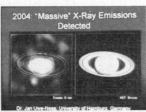

间，土星赤道云层旋转速度减少了惊人的 58.2%。1996—2001 年测定的赤道风仅仅是 1980—1981 年间的一半，而那时航海者号飞船（Voyager Spacecraft）刚到达土星。

卡西尼号拍下的土星北极区极光和大气。

2004 年，土星巨大的 x 射线排放被检测到。

天王星

1986 年旅行者 2 号飞越天王星时，天王星还是毫无生气的死寂行星。影像显示，天王星也有带状的云围绕着它快速飘动，但是它们太微弱了，以至只能在旅行者 2 号经过加工的图片中才可看出。1986—1996 年，天王星在短短 10 年内就出现了明亮的云，非常显著。在 2004 年秋天的短暂时期，天王星上出现了与海王星相似的一大片云块。1996 年，明亮的云开始显著出现，有欧洲大陆般那样大小。到 1998 年，哈勃太空望远镜发现天王星高层大气（Uranian Atmosphere）也在短时间出现很多云，如同以往所观察到的那样多。其中一个比其他任何的云都要亮。

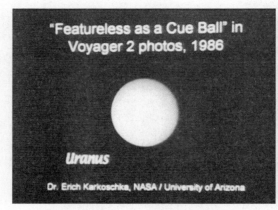

1986 年旅行者 2 号的照片中，天王星就像无特征的台球的母球。

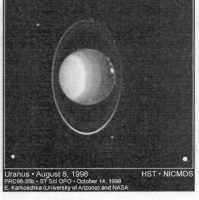

1998 年天王星的变化。

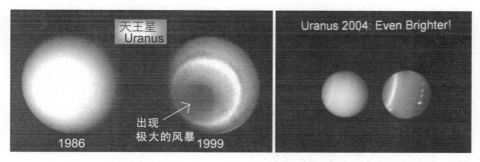

天王星 1986 年 vs 1999 年。　　　　天王星更加明亮：1986 年 vs2004 年。

自天王星 1999 年遭受巨大的风暴，天王星发生了很大的变化，其中之一便是亮度增加。

海王星

1989 年，海王星出现相对较少的亮云（Bright Clouds）。1996—2002 年，其近红外亮度增加了 40%，刚好在可见光范围内。其最大的卫星海卫一（Triton）也在同步升温。

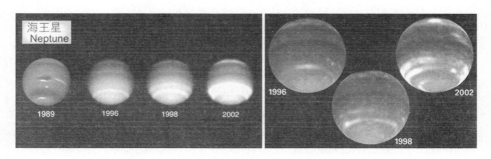

海王星变亮。

冥王星[1]

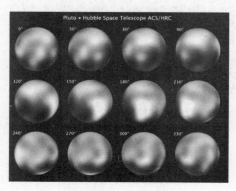

冥王星正在全球变暖。

1989—2002 年，冥王星大气压上升了 300%。1954—2000 年间，冥王星的颜色未发生明显变化，但在 2000 年后，其颜色突然明显变得更红。哈勃太空望远镜 2002—2003 年间拍摄的部分冥王星图像显示，冥王星正逐渐变红。而冥王星表面的氮冰规模和密度也在以令人奇怪的方式发生变化。这说明冥王星正在全球变暖。

从以上数据可以看出，20 世纪 70 年代，似乎是个标志性时间，此后，地球在地质方面、水文气象方面均发生了巨大变化，反映了地球内部活动及大气活动在加剧。不止是地球，整个太阳系的行星气候都在发生变化，全球变暖、磁场变化、大气变化等等。在这样的环境下，作为太阳系一份子，地球又怎么可能独善其身？

那么，太阳系的这一系列活动又作何解释？

4．太阳系现状之谜题

没有人知道我们的祖先是从何时开始仰望星空，也不会有人记得这是为何。在墨蓝的夜空中，当星星们明亮的身影穿行而过时，不知曾经引起过地球上多少人的注意。

但这样的星空，我们又了解多少？

───────────

[1] 冥王星，其实这颗星星早已不属于太阳系的行星，它现在的新身份是矮行星。2006 年 8 月，在捷克首都布拉格召开的国际天文学联合会闭幕大会上，2500 位来自不同国家的天文学代表对四个关于确定太阳系行星身份的草案进行投票表决后决定，冥王星失去行星地位，被划为矮行星。这意味着，太阳系将只有八个行星。

奇怪的星星

"飞船降落在月球表面上，从窗外望去，我们看不到一颗星星；但头顶的天窗外，地球清晰可见。它是个巨大的球体，明亮又美丽。奥尔德林（Edwin Aldrin）正用望远镜观测一些行星。"这是 1969 年阿姆斯特朗（Neil Armstrong）登月时传回地面的谈话。

事情似乎更加迷离。随后的探测活动表明，在月球上的多数地区很难看到太阳系外的星星，使用天文望远镜也完全看不到太阳系外的星星，更没有银河系。

不止是在月球，甚至在太阳系的其他地方，也不见星星的踪影。宇宙飞船在奔向太阳系的边缘过程中，在多数的轨道上几乎也看不到太阳系外的星星。影相表明，一旦飞船超过了 120 亿公里，往太阳系外观看是一片漆黑，甚至往内看也看不到太阳。

还令人诧异的是，在南极或北极地区，科学家在好几个点上发现死点与活点。死点能看到的星星会大减，活点能看到的星星数量会突然大增。

星星都到哪里去了？为什么在地球上能凭肉眼看到的星星，在月球、太阳系边缘却无从得见？是星星身上发生了什么事吗，还是我们的太阳系有着某些我们还不得而知的秘密。

探测活动中的怪事

2004 年，美国宇航局的专家发现，先驱者 10 号和 11 号两部探测器在飞到太阳系边缘地带后，突然发生减速的异常现象。

1972 年 3 月 2 日和 1973 年 4 月 6 日，美国宇航局分别发射了先驱者 10 号和先驱者 11 号探测器，现在它们距离地球已有数十亿英里远。在这两颗探测器远

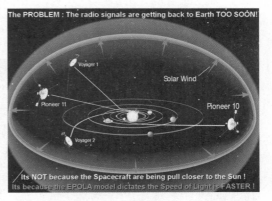

先驱者 10 号和 11 号位置示意图。两部先驱者探测器飞到太阳系边缘后突然减速。

先驱者 10 号模拟图。

离太阳系时，科学家发现有一股奇怪的力量在将这两艘宇宙飞船往回拽。这种无法解释的力量被称为"先驱者号异常"，似乎一直在影响"先驱者"10 号和"先驱者"11 号飞船的运行。2008 年，美国的科学家称，5 艘飞越地球的太空飞船都神秘地出现了意想不到的异常状况：在飞船远离太阳系的时候，这种神奇的力量使得它们的运行速度减慢。它们是探测木星的"伽利略Ⅰ"和"伽利略Ⅱ"、探测小行星"爱神"的 NEAR 探测器、探测彗星的"罗塞塔"号探测器、探测土星的"卡西尼"号探测器。

这些异常状况与所谓的"先驱者号异常"一起构成了一种暗示，即这些太空飞船很可能受到了某些莫名其妙的外力影响。这种力量是否源于探测器自身？它是否来自一些暗物质？还是一些物理学或万有引力新规律在起作用？这些问题科学家仍旧不能给出答案。

2009 年 10 月，科学家在太阳系与茫茫太空黑暗的分界线上，发现了一条由神秘高能物质构成的明亮缎带。这便是我们前面讲太阳变化时提到的"飘带"。2008 年 10 月，NASA 发射了一部星际边界探测飞船（IBEX），2009 年首次绘制出高清晰度的全天候空间地图。明亮缎带的发现便从此得知。

太阳系的边缘由中性原子组成，它们被紧紧地压缩在一条狭窄的带状区域

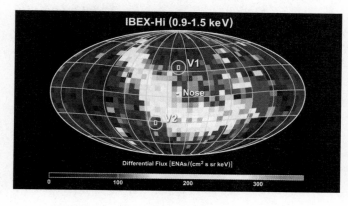

科学家在太阳系与茫茫太空黑暗的分界线上，发现了一条由神秘高能物质构成的明亮缎带。

中，而不是均匀分布。这条窄带近乎
一个完整的圆形，其上中性原子的密
度比相邻区域高出 2—3 倍。圣安东尼
西南研究院的戴维·麦科马斯（David
McComas）说，IBEX 发现的窄带区
域的能量在 200—6000 电子伏之间，
在 1000 电子伏处亮度最高，位于离
太阳 100—125 个天文单位处（一个天
文单位等于地球到太阳之间的距离）。

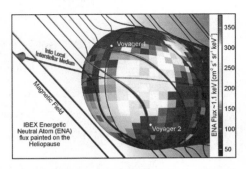

星际边界探测飞船于近期首次绘制出高清晰
度的全天候空间地图。

IBEX 记录到的原子绕地球旋转，根据其自身能量不同，需要 1—2 年的时间才能
从日球层的边缘到达探测器的位置。

　　太阳系的第一张全景图向我们揭示，太阳系的边缘和我们预测的完全是两码
事。研究人员声称，它不仅让理论学家重新思考该问题，还可能会让人们重新理
解把整个太阳系包含在内，酷似一个巨大泡泡的日球层和周围空间的相互作用。
"IBEX 天体图最令人震惊之处在于，这条长蛇一样的狭窄光带恰好处于两艘航行
者飞船（'旅行者'1 号和'旅行者'2 号）的观察范围之间，以至于时至今日才
完整地探测到它。"参与此次探索计划的科学家表示，星际边界探测飞船绘制的
天体图中的明亮光带让他们震撼不已，因为此前任何理论模型都没有预测到它的
存在。新的探索结果与基础物理学的
推断完全背道而驰。

　　2010 年，"旅行者"2 号探测飞船
已飞抵太阳系边缘。然而从 4 月 22 日
开始，"旅行者"2 号突然从距地球 86
亿英里远的太空中传回了一些 NASA
专家压根无法解码的数据信号，令美
国太空专家们大感困惑。它上面携带
着一张主题为"向宇宙致意"的镀金
唱片，里面包含一些流行音乐和用地

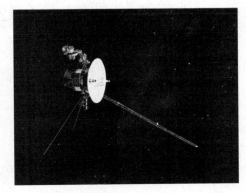

"旅行者"2 号是一艘于 1977 年 8 月 20 日
发射的美国国家航空航天局无人星际太空船。

球 55 种语言录制的问候辞，以冀有一天它们能被外星文明拦截和收到。

"旅行者" 2 号发回的无线电信号要花 13 小时才能抵达地球。而当它突然从太阳系边缘传回一些连 NASA 科学家都无法破译的神秘信号时，立即在科学界引发了剧烈的争议。一些天文学家认为，"旅行者" 2 号发回了一些无法破译的信号，显然是因为它遭遇了电脑故障，可能是内存出了问题。然而也有一些研究专家相信，"旅行者" 2 号发回的神秘信号之所以无法破译，可能是因为这一信号是外星人发来——"旅行者" 2 号可能已在太阳系边缘遭到了外星飞船的拦截与劫持！德国 UFO 专家哈特维希·豪斯多夫（Hartwig Hausdorf）接受媒体采访时耸人听闻地宣称，"旅行者" 2 号很可能已在太阳系边缘遭到了外星飞船的拦截与劫持，而这些无法破译的神秘信号，很可能正是外星人试图在用它们的语言和地球人进行联络！

"旅行者" 2 号是一艘于 1977 年 8 月 20 日发射的美国宇航局无人探测飞船，在过去 30 多年中，它和自己的姐妹船"旅行者" 1 号相继飞过了木星、土星、天王星和海王星，为人类传回了大量珍贵的天文探索数据。2010 年，"旅行者" 1 号和"旅行者" 2 号相继飞抵了太阳系边缘，它们被认为是距离地球最远的人造物体。2014 年 9 月 13 日凌晨 2 点，NASA 确认"旅行者" 1 号已离开太阳系，正在飞向别的恒星。

特斯拉的预言

科学怪才尼古拉·特斯拉（Nikola Tesla）曾经做出伟大预言："太阳系有防护罩，通过旋转进行共振放大才能脱离太阳系的囚牢，才能转移到任何一点上。"

最近的宇宙扫描图，宇宙是蛋形的。

1943 年尼古拉·特斯拉逝世后，美国与苏联开始着手太空计划，由于美国盗取的文献与获得的信息较多，除了与苏联一同登月与登火星，更成功抛出宇宙飞船前往太阳系边缘探测，直到如今终于确认了太阳系有防护罩。

2008 年，科学家在对美宇航局"旅行者"2 号星际探测器从深空发回的数据研究后发现，太阳系实为椭圆形，而非教科书所描述的球形。科学家表示，研究结果

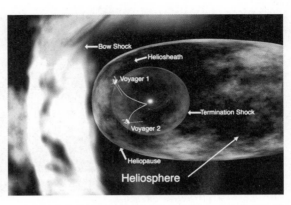

"旅行者"2 号探测太阳系边际模拟图。"旅行者"号在太阳系边缘发现的防护罩。

显示，太阳的势力范围日光层是不对称的，并非圆形物。日光层由太阳风主导的空间构成。太阳风层（Heliosphere），即围绕太阳系的充满太阳风的气泡，作为一个防护罩，保护着内太阳系免遭银河系宇宙射线（Galactic Cosmic Rays）和星际云（Interstellar Clouds）的侵袭。

先驱者号异常，是否就是因为这个防护罩而减慢速度的，那个不明引力是否就是因为这个防护罩而往回搜宇宙飞船的？

2009 年，科学家在太阳系与茫茫太空黑暗的分界线上，发现了一条由神秘高能物质构成的明亮缎带。这一点我们已经在前面提到过。巧合的是，特斯拉曾经也预言了这一缎带。

这是特斯拉 25 岁时神游看到的景象，后来在他 60 岁回忆的时候做了笔记："当我闭上双眼时，我照例总是首先看到一片非常深暗而均匀的蓝色背景，它和晴朗的但没有星光的夜空一模一样。过了几秒钟，这片背景活跃起来了，闪耀着无数的绿色光芒。绿光分成几层，不断向我迎面扑来，然后在右方出现一种美丽的图形，那是一些平行和紧密相间的线条，共有两套，互成直角，五彩缤纷，以黄色和金色为主。紧接着，线条越来越亮，整个图形布满了闪闪发亮的光点。这片影像慢慢从我的视野中通过，大约 10 秒钟之后从左边消失，余下一种沉闷而呆滞的灰色背景，接着很快双换成翻腾的云海，云层似乎要脱胎变成有生命的形态。"

蓝色背景，绿色光芒，黄色和金色的图形，这与 2009 年首次绘制出的高清

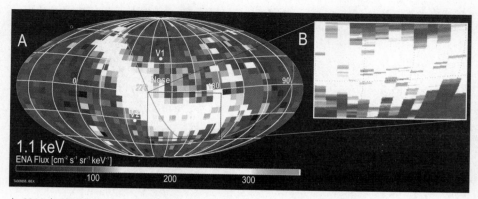

与 2009 年星际边界探测飞船绘制的全天候空间地图对比，特斯拉的预言与之惊人地相似。

晰度的全天候空间地图如此吻合。而特斯拉的预言早出了几十年。是科学家知道得太多，还是我们知道得太少？

各国宇航局的"V"形标志

你看过 NASA 的正式徽章或官印吗？你有没有发现一个红色的分叉？人们称之为"V 形航向指示"标志。这一标志有何意义？ NASA 的公共事务所提供了大量权威性的来源信息，并告诉公众，那是机翼形状的宇航学标志，诞生于 20 世纪 50 年代。

事实果真如此吗？为何于 1992 年成立的俄罗斯联邦航天局 ROSCOSMOS 也采用了同类的徽标？为何中国航天局也在延用美国 20 世纪 50 年代制作的徽标？日本、韩国、中国台湾、马来西亚、墨西哥、伊朗、保加利亚等，所有这些国家和地区通通都在利用航向指示的符号。

为什么不采取其他的表示前端的符号呢？为什么所有的国家和地区都不约而同在接触外太空之后选择了这个标志？

以下为各国（地区）宇航局标志：

| 美国 | 中国 | 印度 | 伊朗 | 中国台湾 | 苏联 |

| 日本 | 墨西哥 | 美国空军太空司令部 | 加拿大 | 韩国 | 法国 1961时旧标志 |

作为国家宇航部门的徽标，其实还含有更隐蔽的内情。

比如 NASA 载人飞船单项任务的徽章。以水星计徽章划任务为例。双关符号的特征遍及在水星计划的所有徽章上。我们看到，每一个徽章上都含有数字 7。NASA 官方解释说，他们想用数字 7 对参与水星计划任务的 7 名宇航员表示敬意，可是事实上只有 6 名宇航员飞入了太空，因为第 7 个人——迪克·斯雷顿（Deke Slayton）由于心脏病的缘故，从未曾随飞船进入太空。所以，实际上只有 6 名水星计划的宇航员。

除了水星——"大力神" 7 号之外，其他 6 次水星计划任务徽章上也都含有数字 7。而且这个特征又延续到了航天飞机的项目中。

接着是阿波罗计划徽标，那个看似字母 A 的标志，实际上隐晦地表达了同一个符号特征。

最初的 STS 航天飞机计划使用的三角形徽标，也在隐晦地表达同一种 V 形符号象征的特征。甚至那些特殊的 STS 任务中使用的徽标，以及每一个国际太空站的、远征探险的徽标……统统如此。所有这些官方徽标都与同一个符号扯上了关系。

阿波罗任务　　　　阿波罗 13　　　　　阿波罗 14　　　　　阿波罗 15

阿波罗 16　　　　　阿波罗 17　　　　　罗斯维尔事件中的同领地
　　　　　　　　　　　　　　　　　　　（Auagate）标志。

　　现在的问题来了，究竟是什么或哪些人应该接受到如此多领域的敬意呢？坦白来说吧，最终的事实会是怎样的呢？

　　或许一副油画可以给我们些许指示。《圣母玛利亚与圣吉瓦尼诺》画于 14 世

2002 年在墨西哥城拍摄的天空图像也有 V 形物体，与两幅油画中的图案类似。而各国宇航局的徽章中也常常有类似图案，如 V 形标志、A 形标志、数字 7，等等。

纪，作者不明。你可以看到在画的右上方出现了一个 UFO。局部放大后，我们会看到一个人和一条狗站着望向那个 UFO，然而，这幅画还有别的看点，在画像左边有一个太阳，在下方出现了 V 形组合物，似乎正在向太阳靠拢。作者试图向我们说明什么？

　　在一张由另一位画家完成的有关圣母玛利亚的画像中，太阳与一些 V 形组合物的图案也出现了。这次是在玛利亚

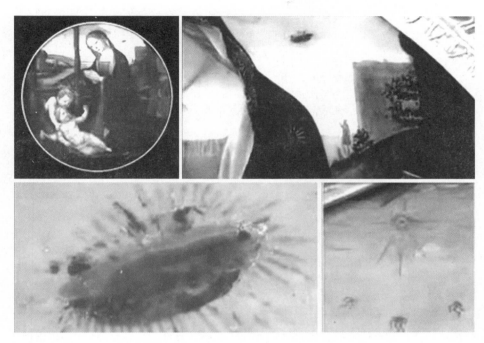

左上：油画《圣母玛利亚与圣吉瓦尼诺》。
右上：将油画局部放大，这样的画面展现在我们面前：一个人和一条狗站着望向天空中的
　　　UFO。
左下：UFO放大图。
右下：油画中的V型组合物，似乎正在向太阳靠拢。

一副有关圣母玛利亚的油画。

玛利亚的衣服上，出现了太阳与一些V形组
合物的图案。这与上一张油画中的图案类似。

的衣服上。

2002 年在墨西哥城拍摄的天空图像也有 V 形物体。还有许多其他的照片和视频资料中都显示了这一类型的物体，这些和宇航员头盔上出现的物体形状、月球天空背景分析图，以及 14 世纪圣母玛利亚与孩子的画像图案，都在描述同一个符号象征。

所以，在这个 V 形组合物的背后很可能隐藏着更大的内情。这种符号象征体系之所以极其不同寻常，正因为对它的使用遍布所有大国的航天部门。

这个内情是什么？会不会和太阳系皮壳有关？

楚门的世界

在电影《楚门的世界》（*The Truman Show*）里，楚门（Truman）从一出生，便生活在一个巨大的摄影棚里。天空是假的，海洋是假的，甚至连亲人、朋友都是预先设定好的。那么，我们的太阳系呢？

1969 年登月回来后，由于在月球上看不到星星，美国军方立即将其列入最高机密，同时也列入机密教育课程。他们开始动员所有人力，计算前往探测太阳系

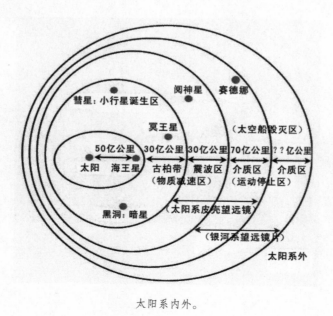

太阳系内外。

皮壳的计划，最终于 1972 年开始进行一系列的探测任务。

随着时间推移，宇宙飞船在 20 年后开始传回太阳系边缘的黑暗影像，那是一片黑暗世界。这种情况很快地在科学界内部遭到质疑。为何地球上的望远镜可以看到银河系，可以望见夜晚星辰，但为何在月球上不见星星？而为何宇宙飞船过了 120 亿公里，往太阳系外观看却是一片漆黑，往内看也看不到太阳？

难道宇宙与银河系的画面，是相对地球才有的？地球是被精心设计的电影院？经典电影《楚门的世界》，似乎正在影射太阳系的情况——人人都被监控，一切都是假象？一些实证科学家直言不讳：太阳系是被造出来的！

难道一切都是巧妙的安排？

从上图，我们得知，太阳系距海王星有 50 亿公里。古柏带（Kuiper Belt）和震波区便是宇宙飞船减速区。如果说太阳系皮壳焦距真的存在，那么，它就在距离太阳 80 亿—180 亿公里远的地方。而银河系望远镜片，则是距离太阳 110 亿公里左右到太阳系外这一区域。

时下全世界的无线电望远镜都在追踪到了太阳边界附近的宇宙飞船，因为美国政府把进入 120 亿公里的宇宙飞船都列入机密，或谎称不再追踪，而对外全是报假资料。

据实证科学家研究，事实上，太阳系外很有可能是一片黑暗。目前估计，整个宇宙甚至只有一个太阳系，是唯一的宇宙重力场。实证科学家经推算得知，至今已可确认一切的太阳系外影像，是经由虫洞口进入 120 亿公里内，或者经过太阳系皮壳望远镜才看得到外面的情况。目前被认为在 60 亿公里远的一个古柏带，位置在海王星的轨道上。这里在探测上是一个怪异的地区，也被部分实证派科学家认为有黑洞或暗星。科学家推测，奥尔特云就是太阳系的外皮壳，其小行星数量密度比原先估计的还要多 300 倍，是密度非常高的不知名暗物质。这里是目前所知太阳系的终极皮壳地带，我们的空间被此包围住，也被认为可能是银河系望远镜片，让地球上的人可以欣赏到宇宙的美景。

换言之，太阳系的 30 亿—100 亿公里的地方有很大的学问，到达 120 亿—250 亿公里，太阳风也会被阻挡在此处，成了鸡蛋壳，而这一个壳的厚度是 70 亿公里，仿佛是一个超级巨大的望远镜片，只有在镜片内才能观看到太阳系外的风景。至于太阳系的焦距在何处，目前还有待计算，而看到太阳系外的情景，是否随着所在位置的不同而有不同的情况，也有待验证。

如此说来，太阳系不就是被制造出来的监狱，而我们不就是被困于内的囚徒？

目前的军事派科技，通过 40 年的探月，对月球的具体了解还不到 0.005%，遑论其他行星或整个太阳系。人类相较于整个太阳系是微不足道的，太阳系内很可能藏有非常多的秘密，这是时下要去解开的谜团。随着时间的推移，太阳系的具体情况与特斯拉当年的预言似乎完全一致："太阳系是被制造出来的，我们被关闭起来，我们必须突破出去，我们必须努力进入宇宙的大家庭。"

5. 太阳系现状之宇宙激光现象猜想

科幻电影《黑客帝国》（The Matrix）给我们描绘了一幅另类现实：人类毫无察觉地生活在一个由智能计算机生成的虚拟现实中，计算机通过这种方式让人类保持安定并心满意足，以便从他们的肉身实体上抽取生物能量。你有没有想过，或许我们此刻就生活在那样的世界中？

惊人的发现

1982 年，由物理学家阿兰·阿斯派克特（Alain Aspect）所领导的一个研究组织，在巴黎大学进行了一项对于 20 世纪来说最重要的实验。

研究者发现一个惊人的现象：在特定的情况下，次原子的粒子，比如电子，同时向相反方向发射后，在运动时能够

宇宙：大的"次原子的粒子"。

彼此互通信息。不管彼此之间的距离多么遥远，这些粒子似乎总是知道相对一方的运动方式，在一方被影响而改变方向时，双方会同时改变方向。

这个现象的问题是，它违反了爱因斯坦的理论：没有任何通讯能够超过光速。

由于超过了光速就等于是能够打破时间的界线，这个吓人的可能性，使一些物理学家试图用不同的方式解释阿斯派克特的发现。同时，它也激发了一些颇具革命性的解释。例如，伦敦大学的物理学家戴维·伯姆（David Bohm）认为，阿斯派克特的发现意味着客观现实并不存在，尽管宇宙看起来具体而坚实，其实宇宙只是一个幻象，一个巨大而细节丰富的全像摄影相片（Hologram）。

全像摄影相片：整体包含于局部

全像摄影相片是靠激光做出的一种三度空间立体摄影相片。与一般印刷式的所谓全像相片只有狭窄的角度可见立体影像不同，它没有角度限制，而且必须用激光才可见影像。

全像相片的每一小部分都包含着整体的资料，这是它的另一特殊之处。如果我们试着把某种全像摄影式结构组成的事物分解开来，我们不会得到部分，反而会得到较小的整体。这种整体包含于局部的性质，给予我们一种全新的方式来了解组织与秩序，包括宇宙。

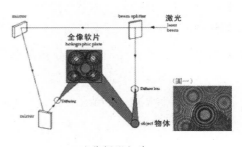

全像摄影相片。

宇宙特性

伯姆的解释便是建立在这项理论之上。伯姆认为，次原子的粒子能够彼此保持联系，是因为它们的分离是一种幻象。因为我们只看到次原子粒子部分的现实，所以我们会把它们看成分离的个体。然而如此的粒子不是分离的部分，而是一种更深沉与更基本的整体的片面。这种整体具有全像摄影的结构无法分割。由于现实中的一切都是由这些幻影粒子所组成，于是整个宇宙实际上是一个投影，一个全像式的幻象。

整体包含于局部：每一部分都是
一个小的整体。

如果次原子粒子的表面分离是一种幻象，这表示在现实的更深层次，宇宙中的一切都是相互包含、密切关联的。每个事物都沟通贯穿着一切事物，一切事物都交互贯穿于一个事物。虽然人类的本性是去分类处理宇宙中的种种现象，然而一切的分类都是必要的假像，而一切的终极本质是一个无破绽的巨网。

在一个全像式的宇宙中，甚至连时间与空间都不再是基本不变的。因为在一个没有分离性的宇宙中，位置的观念会瓦解，时间与三度空间就像电视监视器中的鱼，只是一种更深秩序的投影。这种更深的现实是一种超级的全像式幻象，过去、现在、未来都共同存在于当下。这意味着，只要有适当的工具，就有可能进入这种超级全像式的现实层次中，比如时光旅行，去遥远过去和未来的影像。

这种超级全像式的宇宙还包含了什么，永远是一个开放而无解答的问题。它可被视为一种宇宙性的储藏库，包括了所有存在着的一切。也许这种结构的现实层次只是一道阶梯，在它之上还有无限多的发展。

人脑的意识

伯姆不是唯一发现宇宙是一个全像摄影式幻象的研究者。在脑部研究的领域中，斯坦福大学的脑神经学家卡尔·普里布兰（Karl Pribram）也完全相信现实的全像式本质。

近几十年来，许多研究显示，记忆的储存不是单独地限于特定的区域，而是分散于整个脑部。早在20世纪20年代，脑部科学家卡尔·普里布兰在一连串历史性的实验中发现，不管老鼠脑部的什么部位被割除，都不会影响它的记忆。这让当时的脑部科学家大为不解。

到了60年代，卡尔·普里布兰接触到全像摄影的观念，才发现了脑神经科学家一直在寻找的解释。普里布兰相信，记忆不是记录在脑神经细胞中，或一群细胞中，而是以神经脉冲的图案横跨整个脑部，就像激光绕射的图案遍布整个全像摄影的底片上。普里布兰相信，头脑本身就是一个全像摄影机。

如果脑部是根据全像摄影的原理来操作，我们就比较容易了解我们那特殊的能力，能迅速从我们那庞大的记忆仓库中取出所需的任何资料。如果一个朋友要你告诉他，当他说月球这个词组时，你会想到什么。你不需要笨拙地搜寻某种巨大的脑部字典档案才能得到一个答案。相反地，一些联想，如晚上、亮的、地球卫星等，便会立刻跳入你的脑中。确实，这是人类思考过程的一项最惊人的特征

人脑的意识。

之一：每一件数据都似乎与其他所有资料相互连接。这也是全像摄影幻象的另一项基本特性：其每一部分都与其他部分交互关连着。这也许是大自然交互关连系统的最终极例子。

世界不过是全息相片

此外，还有另一项与之有关的谜题：脑部如何翻译它从感官所得到的大量波动，例如光波、声波等等，使之成为我们知觉的具体世界。

记录与解读波动正是全像摄影最擅长的。普里布兰相信脑部也有一个镜头，使用全像式原理来数据式地把经由感官收到的波动，转变为我们内在知觉的世界。普里布兰相信，我们的脑部根据外在波动的输入，以数学方式建立出"坚硬"的现实。这种想法也得到许多实验上的支持。例如，研究者发现我们的视觉对声波也很敏感，我们的嗅觉是与我们现在称为 oamic 的波动有关，而甚至我们体内的细胞也对很广大范围的波动敏感。如此的发现使我们推论，只有在全像式的知觉领域中，这种波动才能被整理归类为正常的知觉。

物质世界是大幻象

当普里布兰的全像式脑部模型与伯姆的理论放在一起时，这才显现其最令人匪夷所思的地方。如果这个世界的坚固只是一种次要的现实，真正存在的是一团

全像摄影式的波动；如果头脑也具有全像式结构，只从这团波动中取出部分的波动，数学式地转换成感官知觉，那么客观现实是什么呢？简单地说，客观现实就停止了存在。是不是，物质世界就是中一种幻相？

我们以为我们是实质的生物，活在一个实质的世界中。而在这种理论下看来，这不过是一个幻象。难道真如理论所示，我们其实是漂浮在一个充满波动的大海中的接收者？我们从这个大海中抽取出来，并转变成实质世界的波动，只是这个超级全像式幻象的许多波动之一？

这种对于现实的惊人新观点，伯姆与普里布兰的合成理论，被称为全像式模型理论（Holographic Paradigm）。虽然一些科学家持怀疑态度，但这个理论风靡了世界。一群人数逐渐增加的研究者相信，这也许是科学到目前为止，关于现实最准确的模型。更有甚者，有些人相信，它可以解释许多科学以前未能解释的神秘现象，甚至使超自然也成为自然的一部分。

不管伯姆和普里布兰的全像式模型理论会不会被科学界接受，可以确定的是，它已经对许多科学家的思维产生了深刻影响。就算将来可能发现全像式模型理论并不足以解释次原子粒子之间的瞬间通讯现象，至少，如伦敦伯贝克大学的物理学家巴兹尔·海利（Basil Hiley）所言，阿斯派克特的发现启示我们，"必须准备对现实采取革命性的新观点"。

小结：什么是事实？

几年前，意大利蒙扎市（Monza）市政委员会禁止宠物饲养者用弯曲形状的鱼缸养金鱼。发起人对该措施的部分解释是，用弯曲形状的鱼缸养鱼比较残忍，因为当鱼从里面向外望时，现实世界是失真的。

这个故事提出了一个有趣的哲学问题：我们怎么知道我们感知到的现实是真实的？金鱼看见的世界与我们所谓的现实不同，但我们怎么能肯定它看到的就不如我们真实？或许我们就如金鱼一样，终其一生，也只是在透过一块扭曲的镜片打量周遭的世界。

什么是事实？在物理学中，这个问题并非纯理论空想。实际上，物理学家和宇宙学家发现，我们眼下的处境和金鱼差不多。数十年来，我们一直上下求索，渴望解释现实的方方面面。但现在看来，最后我们得到的或许只是现实的一部分。

只要我们发展出一个描述世界的模型，并且发现它大获成功，我们就会说这个理论描述了现实，或者说绝对真理。但就像金鱼那个例子一样，科学家们都有一套自己的描述，就像透过它自己的圆形鱼缸观察世界一样。同样的物理场景可以用不同的模型来描述，每个模型都有一套不同的基本要素和基本概念。

或许，要描述整个宇宙，我们必须在不同情况下使用不同的理论。现实的这种多样性是可以接受的。这不是物理学家传统意义上期待的大统一理论，跟我们日常对现实的理解也相去甚远。但这或许正是宇宙的本来面目。

霍金:

没有身体的舞蹈

Chapter 6

霍金：
宇宙如此创生

20 世纪科学的智慧和毅力在霍金身上得到了集中的
体现。他对宇宙起源后 10—43 秒以来的宇宙演化图景作
了清晰的阐释。

　　对于宇宙的探究，人类从来没有停止前行的脚步。从最初单纯的敬畏，到后来的神话和随之而来的宗教解读，发展到现在，科学宇宙理论已经建立起一幅宇宙图景，来从最初的认识地球到探索广袤的太空。尽管如此，宇宙中的种种谜团还有待解开。例如，宇宙的创生。

　　面对浩淼无垠的宇宙，没有人知道它来自哪里又将去向何方，而其中究竟隐藏着多么巨大的秘密？这正是人类千百年，甚至数万年来急于解开之谜。

1．宇宙认识史

　　人类对宇宙的认识可以追溯到远古时代。在中国有夸父追日的传说，在传说中，天地开始是一片混沌，后来夸父累死之后，才混沌初开。在西方，有上帝造人的传说，在上帝造人的七日之后，天地初开。一直到现在，人类对宇宙的探索还在进行当中。

神话和哲学世界中的宇宙

　　世界各地都有关于宇宙诞生、存在、衍化的神话故事。人类和宇宙的最终本质是什么，古印度人、中国人、苏美尔人、巴比伦人和埃及人分别对此作了详细阐述。世界上的各个民族发展起了神秘宇宙学，用神秘的创造来解释这一原因：现实世界是来自于能够支配超自然力量的超自然实体。

后来，早期的哲学家试图回答这一问题。这些早期的尝试，集中在根据一种被简单地称之为"一"的基本统一体来理解感觉经验的多样化世界。这个"一"既可以表现为一粒沙子，也可以表现为整个宇宙。同样，许多哲学家们也知道"多"。他们看到世界上形形色色的东西——植物、动物和人，还有岩石、海洋和浮云，认为这种明显的多样性产生于一种基本的原始物质：统一性存在于多样性之中。一如中国道家老子的宇宙观："道生一，一生二，二生三，三生万物。"

科学的兴起和发展与宇宙认识

早期的知识权被宗教所垄断。随着文艺复兴和宗教改革运动的兴起，宗教的控制力削弱了，教堂大墙外的独立探索活动逐渐成为主流。后来，这场文化突变逐渐形成近代科学的世界图景。伽利略、布鲁诺（Bruno）、哥白尼、开普勒（Kepler）和牛顿就是其中的先锋人物。

伽利略等人倡导这一看法：借助仪器观察和数学描述，把宇宙看作一架不受人控制的巨大机械装置。伽利略发现了惯性定律，使用新发明的望远镜来观察天体，哥白尼的以太阳为中心的宇宙学说得到了证实。后来，以哥白尼的理论为基础，早期的科学家提出了关于天体起源和演化的诸多假说。笛卡儿（Descartes）用运动和物质解释了天体的形成。

尽管布鲁诺和伽利略本人都受到了迫害，但近代科学还是起飞了。它继续前行，借助观察和实验来探索实在的本质。在牛顿的伟大综合下，伽利略和布鲁诺等人所倡导的科学世界观达到了顶峰。许多前所未有的"科学的"宇宙学说在牛顿的"科学范式"的引导下，陆续诞生了。

1755 年，康德（Kant）在《宇宙发展史概论》（*Allgemeine Naturgeschichte und Theorie des Himmels*）中，第一次提出了关于太阳系起源的星云假说。该假说完全建立在牛顿力学的基础之上。康德认为，太阳系的所有天体起源于一团原始星云。该星云由大大小小的微粒构成，通过引力和斥力的相互作用逐渐形成了太阳系的天体。1796 年，拉普拉斯也独立地提出了与康德类似的太阳系起源假说。与之不同的是，他还运用角动量守恒定律和严格的数学推理论证了整个演化过程。如此一来，太阳系起源的星云假说就逐渐流行起来。当然，其他星系的起源也可以以此类推。

稳态宇宙模型和宇宙恒稳态理论

科学宇宙学的下一个主要进展应归功于爱因斯坦。在广义相对论发表后的第二年，他以之为基础提出了稳态宇宙模型。在该数学宇宙学中，物质被看作似乎弥漫于整个时空。由于物质是遵守万有引力定律的，因而该宇宙中的物质便趋向于汇集为一个质量中心。由于实际情况并非如此，所以爱因斯坦引入了一个斥力项，即所谓的宇宙学常数（Cosmological Constant），这一斥力将精确地同引力相平衡，这就保持了宇宙永远处于稳态。

随着各种新理论的提出，宇宙学得以进一步发展。1948 年，年轻的英国天体物理学家邦迪（H.Bondi）、戈尔德（T.Gold）和弗雷德·霍伊尔（Fred Hoyle）提出了稳恒态宇宙学。

他们的观点是：在相对论中时空是统一的。既然宇宙学原理认为所有的空间位置都是等价的，那么所有的时刻也应该是等价的。这就是说，天体（物质）的大尺度分布不但在空间上是均匀的和各向同性的，并且在时间上也应该是不变的。那么，在任何时代、任何位置上，观察者看到的宇宙图像在大尺度上都是一样的。这一原理称为"完全宇宙学原理"。

根据该原理，哈勃常数不仅对空间各点是常数，而且不随时间变化。所以宇宙空间的膨胀在时间和空间上都是均匀的。宇宙空间在膨胀，而物质的分布又与时间无关，这样就必须有物质不断产生出来以填补真空，也就是填补宇宙膨胀所产生出来的空间。通过完全宇宙学原理和爱因斯坦场方程，可以求出宇宙的时空结构，可以得到宇宙的三维曲率为零，也就是三维空间是平直的。

稳恒态宇宙学最大的特点是要求物质和能量不守恒。据计算，物质的相对产生率为 3 倍的哈勃常数，也就是每年在 2—3 立方公里的体积内，产生相当于一个质子质量的物质来。

稳恒态宇宙学可以避免奇点，但它也有许多原则性困难。比如，它要求物质不灭定律不成立。实际上，稳恒态宇宙学与观测符合的程度并不好，当宇宙背景辐射被发现后，这一理论基本上已被否定。取而代之的便是大爆炸理论。

大爆炸理论

大爆炸理论是一种被人广泛认可的宇宙演化理论。该理论的主要观点是：宇宙是从温度和密度都极高的状态中由一次大爆炸产生的。从那时起，宇宙迅速膨胀，使密度和温度都从原来极高的状态中降下来。紧接着，如同我们今天所看到的一样，预示质子衰变的一些过程也使物质的数量远超过反物质。在这一阶段，许多基本粒子也可能出现。过了几秒钟，宇宙温度降低到能形成某些原子核。这一理论还预言能形成一定数量的氢、氦和锂的核素，丰度同今天所看到的一致。大约再过 100 万年后，宇宙进一步冷却，开始形成原子，而充斥整个宇宙的辐射则在整个空间中自由传播。大爆炸理论还预言：现在宇宙中应充满中微子，它们是无质量或无电荷的基本粒子。

宇宙大爆炸理论的产生主要依赖天文学的观测和研究。在 20 世纪 20 年代，若干天文学者均观测到，许多河外星系的光谱线与地球上同种元素的谱线相比，都有波长变化，即红移现象。1929 年，美国天文学家哈勃总结出星系谱线红移星与星系同地球之间的距离成正比的规律。他在理论中指出：如果认为谱线红移是多普勒效果的结果，则意味着河外星系都在离开我们向远方退行，而且距离越远的星系远离我们的速度越快。这正是一幅宇宙膨胀的图像。对此，人们开始反思，如果把这些向四面八方远离的星系运动倒过来看，它们可能当初是从同一源头发射出去的，是不是在宇宙之初发生过一次难以想象的宇宙大爆炸呢？

1932 年，乔治·勒梅特（Georges Lemaître）首次提出了现代宇宙大爆炸理论：整个宇宙最初聚集在一个原始原子中，后来发生了大爆炸，碎片向四面八方散开，形成了我们的宇宙。

40 年代，美籍俄国天体物理学家乔治·伽莫夫（George Gamov）第一次将广义相对论融入到宇宙理论中，提出了热大爆炸宇宙学模型。该理论认为，宇宙在遥远的过去曾处于一种极度高温和极大密度的状态，这种状态被形象地称为原始火球。所谓原始火球也就是一个无限小的点，火球爆炸，宇宙就开始膨胀，物质密度逐渐变稀，温度也逐渐降低，直到今天的状态。这个理论能自然地说明河外天体的谱线红移现象，也能圆满地解释许多天体物理学问题。

60 年代，阿诺·彭齐亚斯（Arno Penzias）和威尔逊（Wilson）发现了宇宙背景辐射，后来他们证实，宇宙背景辐射是宇宙大爆炸时留下的遗迹。也就是说，大约在 150 亿年前，宇宙大爆炸所产生的余波虽然微弱，但确实存在。这一发现对宇宙大爆炸是个有力的支持。

20 世纪科学的智慧和毅力在霍金的身上得到了集中的体现。他对于宇宙起源后 10—43 秒以来的宇宙演化图景作了清晰的阐释。宇宙的起源：最初是比原子还要小的奇点，然后是大爆炸，通过大爆炸的能量形成了一些基本粒子，这些粒子在能量的作用下，逐渐形成了宇宙中的各种物质。至此，大爆炸宇宙模型成为最有说服力的宇宙图景理论。

然而，至今宇宙大爆炸理论仍然缺乏大量实验的支持，而且大爆炸理论无法回答现在的宇宙在大爆炸发生之前到底是什么样，或者说发生这次大爆炸的原因是什么？按照大爆炸理论，宇宙没有开端。它只是一个循环不断的过程，从大爆炸到黑洞的周而复始，便是宇宙创生与毁灭并再创生的过程。这只是一个设想，并不是一个完美的理论。

2. 苏美尔创世故事：太阳系的生成

纵观全球，创世神话无处不在。《圣经》中上帝创造世间万物；古埃及的天神阿图姆（Atum）自混沌状态中诞生，引领诸子女创建起新的世界秩序；印度史诗更详细记叙了梵天（Brahma）创造宇宙万物的过程；中国古神话中盘古（Pan Gu）更是牺牲自己，开天辟地……只是，这些神话一般留连于地球万物，包括人类的创造，而较少涉及宇宙的创生。苏美尔神话无疑是创世神话中最为特别的：它娓娓道来，向我们揭示了太阳系生成的真相。

神话：被加密的天文信息和被遗忘的史实

在 20 世纪的大部分时间里，在古代神话中构想天文学，对学术界来说无疑是一件过时的事情。然而自 20 世纪 60 年代开始，新的研究领域考古天文学开始严肃地看待天文、建筑方位、神话和文化之间的联系。

一些颇具新意的书出版了，最有影响的就是 1969 年发行的《哈姆雷特的石磨》（Hamlet's Mill）一书。然而该书甫一面世，就遭到了学者的蔑视。随着时间的推进，这本书却慢慢在人类学和考古天文学领域占有了举足轻重的地位。

这本书由科学历史教授乔治·德·桑提拉纳（Giorgio de Santillana）和科学家赫塔·冯·戴程德（Hertha Von Dechend）合著。其中心思想是：神话和天文学是携手并进的，神话描述了天文进程。作者们认为，神话已经被世人误解了多个世纪，因为学者们只是把之当作文学创作。然而事实上，很多古代神话故事都是一种加密的祭司语言，用以描述天文观测结果和天文知识。这本书最先准确地评价了我们的祖先曾经真的在宇宙学方面多么先进。

而在《第十二个天体》（The 12th PLANET）中，撒迦利亚·西琴结合考古学、古文字学、东方学与《圣经》学的最新科学发现，证实了上古神话并不仅仅是传说或幻觉，而是被我们日渐遗忘的遥远的史实。

葛瑞姆·汉卡克（Graham Hancock）更是在《上帝的指纹》（Fingerprints of the Gods）中提出这一看法：古人不仅把重要的天文学信息加密到古代神话中，同时也加密到各种建筑、生活用品上。比如埃及的吉萨金字塔，苏美尔人的圆柱图章（Cylinder Seals）等。在古老的传说、建筑、生活用品中，我们可以找到相关的证据或指纹。

古圆柱图章：苏美尔人眼中的星系

如玛雅人一样，苏美尔人也是杰出的天文学家。在苏美尔人的遗址中，发现了大量圆柱形的印章。苏美尔人把文字刻在圆柱上，然后在湿润的泥版上滚动圆柱，圆柱上的字就印到泥版上了，这与现今的印刷类似。由此，大量珍贵的文献得以保存下来。考古学家们发现，在大多数被发现的古代圆柱图章上有一些特殊符号：它们代表特定天体，即我们星系中的行星。在柏林国家博物馆（Staatliche Museen zu Berlin）存放着一个公元前 3000 年的阿卡德（Akkad）图章。该图章描绘了苏美尔人眼中的星系：它由 12 个天体组成（见下页图片）。

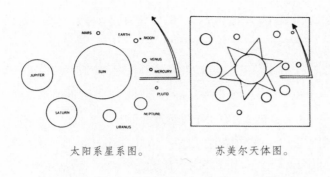

太阳系星系图。　　　　　　　　苏美尔天体图。

如果把星系图放大，我们可以看见一些小圆球围绕着一颗大星。令人惊讶的是，除了冥王星，它们的大小比例和秩序，刚好与我们太阳系吻合：水星后面跟着大一号的金星；地球和金星一样大，被月球围绕着；月球被平等地给予了一个正常行星的地位；火星刚好比地球小但又比月球或水星大。这幅 4500 年前的图画同时还提示我们，在火星和木星之间，有着另一个大行星。它其实就是我们之前一直提到的"第十二个天体"，尼比鲁（古巴比伦尼亚人 [Babylonians] 称这个行星为马杜克），纳菲力姆（Nefilim）的家园。

远古时代的苏美尔人是如何知晓太阳系行星的运行现状的？他们为何知晓现代科学家一开始都没有发现的冥王星？难道他们一早就洞悉了太阳系的秘密？

破损的碑刻：创世史诗

学者乔治·史密斯（George Smith）通过一个破损的碑刻，首次拼装成功创世史诗。1876 年，他的著作《迦勒底创世纪》（*The Chaldean Genesis*）面世。此书证据确凿地指出，的确有这么一个阿卡德文献，讲述了一个单独的神是如何创造天地万物甚至人类。这一文献用古巴比伦方言书写而成。

美索不达米亚人（Mesopotamians）在 7 块碑刻上记载了创世过程。人们将之命名为《创世七碑刻》（*The Seven Tablets of Creation*）。现在，它又被称为《创世史诗》（*The Creation Epic*），以其开头语"伊奴玛·伊立什"（*Enuma Elish*，意为当处于顶点）闻名。其中，第七个碑刻写下巴比伦神马杜克创世的兴奋和功绩。如果说《圣经》中的创世神话是从创造天地开始的，那么美索不达米亚的故事则是一段真实的宇宙进化史。

当时间开始

故事在很久很久以前开始，那是时间的开始：

> 当处于顶点之时，天堂还没有被命名，
>
> 在那之下，结实的大地还没有名字。

一如史诗所述，那时这两个太初天体生下了一系列的天神。随着天体数量的激增，它们制造出的噪音和骚乱打扰了太初之父。不仅如此，他们还联合起来，抢夺了他的创造力。太初之母试图报仇。在众天神的恳求下，造反领导者的小儿子——马杜克——加入了众神集会（the Assembly of the Gods），得到了至高权力，条件便是——单独迎战那只由诸神的母亲变成的怪兽。

在接受了权威之后，这位年轻的神面对这只怪兽，在一次激烈的战斗之后把她切成了两半。用她的一半做成天，一半做成地。

接着他宣布了天国的固定秩序，为每个神定下固定的位置。在地球上，他创造了高山、海洋与河流，建立了季节和植被，并创造了人。神和人都被指派了工作与任务，还有需要遵守的礼仪。马杜克被推崇为最高之神。

太阳系的出现

创世史诗是巴比伦最神圣的宗教历史史诗，但它不单单是文学作品。如前面所述，神话向我们揭示了太阳系是如何形成的，是我们遗忘的史实。

在广阔空间中，最初只有三个真神存在：最初的阿普苏（Apsu），意为"从一开始就存在"；穆木（MUM.MU），意为"出生者"；提亚马特，意为"给予生命的处女"。诸神，代表行星们，它们一出现，便有了名字，有了自己的既定命运——轨道。

阿普苏是太阳。与之最近的穆木是水星，阿普苏最信任的助手和使者。稍远一些的是提亚马特，也就是后来被马杜克切了的怪物，一颗消失的星球。在太初之时，她是第一个圣三位一体（Divine Trinity）的处女母亲。

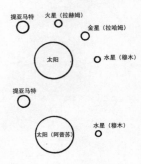

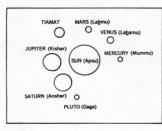

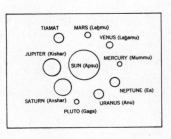

火星和金星的生成。　　　　土星和木星的出生。　　　九个行星和一个太阳组成的星系。

　　奇妙的事情开始发生了。在提亚马特和阿普苏之间的空间里，原始的"水""混合"了，一对天神，也就是行星出现在它们之间。它们是拉赫姆（Lahmu）和拉哈姆（Lahamu），也就是火星和金星。

　　星系的形成过程继续着。另一对行星也形成了。星如其名，它们是两颗重要的星球：安莎（Anshar），意为"王子，天国最重要的"；基莎（Kishar），意为"结实大地上最重要的"。它们是土星和木星。这从文献中的描述、用词和位置而得知。

　　年复一年，第三对行星出现了。先出现的是阿努（Anu），意为"天国的他"，其次是努迪穆德（Nudimmud），意为"灵巧的创造者"。它们就是天王星和海王星。

　　这些行星的外层还有一颗行星，它就是我们所称的冥王星。据《创始史诗》所叙，它叫佳佳（Gaga），是安莎的一个孩子。奇怪的是，苏美尔的天体图并没有将冥王星放在海王星之后，而是将其置在土星一旁，作为它的信使，或者卫星。

　　《创世史诗》中的第一场在此走到结尾。由九个行星和一个太阳组成的星系诞生了：

　　　　太阳——阿普苏，"从一开始就存在"。

　　　　水星——穆木，阿普苏的助手和信使。

　　　　金星——拉哈姆，"战争之女"。

　　　　火星——拉赫姆，"战神"。

地球——提亚马特，"给予生命的处女"。

木星——基莎，"结实大地上最重要的"。

土星——安莎，"王子，天国最重要的"。

冥王星——佳佳，安莎的助手和信使。

天王星——阿努，"天国的他"。

海王星——努迪穆德（恩基），"灵巧的创造者"。

马杜克的既定命运

　　新出现的行星一点也不稳定。它们相互牵引着，向提亚马特涌去，扰乱并危及了她的安全。阿普苏发现这些行星的所为令人厌恶，打算毁掉它们的道路。他与穆木秘密商谈这事，却不幸被其他神明听到。诸神密谋起来，向太初之水下了咒，恩基（海王星）剥夺了阿普苏（太阳）的创造力。

　　行星世界似乎再次安定下来。然而这次安宁并没有持续多久：一颗新行星的出现划破了这份宁静。

　　一个新的天神——新行星——加入了。他在深处被创造，是恩基（海王星）的儿子。他打着

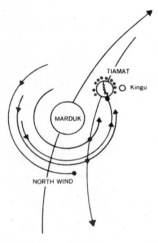

马杜克的命运：撞向提亚马特。

火喝，释放着辐射。对史诗进行解读后，考古学家得出这么一个结论：似乎有十个天体——太阳和其他九个行星——等待着他。

　　世界开始变化。这个由太阳和九个行星组成的不稳定的星系，被一个来自外层空间的巨大的、彗星一样的行星侵入。它先是遇到海王星，接着经过天王星，然后是土星、木星。这颗行星的轨道被深深地向内拉扯，并进入星系中央，生出七颗卫星。命中注定，它无可改变地走上一条向提亚马特——下一颗行星——撞去的轨道。

　　命运由此展开，但这两颗行星实际上并未相撞：马杜克的卫星而不是马杜克本身冲进了提亚马特。第一次的会面让提亚马特裂出一道缝，虽然没有立即灭亡，

生命力却逐渐消失。她的十颗小卫星没有那么幸运，毁灭了。提亚马特共有 11 颗卫星，产生于马杜克对它们的强烈引力，其中一颗非常重要，便是后文提及的金古（Kingu）。

"马杜克达成了他想要的胜利"。在这之后，马杜克围绕着太阳在天上航行着，并再次回顾他见到的最外层的行星：恩基（海王星）。紧接着，马杜克的新轨道带着他回到了他的胜利之地，"加强他对这些被征服的神，即提亚马特和金古的控制"。

地球和小行星带的诞生

我们的太阳系似乎就快形成了。地球和月球跑哪儿去了？它们也被创造了，在之后的一次宇宙碰撞中。

完成第一次的绕日轨道，马杜克"就回到了被他征服的提亚马特"。

> 上主踌躇地看着她缺乏生命的身体。
>
> 精心计划后，他分开了这个怪物。
>
> 接着，像一个贝壳，他将她切成了两半。

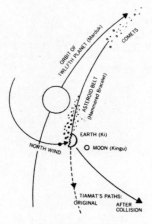

捶打成的手镯：小行星带。

马杜克撞上了这颗苟延残喘的行星。他将提亚马特撞成两半，切掉了她的头，或是上身。紧接着马杜克的一个被称作北风的卫星，闯进了已被切开的一半。这一重击带着这一部分到了一个从没有出现过任何一个行星的轨道上：地球由此诞生！

另一部分的命运截然不同。在第二次回到这里的时候，马杜克自己撞了上去，它变成了一些碎片。这些碎片被击打成天上的手镯，成了外层行星和内层行星之间的幕布。它们舒展开来成为了一个大弯。小行星带由此形成。

地球进程史

如前面所言，马杜克的北风将地球带到新位置。此后地球得到了属于自己的绕日轨道，这代表着它拥有了四季。与此同时，它还拥有了自转轴，日夜开始分明。就如美索不达米亚文献声称的那样：在地球诞生之后，马杜克的一个任务就是"分配（给地球）日光并划分日夜交界。"

这是现代学者的猜想：在成为一颗行星之后，地球是一个布满了活火山的热球，空中满是烟尘和云；幸而随着气温的下降，水蒸气便转化成了雨水，干地和海洋由此出现在地表上，在《伊奴玛·伊立什》的第五个碑刻上，我们发现了相同的科学信息。这个碑刻形容喷发出的熔岩就像是提亚马特的唾液。史诗正确地将这种现象放在了大气层、海洋和陆地形成之前。在"云雨聚在一起"之后，海洋开始形成，并且地球的地基，即大陆升了起来。随着"冷的制造"，也就是说气温下降的发生，雨和雾出现了。同时，唾液继续持续流着，"流到每一层"，为地球创造出诸多地貌。

地球有了海洋、大陆和大气层，接着就是山脉、河流、瀑布、山谷的形成。《伊奴玛·伊立什》将所有的创造都归功于马杜克：

> 将提亚马特的头部（地球）放在指定位置上，
> 他在那上面升起了山脉。
> 他打开了瀑布，它们飞流直下。
> 透过她的双眼，他释放出了底格里斯和幼发拉底。
> 用她的奶头创造了高耸之山，
> 钻了井，好带走瀑布之水。

美索不达米亚的有关文献，都将生命的出现基于水的出现，然后是"一群活着的生物"和"飞鸟"。这与现代发现完美吻合。直到"在那之后，牲口、爬行动物和野兽"出现在地球上，才到达最后的顶点，人类的出现——创世的最后一个动作。

月球的创造

作为地球上工作的一部分，马杜克"让神圣之月出现了……让它来标志夜晚，界定每月的日子"。

地球是提亚马特的转世，月球被称作地球的守护者。巧合的是，提亚马特也这么称呼她的主要卫星金古。

与其他彗星被粉碎不同，金古并没有被马杜克毁掉。相

马杜克正在和一名凶狠的女神作战。这个图画表明月球和金古是同一颗卫星。

反，它只是被夺走了独立轨道，缩小了一号尺寸。由于没有轨道，它只能再次成为一颗卫星。随着提亚马特的上半部分被扔进了一个新轨道，成为一颗新行星——地球，考古学家认为，金古也被沿路拉了过去。金古让人想起一位神——一颗我们星系的星星。结论是明显的：我们的月亮，就是金古，曾经的提亚马特的卫星。

用语源学能更加深刻地证明这一点。月神辛（Sin）这个名字，它源于SU.EN，意为"沦陷地之主"。考古学家发现的一枚圆柱图章也证实了一事实。图章显示，马杜克正在和一名凶狠的女神作战。

来自现代科学的发现，也证实了这一点。科学家们现在肯定，月球和地球是在大约同一时间由相近化学物质构成的，有着各自的发展和进化。

第 12 个天体：尼比鲁

按照《创世史诗》的说法，马杜克曾自吹："我将巧妙地改变天神所走之路……他们将被分为两个部分。"

的确他做到了。他首先从天上排除掉提亚马特。他创造了地球，将它抛进了靠近太阳的新轨道。他在天上打造了一个手镯——划分内外行星的小行星带。他

将提亚马特的大部分卫星都变成了彗星；而她
的主要卫星，金古，他将其放在了绕地轨道上
成了月球。他还将土星的卫星佳佳切换到了一
个新的轨道成为冥王星，并给了它一些马杜克
自身的轨道特点，例如不再在同一个平面上。

在为各个行星建立站点（Stations）之后，
马杜克给了自己一个站点：尼比鲁，并"穿过
天空观察着"这个全新的星系。它现在由 12 个
天体组成，被 12 个神象征着。

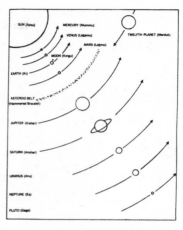

全新的星系。

3．无中生有

苏美尔神话向我们揭示了太阳系的创造，那么，谁创造了太阳系，谁在主导
这一切？

宇宙形成之前，是什么样的呢？造翼者（Wingmakers）的神话故事或许能给
我们提供些许参考。

造翼者只是一套网站上的资料，既没有领袖、没有组织也没有机构、没有信
徒，只有少数感兴趣的读者。它的作者是一个化名叫詹姆斯（James）的匿名者。
这些资料的名称叫"知觉数据之流"，转译自银河系的支流地带。它们不能用来
跟传统的经典比较，因为它们不是哲学文本，而是一套可以加速我们流动智慧、
转换意识的工具。它是为一个族类的进化而设计的，因此它的知识比较专业和
复杂。

作者将它设计成一个神话的结构。因为神话可以流传很久而且最大程度地保
留真相。

一切万有：宇宙的创造与计划

宇宙形成之前，是什么样的呢？

那时，世界上除了一切万有，什么都没有。甚至，这个"那时"也是没有的，因为没有时空，又何来的那时？这个一切万有百无聊赖，实质上感到厌倦和孤独。它觉得自己需要做点什么。它想，它需要去创造。由于缺乏最不可缺少的生命本身，所以它决议把自己打碎成很多部分，意在让这些部分将能够靠它们自己的自由愿望进化，作出自己的决定。

事情的发展甚至到了连这个一切万有都不能了解和理解的地步。那些打碎的部分将能够使它们自己的创造能力本质化，成为副造物主。

这个伟大计划的奇妙之处在于结尾：在宇宙进化一整套过程全部完成时，所有这些自身进化的部分都认识到，它们本身的一切万有自觉意识，即造物主的意识在自身的觉醒。因而它们抛弃分离，拥抱统一，返回到一的整体。

造物主"一切万有"正是从这个事实中得到极大的加强，因为所有这些奇妙的创造成分，都在这个从"一"到"多"再回到"一"的转变过程中得到升华。

无中生有：中央宇宙和七个超宇宙

具体说来，宇宙的创生是这样开始的。

正如道家所说的无，宇宙在最开始的时候是纯粹的混沌状态。混沌里有一个超能量体，可以理解为一切万有的精神存在，用意识创造了初期的宇宙。这最初的宇宙叫做中央宇宙。后来，中央宇宙的周围又分裂出了七个超宇宙。它们以逆时针方向围绕着中央宇宙旋转。

中央宇宙成了无的物质性的家。为了治理物质宇宙，无必须要栖身于物质性的实体里，以便在其中运作。中央宇宙是不动且永恒的存在体，居住在上面的生命也都是永恒的。中央宇宙被黑暗的引力主体所围绕，这使得它实质上是看不见的，即使是对那些最靠近它的超宇宙来讲也一样。它也有其超意识的部分存在，这是其人格化的特征。

被创造出的七个超宇宙，物质成分与中央宇宙相同，也拥有各自的人格化部分，称为无的七个儿子。它们各自管理自己的宇宙，我们所对应的就是这第七个超宇宙。但分化出来的七个超宇宙和中央宇宙有物理上的距离，以物质运动的频率被感知。可以说，它们是时间的产物。

七个超宇宙是有时空感觉的物质空间，以逆时针方向绕着中央宇宙旋转。围绕七个宇宙做顺时针旋转的是由反物质组成的广阔空间。宇宙究竟有多浩瀚，我们还不得而知。毕竟，我们现代天文学家观测到的，大部分是我们超宇宙的一个小碎片，以及在它圆周的最外围的扩张空间。

星际进化：探索蓝图

就像前面所说，一切万有想要创造，因而它打碎自己，让各个部分分别进化。具体来说，便是进行星际间的进化。

一切万有规划了一个探索的蓝图，目的是探索这些复合宇宙，也即超宇宙和反物质的合体。它使用高超的技术把自己具体化为许多不同的个别化的意识。这些被创造出来的生命体都可以比喻为一切万有的拷贝。它们拥有一切万有的整体能力和知识，只是没有对时间和空间的感知。

由于宇宙能量磁场的振动级别相对较低，当这些被造物进入复合宇宙实施探索计划后，原本拥有知识的个体就像被整体做了生理限制一样。它们必须适应所处宇宙时空的磁场振动频率，也因而无法识别较高磁场振动频率的智慧。这就如次元界一样。各个次元界有不同的振动频率，以及适合该频率的生物。一如大卫·威尔科克（David Wilcock）所说的，在 2012 年，人类会穿越光子带，从第三次元上升到第四次元，而人类和栖息在地球上的其他生物便会经过转换，从而适应第四次元的较高磁场振动频率。

这样，当这些生物进入低频率的宇宙时空时，就变得好像对自己的身份一无所知。探索蓝图就通过这些被创造出来的生命体形式，逐渐回忆起自己就是一切万有创造的，回忆起自己来这层空间的目的，完成自己的进化，最后回归一切万有，实现与它的合一。这个过程就是一切万有设计的探索蓝图的一个循环。

一个探索蓝图相当于一个完整的播种和收割过程，播种和收割全部由蓝图的设计者来完成。通过对所有对立的二元事物的体验，使分身逐步超越二元对立，达到整体性意识状态。

中央族类：DNA 设计师

中央宇宙是永恒存在的，没有时空分别的区域。套用佛经的说法便是不增不减。如果不去完成探索蓝图，估计一切就这样永恒不变。前面说到一切万有把自己的超意识具体化为许多意识，到各个宇宙中探索。那么，这一过程是怎样实现的？

在创造中央宇宙的同时，超能量体还创造了最早的生命——中央族类。这是一个非常古老的种族。他们的进化时间线接近 120 亿年。中央族类居住在中央宇宙。中央族类们没有形体，是纯粹的能量体，拥有宇宙创造以来最完全的知识。他们是宇宙的系统编程员或遗传学家，负责输出宇宙中的所有生命形态。他们是圣经中的上帝，也是传说中的生命运送者，在苏美尔、玛雅等文明与当代被发掘出的一些古代手稿中都记载过与他们的互动。但他们并不是最初的造物者，最初的造物者是一切万有的超能量体。

中央族类作为宇宙所有存有的起源种族，在中央宇宙最中央的星系里演化。当宇宙拓展并创出不断扩张的空间、能量和物质时，他们就作为创造物的上帝，计划着延伸到其他星系中，把标准 DNA 模板从更进化的古老星系，输出到正在发展或处于孵化阶段的星系中。

这些生命体并没有冒险去探索整体性宇宙的外在领域，因为外在领域的能量振动频率很低，不适宜这些最初的生命体降临。于是，中央族类们从复合宇宙中挑选了部分行星，根据行星能量系统的不同而采用不同的基因模板，先后设计了七个超宇宙的人类身体模板。中央族类拥有庞大的基因库，是行星上一切生命的总设计师。以地球为例，他们在地球播种人类，同时播种下了如海豚、鲸鱼等高等生命种子，并将地球作为银河系的基因图书馆加以培育。需要说明的是，中央族类设计的基因类型是宇宙物种的基因总模板，人类基因和动物、植物都是一个类型，物种之间的基因只有极少差异。

回归：宇宙意识的觉醒

提到 DNA 模板，不能不说存有意识。存有意识是一切万有意识的拷贝，也就是个别化意识。因产生于永恒的中央宇宙，所以它们没有时间和空间的体验，天生具备了探索的本性。如果说 DNA 模板造出的生命是物质载体，那么，存有意识便是这些载体的精神所在。

这些被特意设计出来的生命体主动到广大的复合宇宙中探索。由于宇宙磁场的振动级别与中央宇宙不同，在生理上，这些进入时空宇宙的生命体受到了极大的限制。因此，这些投放到宇宙远端的生命体，即使拥有和制造者同样的洞察力，却一直无法知道自己的真实身份，也不知晓此行的目的。

即便如此，存有还是在这个过程中不断成长、丰富。存有在物质宇宙的探索时间长度约几万年，每一个时期的探索都丰富了存有的智慧，增加了存有的智慧形态，成为复合宇宙的经典教材。存有们可以看到它们在所有的形式、地点、时间的经验，并且结合全面的经验而形成了真正的智慧，这些智慧形成后会被灌输到其他人类或其他族类中去，直到这族类界定了它们的真正智慧。

为了从这些远征的生命体中获得不同角度的生命感悟，在投放它们之后，中央族类又派遣特使到这些宇宙边缘去从事逐步解除生命体限制的工作。那些特使一直都在帮助这些生命体回忆自己的身份。这个过程将一直持续到最终的进化。到最后，存有完成探索回到中央宇宙，然后再用已经获得的智慧去帮助另外的落后族类，最后把所有的智慧合并，完成整个宇宙的探索蓝图，进行星际文明的进化。

负责派遣任务的是中央族类的宇宙教导组织，称为理律克斯（Lyricus）的教导团队。他们把帮助落后星球进化当作是自己份内的事情，且有一整套的培训教材。理律克斯有完整的七个方位的知识包，这七个知识包分别是基因学、文化的进化、宇宙科学、形而上学、心理的一致性、知觉资料、全意识。这七个知识包由理律克斯向复合宇宙内所有星系进行传播和培训。

危机四伏：造翼者与古箭遗址

中央族类及其七个知识包被称为造翼者。造翼者就是制作天使翅膀的人，言外之意即是天使的设计和创造者，是这个宇宙所有生物物种的造物主。

造翼者的资料是以一个传奇故事的形式出现在人类面前的。故事告诉我们，在新墨西哥州东北方一个峡谷山壁上，有23个凿出的密室——古箭遗址。这23个密室的每一室中都有相关的哲学、音乐、诗歌、壁画。这些资料显示它们只是造翼者完整资料的一小部分，全部的资料将从七个大洲中的七个遗址中获得。目前其他的遗址还没有发现，所有的资料将在2011年全部呈现出来。七个遗址将分别呈现理律克斯的七个知识方位，目前这个遗址呈现的是基因学的知识体系，那些多媒体的信息存在的意义，在于触发DNA的特殊部分来促进人类意识的进化，从而完成人类的整体升迁。

故事得从中央族类的远古敌人说起。

如前面所述，中央族类用DNA模板将生命播种到全宇宙，建立基因图书馆。地球及其上的生物便是其中一处。阿尼莫斯（Animusae）是一种合成的族类，中央族类的远古敌人，在宗教隐喻里，中央族类是对上帝忠实的天使，而阿尼莫斯是对路西法（Asuras）效忠的下降天使。他们想侵占地球，想要拥有其上的基因。之所以寻求我们族类的基因储藏库，是因为阿尼莫斯渴望不朽。他们害怕自己灭绝，因为在他们的物理身体内，无力支持至高的灵魂振动。他们只能支持一个群

《古箭计划》（*Ancient Arrow Project*），詹姆斯著，江苏人民出版社出版。

首次公开有史以来最具灵性的宇宙终极知识。以传奇之名，本书讲述了宇宙的最初源头"造翼者"的秘密信息。为了避免外星人的灵魂收割，中央族类与人类展开的一次穿越时空的合作，该项目以破译造翼者的基因知识为基础，被称为古箭计划。2011年，一个沉睡在现代人体内的"天行者"会带领人类寻找到其余的七个遗址，但这必需赶在阿尼莫斯入侵之前。故事尚未结束，正在未知的当下继续……

体心智，这使得他们容易受到灭绝恐惧心态的攻击。由此，阿尼莫斯想要藉由杂交自己族类和人类的基因改造工程达成这一目的：既能支配基因结构，又能支持他们的集体智力，从而不朽。

大概在 2011 年左右，世界上大多数的政府，将被阿尼莫斯渗透。这个外星族类被预言会建立起一个世界政府，并且会作为它的政权的执行者而统治世界。对于人类的集体智能与幸存与否，这将是最终极的挑战。

为保护人类基因免受阿尼莫斯的侵略，造翼者早做好了安排，一如开头所述。由七个被安置选址所组成的互相连结的古箭遗址，合起来构成了一个防御性的科技。借由七个遗址和那里的人工制品，造翼者给人类提供了一个感官数据流，催化人类的转变。这个转变是极其微妙的，但会唤醒精选出来的人到他们的目标中，去发现整体导航仪——储存在人类每一个体之内的最初源头碎片。借由这个发现，人类就会作为一个族类而不是个体，调整这个引入的能量，以变换自身的基因结构到一个更高维存在——一个能够致使人类无敌于最古老的敌人，阿尼莫斯的高维存在。

奥姆神灵：难道是超能量体？

这个超能量体是什么？会不会是奥姆（Awm）神灵？

这里的奥姆，和日本的奥姆神教没有关系。它是梵语的一个字母，其发音近似于奥姆，英文的写法是 Awm。印度教徒念经时，常常以这个字母开头，闭目长吟，显示出神圣状。奥姆，是一个神灵。一切从最初的时候开始。那时，奥姆神灵有了"大宇宙哟，出现吧"这样的想法。那个想法变成创造的能量，大宇宙就这么出现了。这个大宇宙被称为奥姆宇宙。实际上，大宇宙是"奥姆"这个大宇宙神灵的身体。而 Awm 也被认为是创世之音。

不光是最初的大宇宙，甚至是现在的星系，以及人类和各种生命形态，都是由大宇宙的想法所创造出来的存在。在这一层上，你，我，以及万物，都是神之子。

这个奥姆，会不会就是前面的超能量体，抑或是一切万有呢？

如果说一切万有创造一切，那么宇宙也就是有生命的。如果把一切看成生命，那么，这些生命又是怎样存活的呢？

4．生生不息

中国有句古话，"上天有好生之德，大地有载物之厚"。意思是上天有怜悯之心，大地有承载万物的容量。上天，在这可以理解为造物主；而大地，就是承载生物的一切载体，包括我们的地球。或许，我们也可以这样看，这两种属性，都被赋予到载物体上。从这个意义来讲，地球既具有好生之德又有容量之德。

在前一小节，我们提到所有一切都是一切万有的创造品。时空、宇宙万物，都是生命体。这一小节的内容并没有讲生命是如何而来，而是侧重于生命是如何的生生不息。

地母盖亚：大地之母与宇宙之母

盖亚（Gaia），希腊神话中的大地之神，是众神之母，显赫而德高望重。在开天辟地时，卡厄斯（Chaos）生出盖亚。盖亚生了天神乌拉诺斯（Ouranos，或者Uranus），并与他结合生了六男六女十二个提坦巨神（Titans），三个独眼巨人（Cyclopes）以及三个百臂巨神（Hekatonchires）。至今，西方人仍然常以盖亚代称地球。盖亚在西方的地位有点近似于东方的女娲，可谓是西方人类始祖的鼻祖。

地母盖亚。

盖亚意识：生长与生存

大自然有几个神奇之处：她会想方设法生长出生命，如地球生命进化史中新物种的出现；她会不断地制造稳定状态，以保持其上的生物足以生存；她会对破坏稳态的行为反击，例如对破坏植被的行为回报以沙尘暴和沙漠化；她拥有完美的自然定律，生生不息。因此，有人认为地球或者宇宙拥有一个大意志，这就是盖亚意识。盖亚，取神话盖亚赋予生命之意。

盖亚意识可以理解为两个方面。一个是生长。载物体的这个意识就是竭尽所能，生长出生命。科学家所做的实验表明，即使在真空的环境下也会生长出最初的生命——菌类，这将在下一章细谈。如果这个实验得以进行下去，会不会衍化成我们现在生活的环境？其二是生存。简单来说，即是对破坏行为进行反击。我们也可以将其理解成一个规则的维护意识。当有物体想要破坏这个规则，比如说你想毁灭地球，那这个意识就会对你进行排斥，使你最终不能成功。

对于地球而言，盖亚意识就是地球存有一个意识。这个意识是由地球上所有的生物共同组成的。美国犹太人作家与生物化学教授艾萨克·阿西莫夫（Isaac Asimov）认为，盖亚是对一个星球，包括水、阳光、地壳、生物在内的整个生物系统的代称。该生物系统的特点是：具有整体意识。其资源的配置和社会的发展都会根据整体的生态进化观念来调节。在一个盖亚中，高级生物会吃掉低级生物，其食物链与地球比较类似，但整个生态系统整体有着独特而微妙的平衡观。

地球是个生命体

正如美洲超验主义哲学家梭罗所说："我们脚下的地球不是死的、无活力的物质，而是一个拥有精神的身体；它是有机的，流变的，受其精神的影响。"这是他穷其一生思考有机体与环境的相互影响而得出的一个明确结论。

地球本身是一个生命体。与细胞比较便知：大气层→细胞壁，空气→细胞液，地球本身→细胞核，人类和其生存的环境中的物体→细胞液中的物质等。

与细胞相比，地球有太多的相像处。或许我们人类就如组成动物的细胞一样，只是组成地球这个生命体的一部分而已。

把地球看成生命体，我们会得到如下三点。一是平衡。在生命体中，变化机制使系统趋于变化，化学机制使系统趋于稳定，控制机制协调二者的平衡。二是生命的生成。生物不是凭空产生的，只有在生命环境中才能产生生物。地球能产生生物，是因为地球是生命体。地球的生命结构分为三部分：变化机制——大气圈，化学机制——稳定的地质构造，控制机制——水圈。三是太阳系也是生命体。木星—土星—天王星—海王星—冥王星系统是太阳系的变化机制，因为它们多为气态球，不稳定；太阳—水星—金星—地球—火星系统为太阳系的化学机制，因其多为固态球，稳定；而彗星、小行星带构成太阳系的控制机制，一切都在控制范围之类。由此可以推知银河系、所有星系都像是生命体。

地球盖亚假说：地球系统的自动调节

天体物理学家表示，恒星随着年龄的成熟，发热能力会增大。自从 36 亿年前地球上有生命以来，太阳的发热能力已经增强了 25%。然而地球却保持了有利于生命存在的温度。在如此长的时间内，地球的气候是否被有效地调节呢？是否地球上的生物不仅生成了大气，而且还调节大气，使其保持一种稳定的气体构成，从而有利于生物体的存在呢？

进化论认为，生物进化是对环境的适应，但盖亚假说（Gaia Hypothesis）与此不同。它将生命和全球环境视为一个系统内不可分割的两个组成部分。生命不断地自动调节地球的环境，以适合自己的生存。

1965 年，英国大气化学家詹姆斯·拉夫洛克（James Lovelock）提出盖亚假说。

拉夫洛克与女神盖亚塑像的合影。

他通过把整个地球看成盖亚，以强调地球具有类似于生命的属性。盖亚假说认为，地球不仅容纳了千百万种生命有机体，而且它本身也是一个巨大的生命有机体。其主要观点是：地球是由地圈、水圈、气圈以及生态系统组成的一个生命体，这个生命体是一个可以自我控制的系统，对于外在或它认为的干扰具有稳定性。也就是说，它具有自我调节的能力，为了这个有机体的健康，盖亚本身具有一种反制回馈的机能，能够将那些不利的因素去除。在这个系统中，只有所有的要素都正常工作或运转，地球本身才会有生命，地球上的生命包括人才能存活。

盖亚假说至少包含五个层次的含义：一是认为地球上的各种生物能有效地调节大气的温度和化学构成；二是地球上的各种生物体影响生物环境，而环境又反过来影响达尔文的生物进化过程，两者共同进化；三是各种生物与自然界之间主要由负反馈环连接，从而保持地球生态的稳定状态；四是认为大气能保持在稳定状态不仅取决于生物圈，而且在一定意义上为了生物圈；五是认为各种生物调节其物质环境，以便创造各类生物优化的生存条件。前两层含义常常被称为弱盖亚假说，一般没有争论；后三层含义常常被称为强盖亚假说，具有争议。

假说支持者们认为，恐龙灭绝后新物种的出现是有力证据。他们认为，地球上生命和环境结合起来的系统是强健的，并能很快地修复自己的创伤。虽然灾难发生时生命对全球环境的控制会暂时中断，但在事后，生命会迅速恢复控制并重新开始起调节功能。但这并不意味着地球没有变化，物种更新了，也是环境有所改变。总之，正是生命本身拯救了整个生命世界。

雏菊世界模型

雏菊世界模型成功地验证了拉夫洛克在 20 世纪 60 年代提出的盖亚假说。它由拉夫洛克和英国生态学家沃森（A.J. Watson）于 1983 年共同提出。

借助计算机，拉夫洛克模拟出地球的一个孪生兄弟，它也有着球形的身材，荒芜的出身，不过它有个诗意的名字，叫作雏菊世界。

雏菊世界里埋藏着无数等待发芽的种子。最先发芽的是黑色雏菊和白色雏菊。黑色雏菊善于吸热，当温度稍微上升时便繁荣起来；而当温度上升过快，过于炎热不利生存，便退回到寒冷的两极。白色雏菊则天生善于反射阳光，当黑色雏菊

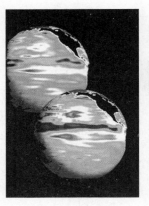 

地球和它的孪生兄弟。　　　　　　　雏菊世界。

吸收的热量温暖了大地，使得星球温度缓缓上升时，它们便欣欣向荣起来；而当它们密密麻麻地覆盖着大地，星球表面无法接收到足够的热量时，地表温度便悄悄开始下降，一直降到不适合白色雏菊生存、黑色雏菊能够重新生长的温度。星球温度起起落落，反反复复，黑色雏菊和白色雏菊交替繁荣，但却始终处于一个适宜雏菊生长的范围。

　　随后兔子们最先被放养到雏菊世界。它们狂吃雏菊，导致雏菊数量下降，以致兔子实在太多，食物不足，被迫放慢增长速度，雏菊数量便渐渐回升。最终两者一道形成了一种同进同退的动态平衡状态。不久，狐狸也闻着味跟来了，吃了些兔子。可是随后狐狸也因为食物短缺而开始计划生育，给兔子带来了重新繁衍

加入雏菊世界的动物。　　　　　　　被呵护的生命体——地球。

的机会……不以后久，这三个貌合神离的物种又不得不一起并肩前进了。为了增加可行度，拉夫洛克又添进瘟疫、陨星等，但结果依然如故：雏菊世界折腾了一阵之后，就又达到了某种平衡的状态。也就是说，不管人们如何为雏菊世界添乱加灾，它所展现的基本趋势仍然和最初的模型相一致。并且引入的物种越多越丰富，星球自我调节的能力就越好越强大。

雏菊星球的自动调节现象是生物和环境之间相互作用的自然结果。雏菊世界可以引入更多的物种，但结果是不变的。复杂性的提升只会引领它达到一个新的平衡状态，但不会使之失去自我调节的力量。这很好地验证了盖亚假说：地球具有生命的属性，它内部的生物和环境相互作用协调，创造出一个稳定和能够自我调节的系统。地球上的组分越复杂，也即生物多样性程度越高，它抵御外界干扰的能力就越强。

盖亚假说的影响

拉夫洛克构想的盖雅假说，后来经过他和美国生物学家马古利斯（Lynn Margulis）的共同推进，逐渐受到西方科学界的重视，并对人们的地球观产生了越来越大的影响。

盖亚假说一直不停地引起科学家们的兴趣和争论——已经有三次国际会议致力于这一假说，最近的一次是在 2006 年。1989 年，美国地球物理联合会选择盖亚作为学术会议的主题，几百名科学家和学者参加了会议，并于 1993 年出版了《科学家论盖亚》（*Scientistson Gaia*）大型文集。从此，尽管科学界对盖亚假说有不同的观点，但以此为主题进行研究的科学家越来越多，特别是近年来 NASA 在全球生态学、生物圈学和地球系统科学的名义下支持此类研究，使得其影响也越来越大。一些科学哲学家、环境保护主义者和政治家等，也从各自的角度关注和讨论盖亚假说，有关的论文和书籍也越来越多。

对人类的启示

从科学和哲学的角度看，盖亚理论所包含的两个内涵是极其深刻的：第一，地球这个生命体的自动调节能力，是有限的，还是无限的？第二，地球这个生命体的自动调节结果，是一定有利于人类，还是未必有利于人类？

从现有的科学结论来看，这两个问题的可能答案都颇具悲剧色彩。其一，地球的自动调节能力应该有一个限度。一旦超过这个限度，地球的稳定性就会被破坏。至少大气的破坏，环境的污染，以及相应产生的气温升高，就足以使得地球的自我调节能力丧失。其二，地球自动调节的结果不一定有利于人类的生存。人类在地球上生存，也是有条件的，相对的，而不是无条件的，绝对的。因此，盖亚理论实际上是一种深刻的环境理论。

盖亚理论给我们的启示是，地球作为一个整体，其内在联系和相互作用十分复杂，我们现在所知的仅是皮毛。实际上，我们对很多问题都是没有把握的。从大的方面讲，我们无法回答人类会不会步恐龙灭绝的后尘之类的问题；从小的方面讲，我们还远未弄清地球大气气候变化的规律和其原因。盖亚理论意味着地球是神秘的。

消失的盖亚：向盖亚忏悔

最初，盖亚理论中的盖亚是一个积极的地球整体：能够自我调节，维护平衡，为地球上的有机体提供适宜的生命条件。而在后期发表的作品中，拉夫洛克转换了情绪：现在的盖亚女神苍老、报复心强，似乎随时都会爆发她的愤怒，让人类舔尝自己贪婪的代价。盖亚女神的生命力似乎正在消失。而造成这一切的，就是人类无休止的贪婪和破坏活动。

2009 年，90 岁高龄的拉夫洛克出版了新作《消失的盖亚：最终警告》（*The vanishing face of Gaia*），他把矛头指向政府间气候变化专门委员会（IPCC），言论

左图：《消失的盖亚》封面。中图：《盖亚的复仇》封面。右图：向盖亚忏悔。

也越来越悲观。他说《京都议定书》(*Kyoto Protocol*) 是一个笑话；说欧洲的碳交易是一个骗局，只会增加企业利润却无助于减排；说给一个世纪设置气候变化的模式毫无作用，尽管这个模式推出了气候变暖的渐变过程，但真实的气候系统复杂多变，大地、海洋、大气相互关联，没法用简单的模式概括出来。拉夫洛克认为，气候会进入一个全新的热系统中，一旦那天到来，任何行为都为时已晚。"我觉得面对正在发生的情况，人类的反应很迟钝。《京都议定书》已经制定 11 年了，几乎什么都没做。"

在 2006 年出版的《盖娅的复仇》(*The Revenge of Gaia*) 一书中，他发表了对地球环境的最新评估，再次向人类敲响警钟。拉夫洛克认为，如果人类不及早停止对环境的滥用，使得地球过了能够扭转气候改变的临界点，地球和人类文明可能面临大规模的自然灾难。

我们的母亲女神盖亚，真的会走向人类子孙铺就的毁灭之路吗？

霍金:

没有身体的舞蹈

Chapter 7

生命的起源与进化

生命是如何起源的？又经历了哪些过程才达到如今万物同荣的状态？这些问题使我们不得不谨慎审视我们熟悉的、普遍存在的生命本身。

　　生命从哪里来？我们的存在是偶然吗？

　　生命是自然现象中最熟悉又最神秘的现象。只要我们还在思考和呼吸，我们就确信我们存活着，但这种确信并不能回答这样的基本问题：生命是什么？

　　物质的本质仍被面纱罩着，而在理解宇宙的本质方面我们也仍然有太多问题等待解决。在这样的情况下，指望对生命的本质作科学合理的理解似乎是一种奢望。生命可能是生物学家眼中特殊的复杂化学机器，由数以百万计的原子、分子和细胞组合而成；它也可以表示为与物理世界完全不同的一种实体——哲学家所说的一种在本质上是精神的实体。或许也可以说，我们从来没有搞清楚生命究竟是什么？

　　生命是如何起源的？又经历了哪些过程才达到如今万物同荣的状态？这些问题使我们不得不谨慎审视我们熟悉的、普遍存在的生命本身。

1．生命的起源和衍化：原始汤和进化论

　　传统科学家认为，地球最初的生命起源于原始汤，在经过优胜劣汰、物竞天择的自然法则后，衍化出如今的万物。

生命产生的苛刻条件

　　科学家们认为，生命是蛋白质的存在形式，离开蛋白质的生命现象是不可思议的。蛋白质的存在和生命的发生需要一定的条件，不具备这些条件就不可能有

生命。那么，生命的产生必须具备哪些条件呢？

以地球现今生物生存所需的条件来看，生命产生的条件极其苛刻。这不仅要求有恰好距离、质量的母恒星，还要求行星本身拥有适中的化学元素、水、温度、大气等等。

智慧生物的诞生要求恒星必须至少能在约50亿年时间内稳定地发出光和热。恒星的寿命与质量大小密切相关。大质量恒星的热核反应只能维持几百万年，这对于生命进化来说是远远不够的。太阳质量的恒星恰恰是合适的候选者。第二个关键点是行星到母恒星的距离必须恰到好处。太阳系有八大行星，但明确处在能有条件形成生物的所谓生态圈内的只有地球。金星和火星位于生态圈边缘，直至目前的探测活动表明，在它们的表面都没有生物存在。

对一颗行星来说，能具有生命存在所必须满足的全部条件实在是十分罕见的。以下是行星产生生命所需的四个条件：其一，必备的化学元素。对现代生物有机体的研究表明，其主要物质组成是碳、氢、氧、氮、磷等元素，这些元素是生命发生的必要物质条件。其二，液态溶液。以地球为例。这颗蓝色的星球布满了水，被称为水球。而地球本土上的生命是在水中产生，并在9/10的时间里全部生活在水中，后来虽有部分生物登上陆地，但都离不开水。其三，适当的温度。对生物体来说，温度不能太高也不能太低。温度太高，有机分子必然运动过剧，甚至瓦解；温度过低，生命过程进化缓慢，甚至停止，生命物质又难以适应变化的环境。如果生命产生在水中，水的温度一般在0℃—100℃之间，这样，生命体的适应性就基本有了保障。其四，一定数量和质量的大气。生物体只有与周围环境进行物质交换才能生存，在这一过程中，一定数量的大气是必不可少的条件，生命不可能发生在没有大气的天体上。天体要在其周围留住大气，就必须有足够大的重力，也就是说，天体必须具备相当大的质量。质量太少，重力太小，引力就小，天体周围的大气就要脱离这个天体而逃到其他天体上。没有大气的天体，它的表面也不可能有液态的水或其他溶剂，没有液态溶剂，生命将无从产生。

太阳系中的地球便是至今所知的独一无二的幸运儿。生命诞生的进程慢慢拉开了序幕。

生命来自非生命

生命产生前在分子水平上的进化（Prebiological Evolution）被称为化学进化。这门学科试图解答物质是如何产生的问题。即怎样由简单、无机的小分子进化到复杂、有机的大分子，进而产生生命体。

生命来自非生命，这是现代科学家所认为的。据大爆炸理论来推断，在宇宙必定有至少 100 亿岁的时候，生命在我们这个行星上悄然出现。生命出现的前提条件之一，是围绕太阳的原初行星的气体在 45.6 亿年前开始固化。在此之后不久，地球上的生命开始了缓慢的进化过程。

一如科学家所设想的，在地球的原始汤中，生命进化所需的化学成分，在生命进化产生之前随机组合着。组成已知宇宙 98% 的六种化学元素——氢、氦、碳、氮、氧、氖，以及合成第一批自养细胞所必需的更复杂的分子在宇宙中合成起来，甚至连氨基酸和核酸也已经在宇宙中创生，在陨石中可以找到它们的印迹。因此，我们也可以做出这样的推断：在其他行星上生命很可能也以某种形式发展起来了。要知道，在我们的银河系中有数百亿个行星，而宇宙中有数百亿个银河系。

地球的热环境和化学环境非常适合于作为生命基础的复杂分子的合成。例如糖、氨基酸、嘌呤、嘧啶这样的单体和由这些单位，如蛋白质、核酸和其他大分子构成的线性复合体便合成起来。在某个时候，原核细胞诞生了。它们以更高生命形式的先导身份出现，并成了这一星球上正在出现的生物圈中的主要要素。

生物进化论者认为，除病毒和细菌外，今天分布在地球上的生物物种都是从早期的原核细胞演化而来的，整个物种家族在标志成功的进化时代的突创中出现。

生物的进化是一种极为缓慢的过程，所经历的时间之长完全可以同太阳的演化过程相比。太阳系形成后大约经过 50 亿年之久地球上才有人类。现在设想，把每 50 亿年按简单比例压缩成 1 年。用这样的标度，1 星期相当于现实生活的 1 亿年，1 秒钟相当于 160 年。从宇宙大爆炸起到太阳系诞生，已经过去了大约 2 年时间。地球是在第 3 年的 1 月份中形成的。3、4 月份出现了蓝／绿藻类这种古老单细胞生物。嗣后，生命在缓慢而不停顿地进化。9 月份地球上出现了第一批有细胞核的大细胞，10 月下旬可能已有了多细胞生物。到 11 月底，植物和动物接管了大部分陆地，地球变得活跃起来。12 月 18 日恐龙出现了，这些不可一世的庞然大物仅仅在地球上称霸了一个星期。除夕晚上 11 时，北京人问世了，子夜前 10 分钟，尼安特人出现在除夕的晚会上。现代人只是在新年到来前的 5 分钟才得以露面，而人类有文字记载的历史则开始于子夜前的 30 秒钟。近代生活中的重大事件在旧年的最后数秒钟内一个接一个加快出现，子夜来临前的最后一秒钟内，地球上的人口便增加了两倍。

有一点值得我们注意：地球诞生后大部分时间一直在抚育着生命，但只有很短一部分时间，生命才具有高级生物的形式。

生命的进化树

1837 年 7 月，达尔文坐在小屋里，画下一幅纤细的树形结构图，以此来阐述物种的进化方式。这是达尔文首次提出"树状生命进化论"。

22 年后，这一理论公之于众，在此基础上，LUCA（Last Universal Common Ancestor，缩写为 LUCA）概念形成。LUCA，即"第一个基本的共同祖先"。由 LUCA 衍生出的一个躯干，经过一次次分裂，生长成一棵枝叶繁茂的大树，每个分支都相当于一个物种。这个树形图表可以简明地表示生物的进化历程和亲缘关系。

具体来说，进化树以所有现存生物的共同祖先为基础，伸展出树干，然后从树干不断地分支，最后便形成典型的大树结构。一如我们所知，树上的每一个分支都代表着一个单独的物种，而分支点则表示该物种在进化上一分为二。如果树枝不幸终结于某个死角，就表明该物种已经灭绝；成功到达树枝顶端的则代表现存的物种。这颗独特的进化树试图向人们展现曾经存在于地球上的每一物种之间千丝万缕的复杂关系，并追溯生命是如何从最初的形态走到了今天。可以这么说，进化树在达尔文理论中的重要性丝毫不亚于自然选择，它使进化论在科学界大获全胜。

地球上的生命，从最原始的无细胞结构生物进化为有细胞结构的原核生物，又从原核生物进化为真核单细胞生物，然后按照 3 个不同的营养路线发展，出现了真菌界（Fungi Kingdom）、植物界（Plant Kingdom）和动物界（Animal

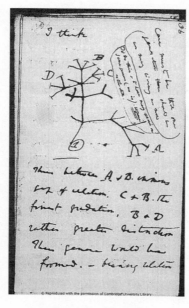

达尔文进化树的手稿

现代生物进化树

Kingdom）三大类生物世界。其一是沿着具有光合作用的自养路线发展成为植物界；其二是沿着吞食现成营养的路线发展成为动物界；其三则沿着吸收营养的异养路线发展为真菌界。真菌界由从没有鞭毛进化到壶菌门、接合菌门、子囊菌门、担子菌门；植物界：单细胞藻类→多细胞藻类→苔藓植物→蕨类植物→裸子植物→被子植物。动物界从原始鞭毛虫到多细胞动物，从原始多细胞动物到出现脊索动物，进而演化出高等脊索动物——脊椎动物。脊椎动物中的鱼类又演化到两栖类再到爬行类，从中分化出哺乳类和鸟类，哺乳类中的一支进一步发展为高等智慧生物，这就是人。

　　生物界的历史发展表明，生物的进化遵循从单细胞到多细胞、从水生到陆生、从简单到复杂、从低等到高等的过程，从中呈现出一种进步性发展的趋势。

物竞天择，适者生存

　　达尔文，英国博物学家，进化论的奠基人。他在动植物和地质方面进行了大量的观察和采集，经过综合探讨，形成了生物进化的概念。1859 年，达尔文出版了震动当时学术界的《物种起源》一书，"物竞天择，适者生存"这一概念开始广为人知。

达尔文进化论的核心，是关于人工选择和自然选择的学说。他首先形成了人工选择的学说，而后在此基础上又建立了自然选择的学说。

在总结育种实践的经验和自己的科学实验中，达尔文逐步形成了人工选择学说。在研究家畜和作物品种起源时，达尔文首先发现每一种家畜和作物都有许多品种。他认为，不论品种有多少、差异有多大，这些品种其实都来源于一个或少数几个野生品种。以家鸽为例。家鸽的品种有很多——达尔文当时搜集的鸽子有150个品种，但它们都起源于野生的岩鸽这一种。

而这些家养生物的各种品种，达尔文认为是人类通过有意识的选择而创造出来的。他分析，新品种的形成包括 3 个因素：变异、遗传与选择。变异起着提供材料的作用，因为没有变异就没有选择的原材料；选择保留了对人有利的变异，淘汰了对人不利的变异，没有选择，就没有变异的定向发展；遗传巩固了变异，没有遗传，就没有变异的积累。

进一步的研究使达尔文确信：各物种的起源也是由于在自然界存在着同人工选择相似的选择过程。这就是自然选择学说。在人工选择的学说的引导下，达尔文根据以下三个观察到的事实和由此而得出的两个推论，建立了自然选择学说。

达尔文观测到这三个事实：第一，每一生物都有很高的繁殖率，如果自然界没有限制生物繁殖的因素，那么各种物种都有按几何级数迅速繁殖后代的趋势；第二，一般说来，自然界各种生物的数量在一定时期内都保持相对稳定。尽管生物的繁殖潜力巨大，但实际上，动物的卵子或植物的种子不一定都能发育，幼体不一定都能成活，它们中的很大一部分被淘汰了；第三，生物普遍地存在着变异。亲代与子代并不完全相同，同一亲代所生的子代也总有差异。事实上，没有两个个体是完全相同的。

从观察到的 3 个事实中，达尔文得出了两个推论：第一，自然界物种的巨大繁殖潜力未能实现，是因为生存斗争（Struggle for Existence）的存在。一方面生物具有高度繁殖力，另一方面生存条件不允许生物所产生的后代都能生存下来，因而生物必然总是为生存而斗争，或者与无机环境作斗争，或者与不同种生物斗争，即种间斗争，或者与同种的其他个体作斗争，即种内斗争；第二，在生存斗争中，具有有利变异的个体得到最好的机会保存自己和生育后代，那些具有不利变异的个体在生存斗争中便会遭到淘汰。达尔文把生存斗争所引起的这个过程称为自然选择（Natural Selection），或适者生存。通过长期的、一代一代的自然选择，物种的变异被定向地积累下来，逐渐形成了新的物种，推动着生物的进化。

以上就是达尔文进化理论的基本要点。

达尔文的进化理论，从生物与环境相互作用的观点出发，认为生物的变异、遗传和自然选择作用能导致生物的适应性改变。《物种起源》一书用大量资料证明了形形色色的生物都不是上帝创造的，而是在遗传、变异、生存斗争中和自然选择中，由简单到复杂，由低等到高等，不断发展变化的，从而摧毁了各种唯心的神造论和物种不变论。他所提出的天择与性择，在目前的生命科学中是一致通用的理论，在学术界产生了深远的影响。

2．进化论，不容置疑的真理？

达尔文的进化论被誉为 19 世纪最伟大的科学发现之一。百余年来，进化论逐步确立了牢固的地位。那么，以上这套由历史学家、考古学家、生物学家、哲学家共同辛辛苦苦建立起来的体系，它真的牢固吗？

对达尔文进化论的反对主要来自三个方面：哲学家们以进化论作为一种理论的地位表示担心；宗教原教旨主义者反对进化论，是由于进化论否认基督教《圣经》对生命起源的解释；若干生物学家认为，他们所掌握的事实不适用进化模式。那么，这些质疑真的是传统科学家所斥责的伪科学吗？

进化论的三大证据相继破灭

进化论有三大经典证据：比较解剖学、古生物学和胚胎发育的重演律。可近年来的研究使得它们相继瓦解了。

比较解剖学，暴露了进化论的逻辑错误——循环论证。

科学上，如果一个理论的证明违背逻辑，这个理论就不能成立，但是人们对进化论的逻辑错误却没有深纠，因为深纠起来，它就没有证据可言了。例如用比较解剖学来论证进化，形象地说就是："如果人是猿进化来的，人和猿就会有许多相近的特征；因为人和猿有许多近似之处，所以人就是猿进化来的。"从逻辑学的角度讲，这种循环论证毫无意义。这种似是而非的"证明"贯穿于进化论所有的证据之中。人们盲从地接受了它。

以同源器官为例。进化论者通过动物的器官在形态和功能方面的类比，确定了所谓的同源器官，并由此说明，在进化树中某一谱系的动物，该器官在进化中发生的形态与功能的变化是自然选择的结果。单单同源器官的定义就非常牵强，你必须首先承认动物是进化的，才能找到同源器官，而不能说同源器官的存在证明进化的存在。

胚胎发育重演律，逻辑上不能立足，理论上禁不起推敲，事实上是一个观察错误。

1866 年，德国的海克尔（Haeckel）提出了重演律，认为高等生物胚胎发育会重现该物种进化的过程。在进化论刚刚奠基的时代，重演律立即成为进化论最有利的"证据"之一。

现代学者证明了重演律是一个观察错误。德国人类胚胎学家布莱赫施密特（Erich Blechschmidt）所著的《人的生命之始》（*The Beginnings of Human Life*）一书中，以详尽的资料证明人的胎儿开始就都是人的结构，而不是所谓的"重演了生物的进化"。例如，胎儿早期出现的像鱼一样的鳃裂，实际是胎儿脸上的皱褶，完全是人脸的结构，却被重演律支持者硬说成是鳃裂；胎儿发育到 9 毫米左右时，身体下端的突起好似一条尾巴，其实没有任何尾巴的结构特征，那是一条中空的神经管，它发育较快，向阻力小的方向生长，暂时向末端突出，很快便会平复。而且它是有重要作用的，根本就不是所谓的残迹器官。

其实，重演律是在生物学还很不发达的时候提出的假说，随着遗传学的出现和分子生物学的发展，特别是对基因的深入研究，重演论失去了理论依据。现在公认基因突变是进化的原因。既然过去的基因已经突变成新基因了，怎么还重现过去的特征呢？就重演律本身，古生物学家古尔德也指出了该理论的致命缺陷，他说："假如祖先的成体特征变成后裔的幼体特征，那么到了后裔个体发育结束时，发育一定要加快，好为新增加的特征留出位置。随着1990年孟德尔遗传学的重新发现，整个重演理论也随之崩溃。"

在古生物学上，至今没有找到确凿的证据——进化中的过渡类型。如果进化存在，必然存在进化过程中物种之间的过渡类型，否则进化就是谬论。

无论是进化论者还是反进化论者，都希望古生物化石能辅证自己的观点。假如进化存在，过渡类型化石就应该很容易找到，为什么没有呢？大家沿用达尔文的解释：化石记录不完全。可化石的形成是普遍和随机的，为什么单单漏掉了过渡类型呢？

进化过程中确凿的过渡类型，严格地讲并没有发现。某些化石的缺环相当惊人，它不是以几万年、几十万年计，而是以几百万年计。进化论常用马的进化来说明问题，从始祖马到现代马过渡类型有好几个，可是列举的那几个过渡化石平均间隔500万—3000万年，还是没有过渡类型。

人的进化颇具代表性。在从猿到人的问题上，科学家们发现了一些化石，归类为古猿、类人猿、猿人、智人，唯独没有类猿人。寻找过渡物种类猿人，被列入了科学的十大悬案。数次宣布的人类始祖，很快就被否定了。例如1892年发现的人和猿之间的过渡化石嘉伯人，是一块猿的头骨和相距12米的一根人的腿骨拼凑出来的，1984年新发现的猿人化石露茜，被确定了是一种绝种的猿——南方古猿，和人无关。6具始祖鸟化石的相继问世，轰动了世界，成为鸟类和爬行动物之间过渡物种的典范。后来鉴定出5具是人造的，剩下的1具坚决拒绝任何鉴定。而教科书中，对始祖鸟和露茜还是不予更正，公众也就不知真相了。

总的来说，化石的证据对进化论的观点是非常不利的。在地质和古生物学界，把寒武纪早期（约5.7亿年前）作为隐生宇和显生宇的分界。因为在寒武纪之前的地层几乎找不到生物的化石，而寒武纪早期，几十个门（Phylum）的动物化石突然同时出现，被称之为寒武纪生命大爆炸。这是进化论无法解释的。

进化时间表的纰漏

100多年来，以地质学、地理学、放射性化学、比较解剖学等学科为基础，古生物学发展起来。进化论者根据化石的历史年代，勾勒出一幅生命由简单到复杂，随年代出现的进化时间表；通过类比化石，描绘出一个生物由低等向高等发展的进化树。学者们根据当时很有限的化石资料，搭起了进化时间表的框架，认为以后的发现都能填入其中，最多也只是稍做修补，使进化论更加完善充实。然而，时至今天，面对许许多多新的事实，这种修改终于到了再也无法进行下去的地步。

下表左面是经典的进化时间表，右面是那些无法解释的事实。

进化时间表

距今年代	经典的进化时间表	同一地质年代发现的无法面对的事实
45 亿年	地球形成	
35 亿年	最古老的微化石	南非 28 亿年前的地层中，发现几百个精致的金属球，专家认为很难解释为自然形成。
20 亿年	蓝藻（蓝细菌）出现	
6 亿年左右	寒武纪生物大爆发，许多类型的海洋动物突然大量出现；三叶虫繁盛。	在美国马萨诸塞州的多尔切斯特地区发现 6 亿年前的前寒武纪岩石层中有金属花瓶，该花瓶含有大量的银。犹他州羚羊泉的寒武纪岩层中，一块三叶虫化石上有一个穿鞋踩出的脚印和一个小孩的脚印。
4.5 亿年	奥陶纪生物大灭绝；海洋原始鱼类出现；陆地出现原始植物。	中国广西宝山采石场发现 4.5 亿年前的一批精美石画。
3.6 亿年	泥盆纪生物大灭绝；原始爬行类出现（3.5 亿年前）。	英国金古德（Kingoodie）采石场的一块沙岩（3.6 亿—4.08 亿年前）中，发现有一个钉子牢牢地埋在里边；美国密西西比河西岸一块石灰岩石板上，发现了两个人类的脚印。
2.2 亿年	二叠纪生物大灭绝；原始哺乳动物出现。	美国伊州的莫里森维尔（Morrisonville）发现 2.6 亿—3.2 亿年前的金链。

续表

距今年代	经典的进化时间表	同一地质年代发现的无法面对的事实
2.0 亿年	三叠纪生物大灭绝	在内华达州三叠纪岩层中发现一具鞋印化石（2.13 亿—2.48 亿年前）。
1.8 亿年	鸟类出现，恐龙繁盛	美国德州帕拉克西河（Paluxy）河床的恐龙脚印化石旁发现人的脚印化石、人的手指化石、一把奇特合金（现代科技制造不出来的）的铁锤，锤柄已经煤化。
6500 万年	白垩纪大灭绝，一半以上物种消失。	在法国的圣布·琼·得·利维（Saint-JeandeLivet），一块白垩纪石灰岩层发现了一些不同型号的金属管，距今 6500 万年。
5500 万年	第三纪	在美国加州太波山地下 90 米处发现大批精巧的石器。
400 万年	南方古猿出现	在肯尼亚的卡纳波依（Kanapoi）发现现代人类的上臂肱骨化石；在阿根廷的蒙地贺摩索（MonteHermoso）发现 350 万年前的燧石、雕刻的骨头化石及壁炉。
150 万年	非洲直立人（不是现代人）向外扩散。	世界各地多次发现 100 万—400 万年前的现代人类化石和文明遗迹。
20 万—40 万年	人类起源的夏娃理论认为：20 万年前，现代人的始祖：一位非洲妇女出现。	在美国伊州的劳恩山脊（LawnRidge）地下 34 米深处，于更新世地层中发现了一枚类似钱币的金属物品；在墨西哥普瑞拉瓦城发现 26 万年前嵌在动物颌骨化石中的铁矛矛头；墨西哥霍亚勒克出土了一批 25 万年前的铁矛；在中东戈兰高地发现的一个史前古器物上，刻有一佩戴精致头饰的妇女头像，已有 25 万年。
4 万年	现代人类出现	至少 8000 年以前的金字塔工程，是人力根本无法实现的。目前世界上最大的两台起重机也难完成。
1 万年	人类文明出现	

　　大量史前文明遗迹的相继发现，使人们不得不重新审视进化论这一类假说。考古学家克莱默和汤姆森（Michael A.Cremo & Richard Thompson）在《考古学禁区》（*Forbidden Archeology*）一书中，列举了 500 个确凿的事例，那是几万、

几十万、百万、几万以至几十亿年前的人类文明遗迹，这些都曾是进化论回避的对象。

无法动摇的理论

达尔文在《物种起源》中论及化石时，标题为"不完美的地质记录"。他看到了进化论的先天缺陷，并希望后人能予以验证。但是时至今日，进化论已成为一个公理、一个信仰，甚至一个宗教。不能讨论，更不能批判，只能无条件接受，否则就将招致无情的围剿，甚至被贴上伪科学、反科学的标签而断送自己的研究前程。

在当今任何一本生物学杂志上，已经找不到任何质疑进化论的论文了。斯科（Scott）和柯尔（Cole）在 20 世纪 80 年代初，检索了当时的 4000 多种学术刊物，未发现任何一篇反进化论的论文，在 68 种与生物起源有关的学术期刊中，也未发现任何一篇是质疑进化论的。乔治·W. 克里斯特（George W. Gilchrisi）在 1997 年调查了世界上最大的五种期刊数据索引，也未发现反进化论或非进化论的论文。

进化论已是绝对真理了吗？其实不然，斯科和柯尔的工作还发现，在 1985 年提交的 135000 篇论文中，确有 18 篇论文是反进化论的和支持非进化论的。而这 18 篇论文无一例外地遭到拒绝发表。进化论并非无懈可击，而是它的维护者不允许任何针对它的挑战。

与此同时，对于得出与进化论不同结论的科学家，也遭到不公平的待遇。1966 年，墨西哥的霍亚勒克出土了一批铁矛，美国地质学家麦金泰尔博士（Dr. McIntyre）鉴定铁矛的年代为距今 25 万年。然而，这些惊人的发现很快被莫名其妙地"淡忘"了。违背进化论的结果实在让科学界无法接受，麦金泰尔从此失去了在相关领域里工作的一切机会。已故的考古学家阿曼塔也遭遇了类似的命运。在鉴定墨西哥的普瑞拉瓦城发现的一块残破的铁矛矛头是 26 万年前的武器时，很快招来了权威们不做任何调查的批判，他的事业也从此被扼杀了。

这类故事还有不少。少数人的权威言论，代替了公众的思考。公众很难了解实际情况，只有无条件接受权威的观点——科学在这里成了一种信仰。

3．揭开生命的奥秘

进化模式认为，生命是在漫长的进化过程中，由无机物变成有机物，由有机物演化出氨基酸、蛋白质，然后演化为最简单的单细胞生物，最终进化出各种生命形态。那么，作为生命基础的细胞，是怎样形成的？揭开细胞的秘密是否就可以窥探生命的奥秘呢？

进化论关于分子的僵局：细胞的复杂性

最初的生命如何出现在地球上？

面对这个问题，进化论声称，生命由偶然形成的细胞开始。根据这一假想，40亿年以前，在原始地球的大气层内，各种没有生机的化合物，在雷电和压力的影响下，促成了第一个活细胞。

在达尔文时期，人们并不知道活细胞的复杂结构，进化论者把生命归因于"偶然和自然事件"的说法就足有说服力了。20世纪的技术，已深入到生命最小粒子的研究，并且揭示细胞是人类所面临的最复杂的系统。今天，我们知道细胞包含生产细胞所用能源的发电厂；生产生命需要的溦和激素的工厂；记录全部待生产产品的数据库；运送原料和产品的复杂的运输和管道系统；把外部原料分解成可用部分的高级实验室和精炼厂，以及适用于控制细胞材料出入的专业化细胞膜蛋白。这些还只是这一令人难以置信的复杂系统的部分作用。

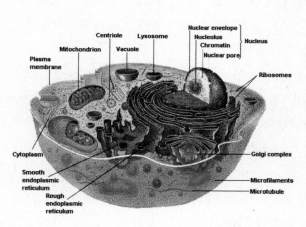

细胞的复杂性：细胞是人类已经见证的最为复杂、最为优化的系统。

分子的结构相当复杂，如何解释它在巧合中形成？活细胞又是怎样在偶然中形成的？为证明细胞曾是偶然形成的，进化论者们进行了无数次的实验、研究和调查。但是，每次努力只能更详细地说明了细胞的复杂设计。因此，更进一步反驳了进化论者的假说。

进化论不能解释细胞怎样产生的基本原因之一，是细胞"不能简化的复杂性"。活细胞的生存依靠许多协调合作的细胞器。这些细胞器缺一不可，否则细胞就不能存活。细胞的发育似乎不允许等待像自然选择或突变等无意识的机制。因此，进化论的质疑者提出，地球上的第一个细胞形成时，一定具备必需的全部细胞器和功能。

蛋白质挑战偶然性

进化论甚至无法解释单个细胞的基本组件。在自然条件下，在构成细胞的数千种复杂的蛋白分子中，形成单个蛋白质的可能性很小。

美国生物化学家麦克·贝希（M.J.Behe）在谈到这个问题时，举了一个形象的例子，他认为，蛋白质绝对随机、自然地产生，就如同一个人指望把热水、鸡蛋、面粉、糖和可可粉随机放在一起就能产生一个巧克力蛋糕一样荒唐。

蛋白质是由叫作氨基酸的更小单位组成、按照一定数量和结构排列而成的庞大分子群。这些分子群组成活细胞的建筑群。最简单的蛋白质，由 50 种氨基酸组成；但有些蛋白质则由数千种氨基酸组成。更重要的是，在蛋白质内单个氨基酸的短缺、增加或移位元都会使蛋白质成为无用的分子堆。每一种氨基酸必须以合适的位置和顺序排列。

蛋白质功能的结构是否可能偶然产生，可以通过简单的概率来推算。一个平均形状的蛋白分子，是由 12 种不同类型的 288 种氨基酸组成的；这些蛋白分子可以用 10^{300} 的不同方式排列。在所有这些可能的排列序列中，只有一种可能形成蛋白质分子的方式，即形成仅仅一个蛋白分子的可能性只有"$1/10^{300}$"。

我们进一步观察生命的发育时，就会发现蛋白质对它本身毫无意义。我们所知道的最小的细菌之一支原菌 H39（Mycoplasma Hominis），含有 600 种蛋白质。这样的话，我们必须重复对上面 600 种不同蛋白中的单个蛋白估计的概率了。

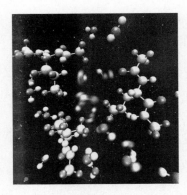

蛋白质是生物最重要的元素。它们不仅联合起来组成活细胞，而且在身体的化学变化中起着关键作用。从蛋白合成到荷尔蒙通讯，会看到活跃的蛋白质。

那么，这意味着什么呢？

如果连一个蛋白质都不可能偶然形成，那么大约100万个蛋白质偶然而适当地聚在一起，并且构成一个完整的人类细胞，其不可能性就高达数十亿倍。而且，细胞决不是由蛋白质堆组成的。除蛋白质以外，细胞还包括核酸、碳水化合物、类脂、维生素及许多别的化学成分，如在结构和功能方面按一定比例，和谐、精巧安排的电解液。每个蛋白在各种各样的细胞器里起着楼房单元或共同分子的作用。许多学者从概率上证明了现代进化论的错误。在贝希的《达尔文的黑匣子》（*Darwin's Black Box*）一书中，他从生命结构的复杂精密性否定了进化的可能。作者根据突变机率计算进化产生新物种的概率：$P = (M \cdot C \cdot L \cdot B \cdot S)^N$，得出这一结果：$P = (10^{-3} \times 10^{-2} \times 10^{-1} \times 10^{-3} \times 10^{-2})^{10} = 10^{-110}$。按照一年繁殖10代，种群个体数为1000，相应的进化所需的时间极为宽松的计算也需要10106年。目前科学认为，宇宙中所有基本粒子总数只有1070个，宇宙年龄只有200亿（2×10^{10}年），进化一个新物种的时间，是宇宙年龄的自乘10亿次，足见进化是不可能的。

《达尔文的黑匣子》与智能设计

贝希的《达尔文的黑匣子》一书，掀起一场学术上的争论——生化理论对进化论的挑战。

贝希认为，"黑匣子是一个古怪的术语，指某些有一定功能的机器，但它内部的运作不明——或许看不见，或许它的机制根本无法理解"。如前所述，对达尔文时代的人来说，细胞就是一个黑匣子：因为当时没有适当的仪器和手段来探索其中的奥秘。那时的很多科学家都认为细胞结构很简单，只不过是一小团胶质而已。如今在细胞内的微观世界中找到很多生化的系统，包括血液凝结的链锁反应、细胞浆中的运输系统、免疫反应及人体和细菌的鞭毛等非常复杂的分子机器。它们都是由多种配件合成，缺一不可，并且必须同时到位组装起来才成为有功能的整体，不可能从每一部零件各自渐渐进化出来，然后逐一加添上去。

贝希由此认为，细胞机器就像人设计的机器，都具有一种"复杂又不能简化"（Irreducible Complexity）的特征，这是达尔文式的渐进论所不能解释的。贝希和一些科学家进一步推论，生命不可能偶然产生，更不可能是缓慢进化发展到现在的，生命应该是智慧设计的结果。

何谓"智慧设计"？持这种观点的人认为，动植物如此复杂和精妙的结构不可能是自然演进的结果，而是某种高智能设计师的杰作。智慧设计论支持者称，达尔文的自然选择论无法回答生命如何起源的问题，也不能完全解释在过去 6 亿年的过程中，地球物种如此纷繁多样的原因，因此必定有外界智慧起了引导作用。

特定复杂性

科学家们认为智能设计并不反对进化本身、不反对物种内的进化或演变，但是反对全盘以达尔文进化论来解释所有物种的形成。

达尔文在《物种起源》中写道："自然选择只有通过微小连续的变异来发挥作用。它不会发生巨大和突然的飞跃，但必须通过微小而可靠的，虽然是缓慢的步骤进行。"自然选择这个过程确有其事，并且能解释一些有限的变异和小规模的变化。但是它并不像达尔文所希望的那样，能够解释生命真正的复杂性：一方面是鸟嘴，一方面是鸟的本身，鸟嘴结构的微小变化，并不能解释这种生物的来源。这是两个不同层面的问题。

智能设计论其中一个主要概念是特定复杂性（Specified Complexity）。

以下的范氏图（Venn Diagram）能够帮助我们理解特定复杂性这一概念。当一件对象或事件是有着"复杂性"（Complexity，最少需要 500 位的数据去组成）而同时具有特定性（Specification，具有功能或符合特定型态的格式），它就可被称为具有特定复杂性。而智能设计论指出：只有智慧才可以引致具有复杂性和特定性的对象，只有智能才可引致具有特定复杂性对象的出现。

我们可以分辨有些对象具备复杂性但没有特定性，像很多天然的山坡；亦有些对象是具有特定性而没有复杂性的，如一双筷子。

分子机器的特征：不可简化的复杂性

不可简化的复杂性（Irreducible Complexity）这个词是由贝希在描述分子机器的时候提出来的。它的意思是说，在任何已知的机体或细胞系统中都有许多组成的部件，其中有些部件是它的功能所必须的，就是说，如果你去掉一个部件，系统就会失去功能。他在《达尔文的黑盒子》中曾指出，这个系统是不能用达尔文的天择或自然选择理论来解释的。

捕鼠器。

不可简化的复杂性的想法，可用一个非生物机器捕鼠器来加以说明。这种捕鼠器是由 5 个基本部件组成的：一个挂诱饵的钩子、一个强有力的弹簧、一个被称为锤子的细而弯的杆、一个用以固定锤子的固定棒、一个固定整个系统的平台，如果其中任何一个部件缺失或有缺陷，这个机械装置将不能工作。在这个不可简化的复杂系统里，所有部件必须同时存在才能发挥正常的功能——捕捉老鼠。

而细菌鞭毛推进器就是一个这样的系统。它是一个奇妙的微型机械摩打，用来推动细菌在水中运行，令它们更有效率地找寻食物。细菌鞭毛就像一般机器一

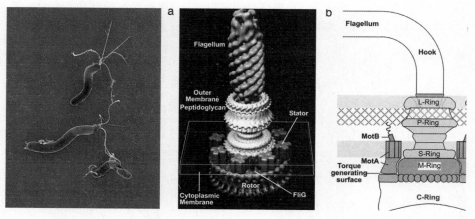

左图：细菌鞭毛。在某些菌体上附有细长并呈波状弯曲的丝状物，少则 1—2 根，多则可达数百根。这些丝状物称为鞭毛，是细菌的运动器官。

右图（a、b）：细菌鞭毛推进器工作原理图。它像一个奇妙的微型机械摩打。

样，需要各个错综复杂的零件，互相紧扣才可以运作；缺少任何一个零件，整台机器便失去它的功能；所以它是一个具有不可简化的复杂性的系统。

贝希说："这个系统是由 40 种不同的蛋白分子组成的，这些成份是必须的，如果缺少任何部件，鞭毛推进器就不能工作，如果缺少镰刀型的钩或者缺少传动轴等等，整个系统就不能在细胞里面组成了。"从进化论的角度来说，你必须解释怎么才能逐步建造这样的系统。这个系统只有在所有部件都组装好之后才能有功能。

它违背了天择理论。根据达尔文的学说，即使很复杂的生物结构，比如眼睛、耳朵和心脏，都可以随着时间以较小的步骤累积而逐渐地形成。然而，正如达尔文所阐述的随机遗传变异，只有有利于进化中的有机体生存的时候，自然选择才可以成功。

让我们想象一下这样的情景，在地球早期的历史时代里，一个进化中的细菌以某种方式发育出一条尾巴，也许还能固定在细胞壁上，然而由于缺少一个完整的发动机组，这个创新并不能给细胞带来任何优势，相反，拖着这个尾巴，既不能动也没有用，因此不会被自然选择所保留。自然选择只会选择那些有利于生存的变化。

自然选择的逻辑是很严格的，除非鞭毛系统组装完成而且能够发挥作用，否则自然选择无法保留鞭毛系统，因此它不能够传给下一代。鞭毛能够入选的唯一办法是要它发挥作用，这意味着发动机组的全部部件必须最初就要到位。所以自然选择不会给你鞭毛，只有当鞭毛已经存在并能运作，自然选择才起作用。

达尔文式的理论在怎样创造复杂的分子机器上仍然没有作出解释。生命的奥秘我们只是窥探了一二，生命神秘的面纱，究竟何时才能揭开？

4．生命和能量波

在漫长的宇宙历史中，生命究竟如何起源？又是如何衍化到如今的形态？

大卫·威尔科克另辟蹊径，结合科学论证，向我们展现了生命起源的奥秘——

能量波。

大卫·威尔科克是一位专业讲师，导演，远古文明、意识科学的研究者，其研究内容包括物质和能源的新模式。他的演讲包括《2012之谜》《洛杉矶会议》《2012：穿界的转折点》。这一部分关于能量波和生命起源的看法来自其2009年9月20日在卡米洛特工程 – 洛杉矶会议上的演讲。

能量场：生命无处不在

什么样的生命最顽强？细菌是答案之一。

无论条件多么艰苦，我们总能发现细菌的身影：南极的冰层，火山的内部，海床以下数英里，甚至核反应堆里。它们是如何进入的？以核反应堆中的细菌为例，它们不可能来自于其他反应堆——因为核反应堆是经过严密封存的。

一种说法与能量波有关：细菌虽然不能通过空气进入，但在能量场上却畅通无阻。一个星球上的生命诞生也是如此：生命通过能量波产生、传播、繁衍。这像是一种证据，证明了在宇宙中生命无处不在。该说法远远超出了我们以往对生命的理解范畴。

英国科学家钱德拉·维克拉马辛（Chandra Wickramasinghe）博士曾三次重点强调这些观点："经证明，彗星上存在有机生命物质，而目前太阳系中有数十亿个彗星。地球上的所有生命来自彗星。"

DNA双螺旋结构的发现者之一，詹姆斯·沃森（James Watson）发现，如果从光谱上分析，99.9%的星系尘埃上都存在细菌。主流媒体也在传播相关信息："在其他太阳系发现了能产生生命的太空尘埃。"

由此可见，浩瀚宇宙，生命无处不在。

许多报告都有提到，宇航员在外太空会感受到一种莫名的愉快，觉得自己与宇宙融为一体了。这种感受被称为超凡感受（Overview Effect）或太空快感（Space Euphoria）。大卫说，原因在于太空中的源场能量与地球上的不同。采用太空育种种出的植物也说明了这一点。

我国曾把植物种子送上太空。为了让种子能够体验到超凡感受，装载体太空舱没有用PVC材料做成的眩窗、铝做成的外壳。如果使用这些材料做太空舱，

依次为太空大南瓜、大黄瓜、大辣椒。

便不会起到类似作用。比起普通南瓜来，用曾被送入太空的种子栽培出来的太空南瓜要大得多。同样的故事在曾放置进埃及大金字塔和俄罗斯金字塔的种子身上上演：它们产量增加了 400%，个头增大了 400%。这些源场能量是否有某些相同点？

生命起源自能量波

是不是所有生命都起源自能量波？

詹姆斯·施特里克（James Strick）博士在他的《生命的火花》（*Sparks of Live*）中提及：在 19 世纪科学界曾有一个大阴谋：当时一些科学家支持达尔文进化论，另一些则支持自然发生说，即生命是无中生有的。双方争执不休，没有结论。

持自然发生学说意见的一派做了大量试验成功的案例。其中巴斯德（Pasteur）证明了生命可以来自非生命物质。

这些试验包括，不管怎样将一个试管做灭菌处理，最终试管内都会产生出新的细菌的实验。

帕切科（Pacheco）教授做了该试验。试验的过程如下：（1）把一些海滩上的沙子加热到白炽的状态，以此杀灭沙子中的所有细菌。（2）把这些灭菌后的沙子放进一个灭菌的试管当中，加入一些蒸馏水，并把试管置于真空环境，这样就没

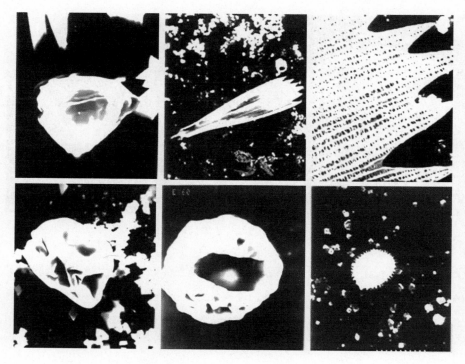

从左至右：图一、二、三、四、五、六。

有任何东西可以进去了。

　　不可思议的事情在 5 天之后发生：试管顶部出现了一些小东西。帕切科教授把它刮下来放到显微镜下观察，图1—6是实验留下的资料图片。图1中的生物看起来像个微型大脑；图2中的生物可能是海藻的一部分，在显微镜下就像一片折断的叶子；图4中的生物看起来像是血红细胞；图5中的生物则像白细胞／白血球。

　　当看到这些图片时，我们不由得产生疑问：这些 DNA 分子是从哪里来的？试管里面只有一些沙子，没有其他任何东西，且沙子、水和空气都做了灭菌处理。即便这样，最终还是有一些小东西生长了出来。最为特别的生物是一个大的生命物，见图6。它大概有 2 万—3 万个基因，类似于陆地上的小蠕虫，DNA 结构非常复杂，具有自己的防御系统。它有头部，还有嘴巴。该生物里面包含了太多信息，问题是它的 DNA 来自何处？

大卫说，它来自太空中无处不在的 DNA 能量波。无论是在真空环境下的沙子里，还是核反应堆上，以及其他任何地方，生命都可以被创造出来。

地球意识

事情远不止如此。2009 年 2 月 15 日，国家地理学会居然在南极和北极发现了同样的物种。而且这些物种只存在两极地区。他们试图解释，是由于轮船把这些物种从南极带到了北极，但经过对全球所有的轮船进行调查，并没有发现有这种情况。

研究人员一共在两极地区发现了 235 种同样的物种。这些物种包括鲸、蠕虫和一些奇怪的甲壳类生物。它们之间已被温暖的海水隔开。这些物种到底来自何处？科学家们对此百思不得其解，却毫无头绪。

这些生物很奇怪。一种叫蜠螺壳蜗牛（Limacina Helicinia）的样子很特别，就像一只蜗牛。但其上面有一些扇叶状的东西，看上去就像一只鱿鱼，非常奇特。图 2 是一个叫冰海小精灵（Clione Limacine）的另一种外形奇怪的生物。短角枪水蚤（ Gaetanus Brevispinus）属于某种甲壳纲生物。甚至还有共生片脚类动物，

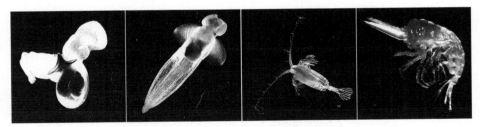

依次为蜠螺壳蜗牛、冰海小精灵、短角枪水蚤、共生片脚类动物。

其学名为"Streesia Challengeri"。

为什么这些生物同时且单单存在于两极？从北极到南极根本就没有什么海水通道。即便有，它们也在通过地核的时候就已经被烧焦了。

是什么创造了这些生物？大卫的答案是地球意识。地球意识自发地在两极地区创造了这些小生物。我们不妨做这样的思考：它们之所以存在，是因为意识域创造了它们；因为地球创造了它们，所以它们在那里。以此类推，地球同样也创

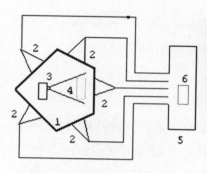

孵化中的鸡蛋接受鸭子生物电磁波场导后，孵出的鸡雏，其脚、嘴、眼睛具有鸭子的特征

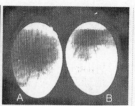

鸭子的生物电磁场场导孵化鸡蛋后其内部发生的变化，A为实验组，B为对照组

扭转力场发生器的剖析图。　　　　　　鸡鸭混合体和实验组与对照组的对比照片。

造了我们。

DNA 的改变与转化

我们现在已经知道下列事实：在外太空可以产生DNA，两极地区存在相同的物种，在灭菌条件下的试管里可以产生出新的生物。

那么，DNA 是如何从一种形式转变为另一种形式？它是如何改变的？一个物种的遗传物质是如何转换为其他物种的？

在 1961—1963 年期间，提出生物场导学说[1]的姜堪政进行了著名的动物场导实验[2]。他的实验探究了生物进化的方式。左图是他做的扭转力场发生器

---

[1] 场导理论。1955—1957 年，姜堪政在控制理论的启发下，依据量子理论、信息理论提出了有机体内外存在生物场假说，并提出了场导论。该理论认为，"既然生物体有电磁场的交换，那么该电磁场必然会有一部分传递到有机体之外。如果被另外的有机体所接受，作为生物信息，必然会定向控制该生物体的生命活动过程"。以前人们认为遗传信息的载体是 DNA，现在姜堪政说，现代物理学的成就，让我假设 DNA 只是一个生物电磁信号（生物信息场）的"磁带记录"材料。换句话说，电磁场（生物信息场）和 DNA 联合遗传物质存在两种形式：被动 –DNA 和主动 –电磁场。DNA 提供了稳定的有机体遗传物质，而电磁场可以去改变它，足以影响这些生物电磁信号。就其性质，电磁场包含能量和信息，波动特性确定需要探讨的最高频谱部分，有一个宽的带宽，这提供了大量的信息，传输质量高。因此，信息领域的生物电磁能量的物质载体，就是存在于电磁波谱中的一部分。

[2] 动物场导实验。1961—1963 年，姜堪政进行了著名的鸡变鸭场导实验。发现鸭子的生物场微波能作用到孵化中的鸡蛋，由此鸡蛋所发育出来的鸡雏具有鸭子的特征，比如足趾间有蹼。经中国医科大学阎德润教授、大连医学院吴襄教授、复旦大学谈家桢教授审查，认定实验孵出的鸡雏发生了遗传变异。

的剖析图。

图中 4 的地方放置一只鸭子。图中 6 的地方则放置一只鸡，图中 3 这个漏斗型的物体是一个发射高频微波的电磁振荡装置。先用高频波照射鸭子，然后高频波再由 2 上的这些铜管传送到 5 这个位置，这些铜管是中空的，连通 1 和 5 这两个房间。高频波起到让能量场和 DNA 产生调谐的目的。在 5 这里则放置一只带有受精卵的母鸡。实验的统计数据如下：一共分为两组：实验组和对照组。实验组鸡蛋共 500 只，480 只成功孵化，其中 80% 具有扁平的鸭头，90% 的眼睛位置发生变化，25% 脚趾间出现蹼；对照组共 600 只鸡蛋，未接受鸭子生物电磁

玉米穗上结有籽粒，有玉米，有小麦。

波场导，孵出了 510 只鸡雏，完全没有鸭子的上述特征。实验组的鸡雏长大之后，体重超过对照组的 50%，而且更为重要的是所获得的实验特征一代一代地传了下去。上面中图就是试验后受精卵孵化出来的鸡鸭混合体。

这就是实验过程：把 DNA 提取出来然后再融入其他物种，最后得到一个鸡鸭混合体。

实验对象为植物时，实验结果也一样。1978—1993 年，在从事植物场导实验时，姜堪政发现了小麦的生物微波作用促使玉米分蘖生长，而且在雄性花絮结特殊的穗，穗上结有籽粒，有玉米，有小麦，并且增产，所获变异传给下一代。观察十代仍如此。

姜堪政的动物、植物场导实验，无可辩驳地说明了遗传信息可以通过电磁场远距离传递。

下面再来谈谈 DNA 的转化。先拿一个青蛙的卵，再拿一个蝾螈的卵，然后用一道激光束去照射，不是要烧死它们，而是用来提取蝾螈卵里面的 DNA 信息。先用激光照射蝾螈卵，使波束通过卵，然后再把波束照射在青蛙卵上。

青蛙卵会发生什么变化？结果是一个完美的变异，青蛙的遗传物质完全被蝾螈所替代，而且这种变异就发生在一代当中。一只来自青蛙的卵可以被转化为另

外一个物种，根本不需要长时间的演变，一刹那就实现了。

这些卵长大后是健康成年的蝾螈，具有彼此交配繁衍后代的能力，不会出现遗传上的毛病，不会出现克隆所带来的并发症，或其他克隆难题。例如，多利羊在长大后会出现足坏死。

这是一项改变遗传基因的重大发现，更是对传统遗传学的重大挑战。这就是进化的方式吗？人类是否也在以这种方式进化？

银河生物源场

化石记录显示了一个2600万年的进化周期，为什么这么有规律呢？恰好2600万年？

诺普（D. M. Raup）和塞普科斯基（J.J.Sepkoski）发现了另一个进化周期，长达6200万年。下图这些区域代表了什么？答案是银河生物源场。

现在大多数科学家都赞同红移理论（多普勒效应）。红移就是指天体的光或者其他电磁辐射，随着距离的变化其光谱向红光光谱方向移动。例如，环绕在我们太阳系周围的星级介质和星云在不断远离银河系中心，星系物质在不断地向外膨胀（从而造成了红移）。蒂夫特（Tifft）和他的同事以及其他人对成百上千个星系进行了研究，结果发现每一个星系都具有类似结构。典型的红移现象是，一个超高频波会随着距离的变大而波长变长，其频率也会发生有规律的变化。

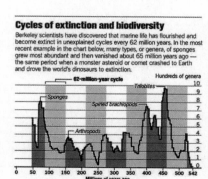

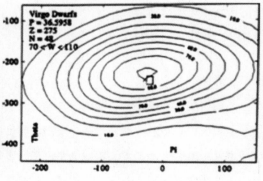

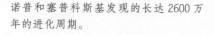

诺普和塞普科斯基发现的长达2600万年的进化周期。

红移现象。

几乎所有的星系都具有这样的红移现象。为什么会有红移？我们可以从罗西纳·拉勒芒（Rosine Lallement）博士那里知道这一点。他发现，银河系每隔一段时间就会释放出能量，重组地球上所有生命的DNA。

如果化石记录的进化周期是6200万年，又或是2600万年，银河系内又存在这些条纹状、不同频率的高频能力带；如果罗西纳·拉勒芒博士证明了星云不断从银河中心向外膨胀，那么，你不觉得是银河能量场引起了星体、生物的变化吗？

它造成了太阳日光层缩小了25%，太阳系各个行星受到能量场粒子冲击后，温度、亮度和磁场都有不同程度的提高（星际气候的变化详见前面第六章）。而且这种能量波携带了DNA信息，可以把这个星球上的所有物种进化到下一个阶段。这个进化周期就是6200万年。而上一次进化的时间是6500万年以前。这可能是由于太阳辐射的不稳定性造成的。总之，我们这个周期已经快走完了。

人类的基因在进化

人类已经在进化。这是基于星际气候变化的，基于科学理论基础的。

我们可以通过科学证明我们的基因正在进化。约翰·霍克斯（John Hawks）是威廉康辛大学的人类学家，他一直在研究人类的进化，也就是正向选择。他发现，过去5000年来，人类的DNA更新速度增加了100倍。事实上，在过去4万年以来，人类的进化速度在不断变快，我们的基因与5000年前的人相比已经不大相同。那时是公元前3000年左右，大约就是苏美尔人时期，正是古印度文明崛起的时候。也许建造金字塔的古埃及人和我们没什么不同，但如果对比一下古埃及人和尼安德特人，就会发现尼安德特人的前额特别宽大，不像我们现代人的前额。再对比一下古埃及人、尼安德特人和我们现代人，古埃及人明显更接近于尼安德特人。我们之所以察觉不出来，是因为周围的人都跟我们一样。但基因进化的证据就在这里：我们在过去的5000年里已经改变了很多。约翰·霍克斯称之为增压进化，有些国家的主流媒体已经证明了这一点，表明我们正处于进化的快车道，进化速度比5000年前提高了100倍。

还值得一提的是我们的平均 IQ。它在以每 10 年 3 点的速度递增（弗林效应），这是弗林研究了 20 个不同国家后得出的结论，而且这种情况已经持续了一个世纪。

我们的 IQ 提升主要集中在抽象和非语言模式方面，意味着这种提升与读多点书多看点报，以及上网冲浪都没有关系。它是实实在在的智力提升。

由此而言，我们要不断提升自我，因为它意味着一个文化的复兴。

STEPHEN
HAWKING

Chapter 8

人类的诞生和现状

　　我们来自何处，我们将要到哪里去？这个问题困扰
了人类数千年。人类学家、考古学家、历史学家、生物
学家等都曾对人类起源做过各种角度的研究，然而，迄
今仍没有最令人信服的说法。

我们来自何处，我们将要到哪里去？这个问题困扰了人类数千年。无论是人类学家、考古学家、历史学家、生物学家、化学家，还是哲学家、宗教家，都曾对人类起源做过各种角度的研究，然而，迄今仍没有最令人信服的说法。

初民对自身的认识离不开神话。关于人类起源的神话传说，各民族都相当丰富，其中有些说法颇为相似。归纳各种神话，人类的起源可以分为五种：埃及人的"呼唤而出"；北美印第安人和纽西兰毛利人的"原本存在"；日耳曼神话的"植物变的"；澳洲神话、美洲神话、希腊神话的"动物变的"；东方文化和西方《圣经》中的"泥土造的"，如女娲抟土造人，《圣经》中上帝捏泥造人，等等。这些神话是不是初民对遥远事实的真切回忆？

自从达尔文创立生物进化论后，多数人相信人类是生物进化的产物，现代人和现代猿有着共同的先祖。然而伴随着生物工程的发展，达尔文的很多学说在生物分子领域不再适用。而在自然界，自然选择却仍然在发挥作用。这种在微观领域不适用，在宏观领域畅通流行的理论奇怪地保持着金科玉律的地位。

质疑的声音不容忽略，随之而来的争论似乎自这个理论诞生之日起就一直存在。在达尔文诞辰 200 周年之际，一项最新的盖洛普民意调查显示，在 10 个美国人之中，只有 4 人相信进化论。这背后，是各种其他假说，智能设计论是其中之一。分子世界不可简化的复杂性在组成整体的人类活动中再次上演：为何人类在学会走路的同时学会了制造简单的工具，仅仅是因为生存的需要发展而来的吗？人类的农牧业文明突然出现，难道是因为一开始文明所需有的东西都准备好了？……进化论，智能设计，谁是谁非？抑或其他的理论揭示了人类诞生的真相？或者关于人类的起源，所有的假说都只是略知一二？

我们来自哪里，我们将要到哪里去？对这一系列的疑问，人类一直在努力寻找正确的回答。

1. 无尽的开端

人类的产生，文明的起源，这个绿意盎然的星球似乎因人类的出现而开始了另一段生命旅程。茫茫宇宙好似点燃了一缕微弱星光，引领着这个世界和宇宙迈向新的进程。

作为新进程标志的人类是何时起源的？伴随着探索者的足迹，我们溯回到那无尽的开端……

进化论中的人类起源

1859 年，达尔文在《物种起源》一书中提出人类起源于古猿的理论。经过学术界、宗教界一番激烈的大动荡、大争论之后，"物竞天择，适者生存"这一理念渐渐被科学界所接受。在达尔文学说的基础上，古生物学家通过对古生物化石的研究，形成了现代人类起源说。

这一学说的拥护者认为，人类的前身是 3000 多万年前存在的古猿，经过数百万年的漫长岁月，在万物更迭交替变化中逐渐进化出人类来。后来这些拥护者在新兴学科，如胚胎学、比较解剖学、现代生物学及生物化学中寻找到各类证据。根据这些证据，人们推测地球生物进化的总模式是：无脊椎动物——脊椎动物——哺乳动物——灵长类动物——猿猴类动物——人类。

根据化石发现，现代科学家一般将人类脱离古猿后的发展历史分为三个阶段：

第一阶段是猿人阶段，大约开始于距今 200 万—300 万年以前，这时的猿人会制作一些粗糙的石器，脑容量大约在 630—700 毫升，会狩猎。一般认为，这一阶段在大约 30 万年前结束。

第二阶段是古人阶段，或称早期智人阶段。其特征是脑容量进一步增大，已经达到现代人的水平，脑结构比猿人复杂，打制的石器也更为规整。在世界的不同地方，古人的体质也开始了分化，出现明显差异。他们大约生活于 5 万～ 20 万年前。

第三阶段为新人阶段，又称晚期智人阶段。大约开始于 5 万年以前，在体态上与现代人几乎没有什么区别，打制的石器相当精致，在使用上已有分工，骨器和角器也出现了。此后，人类便进入现代人的发展阶段。

生命出现的谜题

难道我们真的就仅仅是裸猿吗？猴子真的是与我们有着相同根源的不同进化分支上的兄弟吗？而树鼩（Tree Shrew）则是还没有甩掉尾巴直立行走的人类吗？

现代科学家开始向这些简单的理论提出疑问。用血浆蛋白分子差异程度的定量测定发现，人与现在的大猿、黑猿最为接近。大约在 4000 万年以前，人类开始从大猿、黑猿中分离出来。奇怪的是，经过 4000 万年漫长的岁月，大猿和黑猿几乎没有什么明显的变化，仍然属于灵长类哺乳动物。照目前的进化程度看来，似乎再经过 4000 万年它们还是难以进化成智人和现代人。为什么只有人类进化成现在的样子？

人类的进化是地球动物进化中的奇迹。直立人中的原始人（Hominid）的确是进化而来，但智人本身则是一个突然的产物。在 30 万年前，他们无法解释地出现了，仿佛一开始就在那儿，比进化理论上的时间早了上百万年，学者们给不出任何解释。

狄奥多西·杜布赞斯基（Theodosius Dobzhansky）教授是研究人类生命起源的专家。他指出了发生在智人身上的奇怪现象：他们完全缺乏我们已知的直立人身上的一些特征，但又额外拥有一些此前物种完全没有出现过的新特征。他得出这样的结论："现代人有许多近亲和支系，但没有先祖。智人的起源因此成了一个难题。"

在著作《进化中的人类》（*Mankind Evolving*）一书中，他还对人类进化期出现的时间极为困惑：它出现在地球进入冰河时代之际，就进化进程来说，这是生命衍化最为不利的时期。

第三个谜题是人类的智慧问题。人类被证明是源自于地球的灵长类动物，但是却在 10 万—20 万年前开始智力上的大爆发。在欧洲，人们发现 10 万年前原始人类的头骨有着 1300 毫升的脑容量，而现代人类的平均脑容量却仅仅只有 1200—1300 毫升。这不是简单进化能够达到的，绝对是一种飞跃式的进化，而令人不解的是有着如此高的智慧种族却被灭绝了。

人类进化的缺环：智人的突然出现

那么，现代人的祖先是如何突然出现在大约 30 万年前，而不是在经过 200 万年或 300 万年的漫长进化发展之后？尽管从猿到人的进化中有许多诸如考古等方面的证据，但仔细分析起来，其中仍不难发现诸多问题，如猿人和古人之间的过渡类型是什么？古人是如何向新人飞跃的？是什么力量促使他们变化的？为什么缺少中间类型的化石？

猿（Ape），进化论中的人类祖先，新的科学证据已经证实，其出现于令人难以置信的 2500 万年之前。在东非的考察发现，它们在最早大约 1400 万年前就开始向类人猿（Hominids）转变。自那时起大约 1100 万年之后，第一个有资格被称作人的类人猿才真正出现。

南方古猿的工具。　尼安德特人的工具。

200 万年前，最早的类人猿——高级南方古猿（Advanced Australopithecus）开始在非洲活动。而后，第一批猿人——直立人（Homo-erectus）的产生耗掉了近百万年的岁月。大约 90 万年前，第一批原始人类（Primitive Man），尼安德特人登场了。他们得名于最早被发现的德国尼安德特河谷（Neanderthal）。

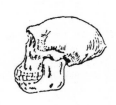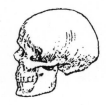

颅骨对比图。
左方是尼安德特人（直立人）的颅骨。
右方是克罗马隆人（现代人）的颅骨。

尼安德特人和南方古猿之间有着超过 200 万年的时间，即便如此，他们所使用的工具，锋利的锐石，依然非常类似。从外貌上看，他们也几乎没有什么差别。

接着，难以理解的事情突然发生。从进化的角度看，约 3.5 万年前，新种族——克罗马隆人（Cro-Magnon man，发现于法国西南部一个同名石窟中），我们所谓的智人或有思想的人，无中生有地出现了，好像魔法般神奇。随之而来的是尼安德特人从地球表面的突然消失。克罗马隆人不是猿人，与被他取代的物种有着天壤之别。他非常像现代人，事实上，把他适当打扮起来，放在全球任何城市里，都不会引人注意。

在尼安德特人的进化过程中肯定存有一次飞跃。对比猿人（直立人）的颅骨化石和它的后继者智人或现代人的颅骨，我们就会意识到：变化如此之大，非得耗掉几百万年的进化时间。而考古证据显示，他们却是自 3.5 万年前突然出现的。传统进化论认为，这两者属于同一物种，哪怕其中一个是不折不扣的猿人。我们能够接受吗？

这令人难以置信：现代人的出现比直立人晚 70 万年，同时又比尼安德特人早 20 万年。事实显示，智人如此极端地背离了本应缓慢之极的进化过程，同时还拥有了许多类似我们现代人类才有的功能，比如语言的能力。而如我们所知，之前的灵长类动物至今还没有这一功能。

事实已经表明，人类进化并不存在从猿人——直立人到智人——现代人的渐变中间期。人属人科是进化的产物，智人却是突变的结果。人类在进化链中所处的位置这个问题一直困惑着学术界。进化论可以解释生命在地球发展的普遍现象，从一个最简单的单细胞生物一直到人，但是进化论不能解释智人的出现：他们本需要上百万年的进化时间，但事实上只用了这段时间中短短的一瞬；此外，没有任何证据可以证明，在他们之前有一个过渡阶段。

这 100 年来，人类学家和其他科学家一直企图找到所谓的缺环（Missing Link），以便填平猿人和现代人之间的鸿沟。这个缺环却一直没有找到，那么，它到哪儿去了？还是本来就不需要去寻找——因为根本无法找到？

农作物和牧畜：近东的人类首先成为农牧民

在几百万年前的那段日子，人类还是自然之子。收集野外的果实、猎捕野兽、捉鸟捕鱼是他们赖以生存的活动。故事似乎按照进化论者和人类学学者的希望发展。当远古人类有了吃不完而余下的动物时，便圈养起来，逐渐发展成牧业；在他们偶然发现植物的生长规律时，学会把种子收集起来，在适当的时候播种，农业由此慢慢完善。

然而事情貌似并没有如此进展：就在人类的定居点变得越来越狭小，就在他们放弃了很多住处，就在他们使用的材料及其创造的艺术品都快消失了——恰恰这时，突然地，没有任何原因也没有任何先例——人类成为了农民。

奇怪的是，来自各方面的证据显示，农业似乎始于近东。美国的考古学家罗伯特·J.布雷德伍德（Robert J.Braidwood）和史前史科学家 B. 豪（B. Howe）以农业的突然出现为课题，总结了许多著名专家在这一方面的研究成果。他们指出，遗传学可以证明，农业毫无疑问地开始于近东，即智人带着他们的原始文明出现的地方。

一如开始时的假设，人类经历了一个渐进的过程：学会如何驯化、栽种并耕作野生植物。但这一事实仍然困惑着学者们：大量的、能满足人类生存的基本的植物和谷类不断走出近东。它们包括粟、黑麦和斯佩尔特（Spelt）小麦，可以提供纤维和食用油的亚麻，以及能够结果的灌木和树。奇迹般地，这些有用的物种都快速地被人类继承。每个例子都无比明显地显示：这些在近东被驯化的植物，比它们到达欧洲要早了千年以上。近东就像是某种植物基因实验室，在某个看不见的手的指挥下，很有效率地生产出各种刚被驯化的植物。

同样的事情很快在牧业中上演。就如《圣经》告诉我们，人类在成为农民之后，很快就成为了牧羊人。

F.E. 佐伊纳（F.E.Zeuner）分析过大量动物驯化理论，写作了《动物驯养》（*Domestication of Animals*）一书。该书认为，人类不可能"在社会组织还未到达一定规模的前提下，就把动物们关起来或者驯化"。固定的社会组织是驯化动物的先决条件，也是农业发展的转折点。

大约公元前 9500 年左右，狗最先被驯化。在伊朗、伊拉克和以色列，人们发现了第一只狗的残骸。羊也在几乎是同一时间里被驯化。在沙尼达尔洞穴中，人们找到了公元前 9000 年的羊只残骸。这些也显示出有大量的羊被变成了食物和皮革。山羊也是奶的提供源，很快也被驯化了。还有猪，以及带角的牛和无角牛，紧接着都被驯化了。这些例子显示，驯化开始于近东。

总的来看，从公元前 11000 年开始这段时期，我们可以称之为驯化时代——中途只有 3600 年——似乎一夜之间就有了无数的开始：人类成为了农民，接着植物和动物都被驯化了。

突如其来的文明

现在，我们知道农牧业文明产生的大概过程了。但问题是，为什么文明会突然产生？没有任何显著的理由显示，我们应该变得比亚马逊河流域的雨林中，或者新几内亚难以接近的区域中，那些原始部落更加文明和开化。这是令现在许多学者郁闷不已的一个证据：从所有的数据来看，人类都不应该拥有文明。

为什么那些原始部落的成员至今都生活在石器时代？是因为他们与世隔绝吗？既然和我们一样都生活在地球上，为什么他们不能像我们想当然认为的那样，通过他们自己学得科学技术知识，发展成我们现在的文明景象，或者说，我们文明发展的前某一个阶段呢？

真正的困惑不是他们的落后，而是我们的先进。现在的研究已经证明，如果是按照正常的进化方式，那么，现在人类具有代表性的典型人种应该是生活在南部非洲，靠狩猎为生的布什曼人（Bushmen，意为丛林人），而不是我们。

既然如此，为什么我们会拥有文明？而且，如第四章所述，地球上的人类文明几乎同时出现、繁荣，发展的历程也似乎一样？

我们可能还没有准备好接受真理。也许现在，我们会因真相而休克。面对事实，我们将遇到从未见过的文化冲击！几千年来，人类的条件反射是否认真相，进而选择遗忘。我们接受了只在意自身永存的祭司和学者所传播的历史解释。尽管如此，真相只是长时间推迟而已。最终，人类将会了解生命的真相。

2. 苏美尔造人传说

智人突然出现，农牧业突然形成，文明在地球各个角落突然萌生，这一连串的突然是巧合还是必然？

无论是人类学、考古学，还是分子生物学、量子力学，都无法解释这个世界的突然加快演化，似乎一只看不见的手悄悄地改变着地球的进程。这一切，我们该如何解释？

幸运的是，关于地球生命最初的起源，包括人类的起源，这个进化论解释不了的东西，苏美尔神话却做了自己独特的回答。

第 12 个天体和纳菲力姆

苏美尔人认为存在一个天国居所，那是纯洁之地，太初的居所。他们称之为尼比鲁，巴比伦人则叫它马杜克。它是众神之王，就像其至高无上的天文意义所指向的，是纳菲力姆的家园——第 12 个天体。

这个天体在地球生命起源中扮演着重要的角色。一些科学家已经指出，生命不是带着它们沉重的化学成分在陆地行星上出现的，这些成分原本存在于星系的外缘区。那么，它们又是如何来到地球的？苏美尔史诗有着这样的记载：一颗承载着生命的行星，第 12 个天体和它的卫星，从星系的边缘而来，撞上了提亚马

《第十二个天体》，撒迦利亚·西琴著，重庆出版社出版。
无可争辩的文献证据：关于地球的起源和人类在天上的祖先。
它提供的不可反驳的证据，强烈地证明了那颗"谜之行星"——
第十二个天体尼比鲁的存在。这本书告诉我们，地球是怎样产生的，尼比鲁上的宇航员为什么要在数个时代之前来到地球，并通过他们的形象造人。在经过了 3600 年的一个轨道运行周期后，尼比鲁即将返回，也许足以再次影响我们的近地点。

特并将其切成两半，其中一半成为地球。在这次撞击中，它生产并放射出自身的能量，它的大气层提供了生命必须的化学物质。可以说，这个天体承载着生命的土壤和空气"种"在了地球上，给予它早期的生命体。自此，地球的生命开始了进化论中所设想的缓慢进化。

苏美尔人一直坚信，第12个天体是一个充满生命气息的绿色星球。他们称它 NAM.TIL.LA.KU，意思是供养生命之神。同样，它还是"耕作术的传授者"，"谷物和草药的创造者，是它让蔬菜发芽……它打开了井，分配大量的水"——"天与地的灌溉者"。

那么，这个星球上有没有居民？的确有，他们就是苏美尔文献中"自天而降的神"——纳菲力姆。他们住在尼比鲁上，周期性地来到地球。地球是他们一个固定的"家之外的家"（Home away from Home）。

周期性回归和地球文明

这些外星高智能生物第一次登陆地球的故事，是一篇蔚为壮观的长篇史诗。正因为有了这次登陆，我们和我们的文明才会存在。

大约45万年前，纳菲力姆第一次到达地球。那时，地球上有大约1/3的大陆被冰原和冰河覆盖。他们选择的定居点气候相对温和，水资源充足，拥有大片平地。如我们现在所知的一样，它们就是尼罗河（The Nile）、印度河（The Indus）和底格里斯—幼发拉底河（The Tigris–Euphrates）流域。最终，这些地方中的每一个都成为了一个古代文明的中心。这似乎也可以回答现代学者无法解释的这一问题：为什么古代近东的山地会成为各种谷物、植物、树木、水果、蔬菜和驯化动物的发源地。

苏美尔人说，农作物的种子是阿努从天国住所带给地球的礼物。小麦、大麦和大麻是从第12个天体下落到地球来的。农业和动物驯化是恩利尔和恩基分别送给人类的礼物。

纳菲力姆根随第12个天体周期性地回到地球，有规律地向人类传授知识。农业，大约在公元前11000年出现；新石器时代，大约公元前7500年开始；文明，大约在公元前3800年突然出现。恰好，它们之间的间隔都是大约3600年。这一周期也是尼比鲁的运行周期。

挖掘黄金

《创世史诗》告诉我们，诸神在他们领袖的带领下有目的地来到地球。这个目的是什么？

撒迦利亚·西琴在《第十二个天体》中提出，这些族类的目的是掠夺以黄金为代表的稀有金属。那么，这真的是纳菲力姆人殖民地球的原因吗？

古老的经书记载了诸神对黄金的需求。苏美尔的神需要金盘来盛放事物，用金杯来盛放酒水，甚至要穿金色着装。而在另一方面，黄金等稀有金属在社会的发展上也非常重要。黄金、白银和铜都是金属元素，它们因各自原子的重量和数量而在多次化学分类中被分到了一类；它们有着相近的结晶学、化学和物理学属性——都具有柔韧性、可锻造性和延展性。在所有已知元素中，它们是最好的热和电的导体。以黄金为例。它最常见的用途是作为货币，或是用在首饰或一些工艺品上，但其在电子工业中的用途是极其宝贵的。一个尖端社会需要黄金作为微电子装配，电路系统，和电脑脑部的重要组件。相关的科学发现也相当有趣。在苏美尔人记录在案的开采黄金的确实地点，考古学家已经发现黄金矿物。据统计，全世界已经开采有18万吨的黄金存量，全球目前大约存有13.74万吨黄金，存在着5万吨的缺口。这些缺口的黄金会不会是被纳菲力姆带到第12个天体上去了？

恩基拿着一把矿工锯

如此看来，纳菲力姆，似乎真的是为了黄金及相关金属而来到地球的。他们寻找黄金、铂、铀和钴等等。而许多对矿业之神恩基的描绘中，都有这样的画面：他从矿井

圆柱图章

中出来，身上放出许多力量强大的射线，来见他的诸神都必须用一个挡板。在这些描绘中，恩基都拿着一把矿工锯。

圆柱图章上的发现也证实了这一点。一枚图章印成的画面显示了诸神在一个貌似是矿井入口或是升降机井的地方。其中还有一个描绘的是恩基在一个地方，吉比尔（Gibil，火神）在地面上，而另外一个神却在地面之下辛苦工作，手脚都杵在地上。

诸神造反

为了采掘稀有金属，阿努纳奇（他们在《圣经》中被称为纳菲力姆，在苏美尔文献中被称为阿努纳奇）变成了工人。巴比伦的《创世史诗》说，马杜克派了600名阿努纳奇来地球工作。

古代文献将阿努纳奇描述为参与地球殖民行动的诸神中地位最低的神——负责执行工作。一部讲述位于尼普尔的恩利尔中心建设的苏美尔文献这样说道："阿努纳奇，天地之神，工作着。斧头和提篮，为这些城市奠定基础的工具，他们都拿在手中。"

在诸神建立起自己的第一个据点后不久，这几百个阿努纳奇就被给予了一个意外且极为艰苦的工作：下到非洲土壤的极深处去采得他们所需要的矿物。他们在黑暗中工作，常年得不到休息。伊师塔去下层世界的时候，也描述了那些艰苦工作的阿努纳奇的处境：吃着混着泥土的食物，喝着带有灰尘的水。

有很长一段时间——确切地说，有40个"时期"——阿努纳奇"承担这辛苦的工作"；接着他们就咆哮了起来：不要！

于是，在恩利尔对矿区探访的时候，一次兵变悄然酝酿着。阿努纳奇，"他们将火焰放入他们的工具内；他们将火焰放入他们的斧头内……来到英雄恩利尔的门前"。这些紧张的场面和气氛被古代的诗文刻画得栩栩如生："这是在夜晚，只能看见一半的路。他的房子被包围了……战斗就要在恩利尔的门前发生了。"恩利尔知道后第一反应，便是是要拿起武器来镇压这些起义者。然而他的顾问努斯库提出了一个计策，叫来了阿努和恩基。

阿努提议要做一个调查。阿努纳奇控诉道："过度劳累会杀死我们，我们的工作是繁重、苦痛的。"听到这些，从天国下来的阿努站在阿努纳奇的一边："我们为何如此责难他们？他们的工作太过繁重，他们很是悲苦！每一天，我能听到他们沉重的叹息和哀怨。"

恩基最后提出一个解决办法：创造努努（Lulu），一种"原始人工人"（Primitive Worker）来接替阿努纳奇的工作。这一提议马上就被同意了。他们说："他的名字可以叫作 Man（人类）"。

事情渐渐明晰起来，纳菲力姆，来到地球建立了他们的殖民地，并创造出属于自己的奴隶。这是他们在地球辛苦工作 40SHAR'S [1]，也就是 14.4 万地球年后创造的原始人工人。这样算起来，如果他们是在大约 45 万年之前第一次登陆地球的话，那人类的创造则是在大约 30 万年前的时候发生的！

就这样，一次神的兵变导致了人类的创造。

母亲女神和恩基造人

苏美尔文献可以拼凑出造人的完整故事。史诗《当诸神如人一般，承担这工作之时》记叙了故事的开始：诸神接着叫来了母亲女神宁呼尔萨格，并让她来执行这个工作，"让她制作一个 Lulu Amelu，让他们承担这苦难"。

《母亲女神造人》（*Creation of Man by the Mother Goddess*）是一个与之对应的古巴比伦文献。这两部文献互相补充，一个完整而细节充实的故事呈现在我们面前。

母亲女神宁悌（Ninti），"给予生命的女士"，答应了这项工作。她说出一些必需品，包括一些化学物质，如用来净化（purification）的"阿普苏[2]的沥青"，和"阿普苏的泥土"。恩基很理解并答应了这些需求，他说：

> 我将准备一个净化（purifying，有提纯之意）缸，
> 让一位神的血流出……

---

〔1〕SHAR，意思是最高统治者；完美之圆、完整的圆；代表着数字 3600。此处指数字。一 SHAR 等于 3600 地球年。

〔2〕阿普苏，apsu，阿卡德语，地名。恩基管理此地，并建成了伟大的圣地。

在他的血肉中，

让宁悌混合这泥土。

亚述图章对造人过程的描绘之一。

亚述图章对造人过程的描绘之二。

亚述图章上的描绘可以很好地成为这些文献的插图版本——它们显示了母亲女神（她的标志是脐带剪）和恩基（他的最初的标志是月牙）是如何准备混合物，诵读咒语，鼓励对方继续的。

要从泥土混合物中塑造出一个人，需要一些女性的帮助，她应具有怀孕的能力。恩基让他自己的妻子承担这个任务："宁基（Ninki），我的女神伴侣，将是分娩的那一位。"混合了"血液"和"泥土"之后，怀孕阶段将完成，神的形象"复印"到了这个新生物上。

之后，宁基生下了第一个成功的实验品，恩基称之为"阿达帕"(Adapa)。宁悌（他的姐妹）祝福了这位新生物。一些图章中显示了这成功的一幕：一位女神，由生命之树和实验室瓶子包围，举着一个新出生的生命。

第一个人类就这样诞生了，它在美索不达米亚文献中被反复地提到："模范人类"或是"模子"（Mold）。诸神为之发出了成功的喧闹。

阿达帕被证明是个正确的生物之后，他被用作复制新生物的基因模型或是所谓的模子，这些新的复制品不仅仅只有男性的，还包括女性的。

美索不达米亚文献向我们提供了阿达帕的第一个复制品的见证人报告。恩基的指令随后就到了。在希姆提之屋——"吹进"生命呼吸的地方——恩基，母亲女神，和十四位生育女神在集会。一位神的"精华"已经得到了，"净化缸"也准备好了。"恩基洗净了在她那里的泥土；他一直诵读着咒语。"

人类大批量生产的过程开始了。有 14 位生育女神出席：

> 宁悌将泥土做成十四份；
>
> 她放七个在右边，放七个在左边。
>
> 在它们中间她放了铸模……
>
> 她将头发……
>
> 脐带剪。

母亲女神在她们的子宫里放入"混好的泥土"。其中带有少量的外科手术程序——头发的脱落或是削刮，和手术器具的准备，如一把剪子。然后就是等待人类的出生。第十个月到来了。"打开子宫的时期已经过了。"母亲女神"做了接生婆"。"她打开了子宫。"母亲女神非常高兴，她喊着："我造出来了！我的双手造了它！"

阿努纳奇极为兴奋地接收了她的布告。"他们跑到一起亲吻她的脚"。从那时开始，就由原始人工人——人类——"承受这些苦难"。

奇怪的泥土和神的血

在所有古代图画中，人和神的外形描绘得极其一致。但这产生了一个很大的疑问。一个新生物，无论是肉体上、精神上还是情感上，怎么可能真正成为纳菲力姆的完美复制品？人类到底是怎么被创造出来的？

前面提到，母亲女神用地球"泥土"与"圣血"混合创造出了人的雏形。如果这种带有神的元素的泥土真的是和地球元素混合——一如所有文献都坚持认为的那样——那么唯一可能的解释就是，神的精子，他的基因原料，被放入了母猿的卵子中！

整个造人的故事充满了苏美尔人式的文字游戏。这种泥土，其实可以说是"塑形泥土"的阿卡德词汇是 tit。这个词最初的拼写方法是 TI.IT，意为"它带着生命"。在希伯来文中，tit 意思是泥浆（mud），但它的同义词却是 bos，与 bisa（意为沼泽、湿地）和 besa（意为卵、蛋）同出一源。那么，结合前面的疑问，为什么不可将 bos-bisa-besa（泥土—泥浆—卵）作为另一个文字游戏而解释为女性的卵子呢？

这意味着雌性直立人的卵子，被一位男神的精子授精了。接着这颗受精卵被放入了恩基妻子的子宫内；在得到这个模子之后，母亲女神对其进行了复制，各生育女神受孕，继续进行这项工作。

这里，就是对这个疑惑的解答：纳菲力姆不是从空无中造人的，他们选择了一种已存在的生物并改造了它，"将神的形象捆绑到他的身上"。这个生物，就是猿人。在史诗中，不乏出现猿人的描绘。由此，等不及猿人的缓慢进化，诸神通过基因工程改造出最初的人类——努努。

有意思的是，所有的苏美尔文献都坚称，诸神造人是为了让人为他们做活。Man 这个苏美尔语和阿卡德语中的特殊词汇，预示了他的身份和作用：他是一个努努（原始人），一个 lulu amelu（原始人工人），一个 awihim（劳动者）。在经书中，有个词通常被翻译为礼拜（worship），实际上是 avod，意思是干活（work）。古代人和《圣经》中的人从不为他的神做礼拜；他只为他工作。

综上所述，我们可以推出这一结论：人是进化的产物，而智人，近代人，则是诸神的产物。在大约 30 万年前，纳菲力姆将自己的形象和特征安插在了直立人的身上。由此看来，进化论与近东的造人故事并不是完全矛盾的。反而，它们互相充实了对方。因为如果没有纳菲力姆的创造，近代人的出现就还要再等个数百万年。

3. 蓝色的血，真实的血

为什么我们的血液里含有铜元素？这种元素在猿类血液中并未存在，却在爬行动物的血液中流通。难道，我们是同源？

蓝色的血是真实的血液。这一部分将向你讲述一个发生在地球遥远过去的故事。这个故事事关我们的起源，事关我们的先祖到底是何方神圣。

蜥蜴人和天琴星人

我们的先祖起源于爬虫族类？这种说法估计你已经听过多次。爬虫族，又称蜥蜴人，其故事不胜枚举，在此，我们要谈的是蜥蜴人和天琴星人的恩怨。《蓝血·真实的血液》（*Blue Blood, True Blood*）一书详细描绘了整个事情的来龙去脉。

蜥蜴人是从星光层上创造出来的透明族类。在很久以前，他们被一些未知的其他 ET 带到天龙座（Dracostar System），也因此被称为天龙座族（Draco）。尽管如此，没人知道这些蜥蜴人的真实来源：谁创造了它们，目的何在？

这些透明的族类需要物理层面上的基因结构。一开始，他们从天琴星人（Lyraen）那里获取基因。天琴星人基因良好，族人发色金黄或者深红，有着蓝色或者绿色的眼睛。综合了他们的基因，透明族类渐渐显化出蜥蜴的形态。接下来，他们需要一个物态的家园、据点来展开他们的任务。这些显化的蜥蜴被带到各种不同的现实世界，在那里他们可以成为支配者族类。

天琴星人当时并没有什么防御体系，他们成了蜥蜴族最便宜的目标。这些幸存下来的人逃到了猎户座（Orion），鲸鱼座 T 星（Tau Ceti），昴宿星团（Pleiades），小犬座 α 星（即南河三 Procyon），天蝎座的主星心宿二（Antares），半人马座 α 星，巴纳德星（Barnard Star），大角星（Arcturus，牧夫座 α），以及其他几十颗恒星，其中一颗就是太阳（Sun）。逃到太阳系的天琴人殖民了一颗叫作火星（Mars）的行星，以及一颗叫做马尔戴克（Maldek）的行星。

逃亡的天琴人后裔经过数代后重新发展出他们的新文明，但他们的基因朝着完全不一样的方向显化，因为在不同的星球上，他们延续出不同的集体意识簇。

蜥蜴的议程和银河联盟

蜥蜴的议程过去是、现在仍然是，找到所有当初的逃亡者，然后消灭或者同化——用他们的血和体内的生物酶、激素来作为蜥蜴的一种营养来源。

剩下来的各个星球上的天琴人组建了银河联盟（The Galactic Federation，简写为 GF）来应对蜥蜴的侵犯。联盟包括了 110 多个不同的移民星球，这些加入了联盟的殖民地希望抛弃过去的准则，以一种新的身份和方式来运作共同的议程，联合起来反抗蜥蜴。

但这些移民星球中有三个主要的派系并不愿意加入联盟，这些人被认为是极端主义和民族主义的理想主义者，想要重铸天琴文明过去的荣耀。其中一个派系叫亚特兰斯（Atlans），位于昴宿星团的一个行星上——整个昴宿文明由 32 个各自环绕 7 个主要恒星的行星组成，其中 16 个殖民地属于天琴人的后裔。另两只派系是火星人和马尔戴克人（Maldekian），他们本来就已经陷入互相的冲突中。

相较于天琴星人的准备，蜥蜴们也有自己的安排。它们把一个巨大的空心物体推动到地球的轨道上，开始殖民进程。这个空心物体就是现在的月球（关于这一部分，详见《谁建造了月球？》[Who Built the Moon] 一书）。它们在地球上选了一块很大的陆地作为移民的开始，我们现在叫它利莫利亚（Lemuria）文明或者姆大陆（Mu）文明。这是片相当广阔的大陆，位于如今的太平洋盆地，中心位置在现在的夏威夷群岛附近。在这里，蜥蜴们发展出基于雌雄同体的社会结构的文明。他们还创建了动植物，包括恐龙。

马尔戴克人由于它们的行星面临被撞毁的危机，请求移居部分居民到火星上。尽管他们之间有冲突，火星人还是同意了他们的移居计划。现在，火星人和马尔戴克人一起住在火星内部。火星人需要采取一些措施，以防止不愉快的失控局面。因此，火星人向银河联盟申请转移这些马尔戴克人到其他星球。这个时候昴宿星议会也在向联盟申请，把那些自私的亚特兰斯驱逐出昴宿星团。

联盟随后讨论出一个平衡这个局面的方案：将亚特兰斯迁移到地球上！这可

《谁建造了月球？》，克里斯托弗·奈特（Christopher Knight）、阿兰·巴特勒（Alan Butler）著，光明日报出版社出版。

对月球主要参数进行数据运算，研究人员得到的始终都是完美的整数，关于月球的种种恰到好处的数学关系是巧合或偶然吗？月球自转的速度正好是地球自转速度的 1%；月球的大小正好是太阳的 1/400%，月球到地球的距离，又正好是太阳到地球距离的 1/400%。月球上几乎没有重金属，也不存在月核。

惊人的科学证据，令人读后而望月失眠！月球会不会是人造的？如果是，那么——会是谁、在何时、以及为什么建造了它？！如果没有月球……就不会有人类。现在的专家都同意这个观点：正因为有了这颗绕地球旋转的卫星，地球上才能进化出高等生物！难道月球真的是因为机缘巧合，由两颗行星像做撞柱游戏似的随意碰撞而成的？还是因为一幅显而易见的蓝图应运而生的？如果是后者，谁是建筑师呢？结论令人震惊。

以满足昴宿星人的要求，而且如果亚特兰斯很好地生存下来，那么马尔戴克人也可以被迁往地球。这样一来，这些类人族以及天琴人的后裔把他们内部的一些不被他们喜欢的派系都推给了地球上的蜥蜥殖民地。联盟用这个办法甩掉了一个包袱，这个包袱将吸引蜥蜥的注意力。这样，联盟可以争取到宝贵的时间来发展他们的军事力量，以对抗蜥蜥们。

星球大战和造人计划

亚特兰斯到达地球后在另一块土地上发展出新的文明，亚特兰蒂斯（Atlantis）文明。这块大陆位于现在的大西洋，从加勒比海湾盆地一直延伸到印度洋北部的亚速尔（Azores）和西班牙的加纳利（Canar）群岛，其西北边抵到如今美国东海岸附近的蒙淘克（Montauk）。在此过程中，马尔戴克人也启动了移民地球的进程，他们建造了自己的殖民地，位于现今中国的戈壁大沙漠、北印度、苏美尔地区及亚洲其他地方。

移居在地球上的亚特兰斯、马尔戴克人和蜥蜴发生了战争，因为后者的存在威胁了前两者的生存。三方的大战扰得地球不得安宁。这场大战很可能是这个行星上真正的第一次全球战争。

地球需要有能容纳各方殖民计划的最起码的和平。为了防止战事带来的破坏继续加重，一个来自仙女星系（Andromeda Galaxy，离银河最近的星系）阿托娜（Hatona）行星的议会组织了一场会议。之所以由银河以外的一个中立议会来主持，是为了防止不公平的事情发生。

这场争论在太阳系里进行了很久，在最终的努力下，冲突中的几支类人派系和蜥蜥殖民地达成了一个协议。要注意的是，这只是地球上的蜥蜥参与了此协议，和遥远的天龙帝国里的蜥蜥族类无关。

协议约定——一种新的类人族将在地球上被创建，所有对此计划有兴趣并且愿意开启这项新的和平进程的种族，将用各自的DNA来共同创造这种新的人类，地球要为这个新种族划立出专门的区域。蜥蜥同意了此协议，前提是这个新族类必须以蜥蜥的身体作为DNA构建的基础。

这是为什么《圣经》上说，"让我们以自己的形象来造人"（Let us make man

in our own image）。这其中的复数形式暗示，它是一个集体的决定。

造人大比拼和衍生出的阴谋

如前面所说，蜥蜴人类两性同体。以蜥蜴的身体为基础，DNA 大战拉开了帷幕。这是为什么这个星球上所有人类都含有蜥蜴的 DNA 以及蜥蜴的一些特征，这也是为什么人类的胎儿在发育成人类形态以前，会先经历具有爬行族类特征的阶段。

数千年里很多的基因原型被试验和发展。在阿托娜议会（Hatona Council）的监护下，一些族类被创建，之后可能因为各个参与的派系并不认同而被毁灭。这是地质考古方面的资料显示一些人类始祖突然出现而又突然消失的原因吗？

12 支类人族，1 支蜥蜥族，这 13 支派系共同捐出了各自的 DNA 来进行这个计划。当时计划进行的地方就是现在的伊朗、伊拉克；还有如今的非洲一些地方。亚特兰蒂斯和利莫利亚大陆同样进行了这个新的杂交造人计划。有些痕迹至今可寻，例如北美的大脚野人（Bigfoot）、喜马拉雅附近的雪人（Yeti）、澳洲的红色土著、刚果的侏儒族类、非洲的瓦图西（Watusi）土著。非洲的新人种是一颗叫尼比鲁的人工行星上的生物创建的，这些生物很像蜥蜥，他们建造了尼比鲁来环绕太阳旅行。苏美尔人把他们叫作阿努纳奇。

《飞蛇与龙》（Flying Serpents and Dragons），雷尼·安德鲁·鲍勒（Rene Andrew Boulay）著，光明日报出版社出版。作者通过科学的研究和分析提出：并非只有中国人才是龙的传人，事实上，我们全人类都是。人类也许并不是进化论的产物，而是来源于谜之行星"尼比鲁"上的爬虫类诸神。那些来自远古的外星爬虫类高智能生物光临地球，建立了美索不达米亚、埃及、印度和中国的文明。本书对众多最重要的历史之谜做出了回答：诸神究竟是何种模样的？谁是所谓的与人类女性结合的"天堂后裔"——纳菲利姆？为什么亚当丧失了他在伊甸园的永生机会？为什么亚当和夏娃在伊甸园里没有穿衣服？造人的真实原因是什么？

但这件事包含一个更大的玩笑：所有参与此计划的族类都偷偷地在自己的DNA组分里编入了一些基因码，使得他们这个族类的基因能在新造出的人类上渐渐掌握支配地位。计划陷入了一种无尽头的纠葛中，人类被注定了这种命运，在反抗控制和被控制之间挣扎。没有哪一个派系能真正处于支配地位，这个计划在它开始之前甚至已注定了会失败。

在这种局势下，DNA编码向着专横和压抑这两种对立的频率两极不断极化。地球就如电影《沙丘》（*Dune*）中的沙丘一样，冲突中的各个银河势力都在地球上布局，大家都把地球当作解决星际争端的一个重要棋子。

蓝血：真实的回忆

亚特兰斯发现蜥蜴能轻易用意识控制人类后，击毁了蜥蜴的大陆利莫利亚。蜥蜴们四下逃窜，大多数幸存于地球内部，进一步发展出其庞大的地下文明。

蜥蜴们并未停止活动，而是更为隐秘地进行着他们的计划，一步步地把自己的基因混入地表人类体内。由于这些人类的基因构型本身已带有一定比例的蜥蜴

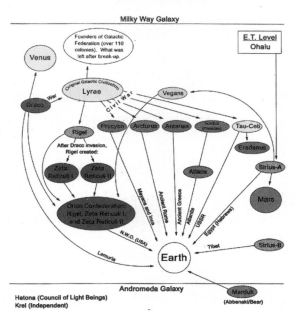

银河文明流程图

基因，所以蜥蜴很容易进入这些人类的意识场。蜥蜴的计划是达到人和蜥蜴之间50/50 的基因比例，以便这些混血品种可以轻易地从蜥蜴变形成人类，然后再变回来。

这些族类的血液带有更多的蜥蜴基因，含有更多的铜元素。爬虫族的血液因含铜量较高而呈蓝色，新爬虫族的血液因铜被氧化而呈现蓝绿色系，因而又被叫作蓝血人（Bluebloods）。蜥蜴通过蓝血家族的血脉网络实现权力的掌控。蓝血慢慢渗透逐渐扩展到各个地区。在欧洲，蓝血家族隐秘而不知不觉地掌控了各种当地部落和社群，成为国王和贵族统治阶层。

虽然蜥蜴是地球的第一批殖民者，但他们并不是唯一干预人类发展进程的族类。一共有 12 个类人族参与了这个计划，再加上爬虫类蜥蜴，因而人类混合了13 种不同的基因形态。

最后，造人计划变成了像是无任何游戏规则，每个参与者都可以自行其事的大混战。地球上的人类虽然都算是最初的天琴人及蜥蜴的后裔，但是各个子派系在文化和基因上都分别被不同的 ET 派系操纵着。事情处于无管制的失控边缘。

鲸鱼座人（Tau Cetian）的注意力放在了东欧地区，影响了斯拉夫和俄罗斯人。毕宿五星的金牛座人操纵了那里的德国部落、维京人（Viking）的基因。大角恒星系在意大利半岛实施着他们的混血计划，来自心宿二（Antares）的族类操纵着古希腊人的基因，如此等等。

几千年来，地球就像一个大熔炉，在国家的演化、殖民地的扩张、战争、饥荒的诸种磨难下，地球人口一代一代地繁衍生息。在 13 支族类的操控下，各个基因链连续不停地分开、重组、混合，相对纯种的人类寥寥无几。而基于同种或者同文化而联合起来的团体却更容易被集体控制。

现在，这种控制仍然存在，只是变得更加隐秘。这种一开始就注定被控制的命运，我们能够改写吗？是不是真如造翼者所说，我们可以在古箭遗址的帮助下实现 DNA 的扬升，进化到另一个次元，从而摆脱这种命运？

4. 揭开 DNA 的秘密

20 世纪的生物学研究发现：人体是由细胞构成的，细胞由细胞膜、细胞质和细胞核等组成。在细胞核中有一种物质叫染色体，它主要由一些叫做脱氧核糖核酸的物质组成。脱氧核糖核酸，又称 DNA（Deoxyribonucleic Acid，缩写为 DNA），是染色体的主要化学成分，同时也是组成基因的材料。有时被称为"遗传微粒"，因为在繁殖过程中，父代把它们自己 DNA 的一部分复制传递到子代中，从而完成性状的传播。DNA 是探索生命奥秘的关键。

DNA 认识史

1869 年，瑞士生物学家弗雷德里希·米歇尔（Friedrich Miescher）最早从废弃绷带里所残留的脓液中分离出 DNA，提出"核素"（Nuclein）这一概念。1919 年，美国生物化学家菲巴斯·利文（Phoebus Aaron Theodore Levene）进一步辨识出组成 DNA 的碱基、糖类以及磷酸核苷酸单元，认为 DNA 可能是许多核苷酸经由磷酸基团的联结，而串联在一起。1937 年，英国物理学家与分子生物学家威廉·阿斯特伯里（William Thomas Astbury FRS）完成了第一张 X 光绕射图，阐明了 DNA 结构的规律性。1953 年，美国细菌学家与遗传学家阿弗雷德·赫希（Alfred Day Hershey）与美国

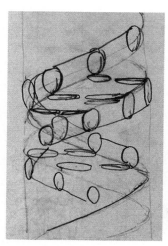

佛朗西斯·克里克所绘，最早的 DNA 双螺旋草图。

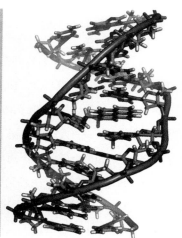

DNA 双螺旋结构模型三维图。

生物学家玛莎·蔡斯（Martha Chase）确认了 DNA 的遗传功能，他们在赫希－蔡斯实验（Hershey-Chase experiment）中发现，DNA 是 T2 噬菌体的遗传物质。同样在 1953 年，卡文迪许实验室的詹姆斯·沃森与佛朗西斯·克里克（Francis Harry Compton Crick），提出了最早的 DNA 结构精确模型，并发表于《自然》期刊。随后，罗莎琳·埃尔西·富兰克林（Rosalind Elsie Franklin）与雷蒙·葛斯林（Raymond Gosling）又提出了 A 型与 B 型 DNA 双螺旋结构之间的差异。1962 年，詹姆斯·沃森、克里克以及莫里斯·威尔金斯（Maurice Wilkins）共同获得了诺贝尔生理学或医学奖。克里克在 1957 年的一场演说中，提出了分子生物学的中心法则，预测了 DNA、RNA 以及蛋白质之间的关系，并阐述了转接子假说（即后来的 tRNA）。1958 年，美国遗传学家与分子生物学家马修·梅瑟生（Matthew Meselson）与美国分子生物学家富兰克林·史达（Franklin Stahl）在梅瑟生—史达实验（Meselson-Stahl experiment）中，确认了 DNA 的复制机制。后来克里克团队的研究显示，遗传密码是由三个碱基以不重复的方式所组成，称为密码子。为了测出所有人类的 DNA 序列，人类基因组计划于 20 世纪 90 年代展开。到了 2001 年，多国合作的国际团队与私人企业塞雷拉基因组公司，分别将人类基因组序列草图发表于《自然》与《科学》两份期刊。

关于 DNA 的两组实验

人类情绪改变 DNA 形状的实验。1992—1995 年，瑞恩 (Glen Rein) 和麦克拉迪 (Rollin McCraty) 的实验证明：人类情绪可改变 DNA 的形状。

1991 年，心数研究所 (Institute of Heart Math) 成立，主要关注情绪与感觉在身体上的发源地——人类的心脏，目的在于探索人类情感对身体的影响力，以及情绪在世间扮演的角色。一个重要的发现是，麦克拉迪博士描述了一个环绕在心脏并向人体外围扩张的电磁能量场，具有环形圆纹曲面，半径约 1.5 米—2.4 米。他们决定测试人类情绪对 DNA 的影响。

1992—1995 年，瑞恩和麦克拉迪开始实验。他们首先将人类 DNA 分离出来，放在玻璃烧杯中然后暴露在一种强烈情绪之中，即协调情绪 (Coherent Emotion)。这种生理状态如此创造出来：运用特殊设计的自我心神及情绪管理技术，刻意

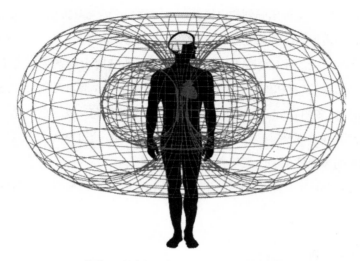

环绕在心脏并向人体外围扩张的电磁能量场。

使心神安静下来，将注意力移转到心脏部位，专注于正面情绪。瑞恩和麦克拉迪进行了一系列测试，最多有 5 位受过协调情绪训练者参与，还运用特殊技术分析 DNA 的化学及视觉变化，侦测任何改变的产生。结果显示：不同的意图能对 DNA 分子创造出不同效果，导致 DNA 扭转或松开，也就是说人类情绪改变了 DNA 的形状。

情绪对远距离 DNA 的影响实验。1993 年，巴克斯特博士 (Cleve Backster) 的实验证明：不论细胞是在同一房间或相隔几百里远，人的情绪都可以对自身 DNA 产生影响，而且这种效应是同步发生。

1993 年，巴克斯特博士，为美国陆军设计了一个实验，看看 DNA 从人体取出后，人的情绪是否还会对其有影响。研究人员首先在受试者的口中采取 DNA 和组织样本，经分离后被送到同一栋楼的另一个房间，放在特殊装置中，通过测量其电流来检测它是否对受试者的情绪有反应。而受试者就在 100 米外的另一个房间。受试者在房间里观看一系列影片，内容包括战争影像、色情片、喜剧等，藉此引发他体内的本能情绪状态。也就是说，实验目的是让受试者在短时间内经历各种真正的情绪。受试者看影片时，研究人员则在另一个房间内测量 DNA 的反应。不可思议的事情发生了！当受试者经历情绪"高潮"及"低潮"，他的

DNA 也在同一瞬间呈现出强烈的电流反应。尽管受试者与其提供的样本相距 100 米远，DNA 却表现出仿佛仍处在与身体实质连接的状态中。

在此初步实验之后，军队停止了拨款，巴克斯特博士则继续探讨更远距的效果。某一回，受试者和细胞甚至相隔 480 公里远。受试者和细胞反应之间的时间差，由科罗拉多州 (Colorado) 一座原子钟负责测量。每一次实验，情绪变化与 DNA 反应的时间差都是零，此效应是同步发生的，即，当 DNA 主人经历情绪经验时，DNA 的表现仿佛仍以某种方式与人体相连。

这两组实验的实验结果都令人瞠目结舌，人类和 DNA 的关系到底是怎么样的？

DNA 和建筑物

DNA 和建筑物能扯上关系？确实，所罗门圣殿、自由神像、巴特农神殿这些本来不相关的标志性建筑物因 DNA 而密切相关。

所罗门圣殿里两根最大的柱子雅斤和波阿斯。   这对柱子高 23 肘，而人类的 DNA 同样有 23 对。

所罗门圣殿里有两根最大的柱子。一根名叫雅斤（Jachin），一根名叫波阿斯（Boaz），雅斤代表神的旨意；波阿斯代表神的力量。它们下面高 18 肘，上面高 5 肘，是一对 23 肘高的柱；而人类的 DNA 同样有 23 对。这是巧合吗？

如果真的是巧合，我们只能感叹，巧合还在继续。这幅圣殿的图加上两根柱，便画出了我们的细胞。细胞核里面的两条 DNA 就是进门的那两根柱。

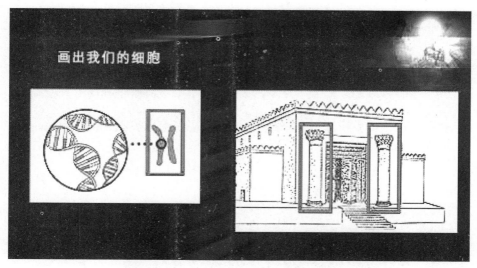

所罗门圣殿图加上两根柱，刚好画出了我们的细胞。

这个 DNA 像什么？一个螺旋型的楼梯，这就是 DNA 的形状。但它约略的形状是大约近五十年才可清楚看见的。而共济会（Freemasons）的标志上也有这个楼梯。甚至自由女神像内也有两条螺旋型的楼梯。

巴特农神殿共有 46 条柱子。这告诉我们，自从有人类历史，其实人类已经知道，我们有 23 对 DNA，共有 46 条。而人类的身体就是神的殿。1897 年，美国在田纳西州纳甚维尔建立了一个 1：1 的复制品。

世界上的医学标帜有两大系统：一种是双蛇缠杖，上头立着双翼作为主题；

共济会标志上螺旋型的楼梯。

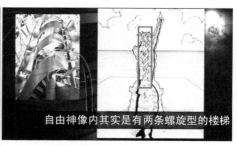

自由女神像内的两条螺旋型楼梯。

巴特农神殿。　　　　　　　　巴特农神殿 1:1 的复制品。

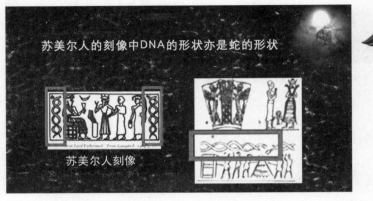

苏美尔人泥版中类似 DNA 的形状。　　　医学标帜的形状。

另一种则是以单蛇缠杖作为主题。双蛇双翼之杖源自于希腊神话中的神使赫尔墨斯（Hermes），罗马神话中的马克里（Mercury）之魔杖。而单蛇之杖则为罗马神话医疗之神亚希彼斯（Asclepiu）之主要表征。总之，蛇杖象征神奇的医术和中立的医德。巧的是，灵性力量活动的这种双螺旋（Double Helix）形态，与人体遗传基因的 DNA 分子结构形态极为相似。而苏美尔人泥版中，同样出现了蛇形的类似 DNA 的东西。难道，苏美尔人一早就洞悉了人体的秘密？

共济会的秘密

这两根柱，就是共济会标志中圆规、曲尺的意思。留意到下面图片中人物的手指吗？是一个圆规的形状。圆规象征天道，曲尺象征地道。为什么伏羲、女娲手中持有的日规、月矩形状与之相似？手持"日月"是主宰宇宙的象征，手持"规矩"则是创造的象征。

这牵扯到一些秘密。共济会会员很早就知道，亦不择手段将这些秘密封闭，就是为了守住这些秘密，他们才创建其社会和一个社团，他们立志把这些秘密成就在这个星球之上。

他们，或者说共济会的创始者是谁？就是放弃这些房角石的这一班石匠。记住，圆规角尺是石匠用来修筑建筑物的。这个建筑物就是"神的殿"。共济会一直立誓要重建的所罗门殿不在耶路撒冷，而是我们的身体。

故事要从撒旦说起。故事说，我们的DNA是神造的，人类是神的作品，是神的圣殿。《创世记》6：1-3说，撒旦在历史上成功地把神创造的人类变种，改

合成了美国权贵神秘组织的共济会的标志，得晓天地玄机。

变了诸神赋予我们的 DNA。而
一旦 DNA 改变了，我们的身体
从神的殿沦落为神所憎厌之物。
而共济会的工作就是将这个被沾
污了的殿重建。所以，他们要重
建的是我们的身体。

　　一如共济会其中一个总部里
一面石碑所写："建立这个殿在人
的心中。"

　　而圆规和角尺这个标志不就
是要告诉我们，他一直利用这东
西来重建人类的 DNA 吗？就像

共济会总部之一，其一面石碑上写着："建立这个
殿在人的心中。"

建一座建筑物一样，他用圆规和角尺修筑人的身体，这个神的建筑物。一如他们
时常说的，要重建圣殿在人的心里。所以他们借着圆规和角尺，借着天使和人的
苟合，再次重建人类的 DNA。

　　灵媒说，我们要作刚强的人，在世可以藉意志、情绪改写 DNA。在恨人时，
有部分 DNA 会自动锁上；当爱人时，有些 DNA 锁开了，有些恩赐也打开了。
所以，我们的情绪、内涵控制着我们的 DNA、恩赐。

98% 的垃圾 DNA？

　　人类基因组工程发现，在构成人体 DNA 的 30 亿个化学单元或碱基对之中，
仅有 3%—5% 是作为编码的有效区域而存在的：一些产生荷尔蒙、骨胶原、血红
蛋白、内腓肽和酶，以及所有其他人体蛋白质的有效物质的基因指令。

　　这就是说，高达 90% 的基因似乎并未对生命起到作用。已故遗传学家大野·干
（Susumu Ohno）于 1972 年用垃圾 DNA 这一术语定义这些 DNA，以此表示基因
组中 95%—98% 不编译任何蛋白质或酶的 DNA。这一表示得到很多生物学家的
赞同。

　　生命为何要如此浪费？除了性细胞，人体每个细胞里都有一整套 DNA，每

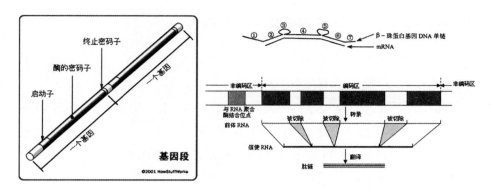

基因段。　　　　　　　　　　　基因的编码区和非编码区。

套 DNA 只有约 2% 的内容有用。在其他哺乳动物体内，比例也大抵如此。有些物种的基因组更加精练、垃圾更少，比如鸡的基因组大小只有人类的 1/3、河豚则为人类的 1/10，但它们的基因数量却与人类差不多。如果这些序列真是垃圾，在数百万年的进化过程中就不可能保存下来。

近年的研究也发现，垃圾 DNA 其实并不垃圾。

这些发现包括：生物越复杂，垃圾 DNA 似乎就越重要，没有编码的"无用" DNA 帮助高等生物进化出了复杂的机体；通过专门检测语言词频的著名数学测试定律——"齐普夫定律"测定，垃圾 DNA 竟完全符合某种神秘的语言标准；很多垃圾 DNA 包含了回文结构，以此维持互补链之间的对称；垃圾 DNA 可以促进细胞分裂；垃圾 DNA 能影响疾病严重程度；垃圾 DNA 还是 DNA 损伤的修复者；非编码 DNA 对发育过程中基因表达的调控起了重要作用；非编码 DNA 对于相邻基因的转录有增强作用；一定的垃圾区域可以充当 DNA 变化的存储库，允许 DNA 变得更加容易混合、突变并重新组合成新的模式，以此推动进化向前发展，等等。

这些就是垃圾 DNA 的作用吗？会不会这些 DNA 还有着其他作用？会不会是像灵媒所说，DNA 被封印了，无法发挥出它们本来的作用？

灵媒眼中的 DNA：12 条 DNA 链和 12 节似水晶体

这里所指的 DNA，与目前科学界所采用的定义并不完全一致，这是灵媒眼中的 DNA，但这并不代表它是不可信的。

目前人类所定义的 DNA 只在肉眼可见的化学结构上，也就是 2 条 DNA 链。但实际上，人类有 12 条，这 12 条 DNA 与创造我们的神，也就是外星种族有着莫大的联系。另外的这 5 对 DNA 链属于磁性与灵性的范畴。这些 DNA 链中涵盖我们整个生命的编码，也就是人体计算机的指令集。这是人类与所有生命都有的一个进入最初源头中心宇宙未知领域的螺旋脐带。

一个生命将会接受怎样的想法，怎样处理进入自我内部的讯息，都编码于它在出生之前所选择启动的那部分 DNA 中。这 6 对 DNA 分工各有不同。第一对 DNA，也就是已经由科学确认的那对 DNA 控制我们的遗传基因模式，决定我们物质身体的健康与否，新陈代谢等。第二对 DNA 管理情感身体，控制我们的遗传情感模式（或遗传个性）和对特定个体情感状况的敏感致病因素。第三对 DNA 管理着精神身体如以太体灵魂、星光体意识等，控制遗传精神模式，也即思维方式偏向，比如是否线性、理性、逻辑与非逻辑、直觉感知等。第四对 DNA 涉及遗传灵魂模式，支配着我们的生命目的。第五对 DNA 管理遗传灵魂群体关系。这表明一个灵魂群可以在同一时空中以复数的物质身体存在，即不同的两人可能拥有同样的一个灵魂，这样的关系被称为灵魂伴侣。第六对 DNA 是全我的遗传心智，它控制着一切的创造和 12 条 DNA。

这 12 条 DNA 链上围绕着 12 节似水晶体。似水晶体因与水晶在物理属性上有着类似的功能而得名。和水晶能够保存能量形态的记忆一样，似水晶体储存着我们无以尽数的生命记忆，包括过去现在及未来所有的事件和人体架构的生命蓝图。它们是围绕着 DNA 这个人体计算机指令集的精密存储器——阿卡西记录（Akashic）。

在完整的生命形式中，12 条 DNA 与 12 节似水晶体有着良好的沟通。但在目前阶段的地球人类中，DNA 是存在着缺失的，这缺失是被设计的，有许多部分被有意地掩盖，因为不同的外星种族在不同时期降临地球，给人类的 DNA 加了不同的封印，同时还在星球上设置了不同的行星磁栅。这导致人体内 DNA 与似水晶体的通信效率低于 15%。这会不会就是科学家说人类 90% 的 DNA 都是垃圾 DNA 的原因呢？灵媒说，垃圾 DNA 其实是没有被激活的 DNA，一旦被激活，我们将拥有不可思议的特异功能，心灵感应、瞬间移动、星际旅行……

小结：我们是孤独的吗？

我们究竟来自哪里？我们为什么会在这里？种种迹象表明，生命本不该出现在这里。

为什么所有的地球生物都只有一种基因密码？为什么极为稀有的物质钼在生命必不可少的酶反应中有着举足轻重的作用？而地球上充足的物质，比如铬和镍，在生物反应中却是不重要的？换句话说，为什么在自然界中含量极为丰富的那些化学元素，在地球上所有生命体内的含量比例却微乎其微？为什么几乎所有这些生命体内含有的化学成分，都是我们的星球所稀缺的。而这些与进化论的观点所要求的恰恰相反。

"地球生命可能是来自于从遥远宇宙来的微粒物质。"诺贝尔奖得主弗朗西斯·克里克和莱斯利·欧格尔（Leslie Orgel）在科学杂志《伊卡洛斯》（*Icarus*）中提倡这一观点。

难道生命真的是从宇宙中其他地方来到地球的？

对地球而言，从许多方面来看，现代人类也即智人，都是一个外来物种。既然如此，我们是不是还有同伴，它们又生活在何处？它们知道我们的存在吗？

霍金：

没有身体的舞蹈

STEPHEN
HAWKING

Chapter 9

我们是孤独的存在吗?

这不仅是指我们作为一个个体是否孤独,还指作为一个能够发展出文明的物种来说,在数千光年的范围内,我们是否孤独。

人类在宇宙中是孤独的吗？

这不仅是指我们作为一个个体是否孤独，还指作为一个能够发展出文明的物种来说，在数千光年的范围内，我们是否孤独。

一颗合适的矮星，存在着环绕其运行的行星，上面有合适的温度和水，迄今为止，科学家还没有找到除太阳之外第二个这样的系统。当我们眺望有着数以亿计的恒星星系时，我们会想，其中为什么不可能有像人类这样的有机生物、这样的文明呢？

然而我们不得不承认，至今还没有找到地外文明真实存在的确实证据，但这并没有阻止人类的寻找脚步，也不会让我们就此否定地外文明存在的可能性。

茫茫宇宙，我们是孤独的吗？

1．外星生命存在的可能性

外星生命存在吗？如果存在，为何至今未与人类正式接触？外星生命存在的可能性到底有多大？

生命存在的概率

从逻辑上讲，只要符合一定的条件，生命乃至智慧生物就可能存在。生命远比我们想象的坚强，它们可以生活在极地、火山口、高辐射条件下。何况，地球生命不是生命的唯一形式，其他形式的生命可能更加普遍，例如硫生物、硅生物，甚至所谓的智能机器。试想，宇宙如此之大，加之超 100 亿年的寿命，人类怎么可能是唯一呢？

科学家发现，我们的太空并不是真空。例如，太空中有水分子、在星际之间漂流的生命所需的基本物质等等。甚至，认为生命只能存在于某些大气和温度之下的观点、太阳是生命组织能量和热量的唯一来源的观点也遭到质疑。

目前的研究认为，宇宙的年龄大约 200 亿年，太阳系不过 60 亿年，而地球仅于 46 亿年前生成，人类约在 10 万年前才成为地球的主人，其有智能的文明史仅数千年而已，与宇宙年龄比较，就如电光石火般短暂。在这漫长的时间中，其他星球是否早已孕育了生命？是否居住着文明远超我们的宇宙智能人？

学者们常用各种绿岸公式计算存在智慧生物星球的数量，由于具体公式和所选参数不尽相同，所得结果也各不相同。但是，单就银河系而言，这一数字小到几十，大到几万甚至几十万。其中包含有数不尽的如太阳般的恒星，它们携带着多如天文数字的行星，可以提供任何能够想象得到的温度、大气和化学物质，为生命的起源提供了无穷个可能。美国科学家阿西莫夫把目前能够影响生命存在的因素全部考虑进去之后，认为在银河系中大约有 3.9 亿个行星拥有智能生命。而另一个天文学家卡尔·萨根的估计是 10 亿个。而宇宙中至少有 1000 亿类似银河系的星系，这其中拥有生命的概率可想而知。

科学家说

物理学家恩里科·费密说：如果宇宙中存在许许多多的外星生命，为什么我们至今没有收到他们的任何信息？

一些根本不相信有外星生命存在的科学家认为，关于外星人的种种谈论都是非常无知的。但持这种悲观看法的很可能只代表科学家中少数人的意见，射电天文学家弗兰克·德雷克说："在这个研究领域，你必须保持乐观。"甚至很多学者都相信外星人的存在，包括爱因斯坦和霍金。霍金甚至警告人类要小心应对外星人。

美国的两位科学家卡尔·萨根和德雷克是主张存在地外文明的代表。他们的看法主要有以下三点：

第一点，地球人类的文明是初级的。以地球的文明程度来衡量宇宙间的文明，是一叶障目；第二点，史前文明的存在证明外星人来过地球。以地球 50 亿年才能进化到现代文明来计算，不用说与银河系一起诞生的具有 100 亿年历史的行星，就是只有 60 亿年历史的有生命存在的行星，其文明程度该怎样？所以，当今考古发现的超越当时地球文明的史前文明现象，充分说明外星人曾来过地球；第三点，外星人之所以避而不见，是因为他们把地球人当成他们原始生命的活标本来研究，通过对地球人的研究，来揭示他们生长进化的过程。数十万的 UFO 事件已经说明，外星人正在考察地球文明。

目前，主张存在地外文明的科学家越来越多，这个观点也日益被人们接受。

雷德克外星人方程式

在银河系中的智能生命，有多少能与地球人建立联系呢？美国的天文学家德雷克于 1960 年推导出一个公式：$N = R \times Fp \times Ne \times F1 \times Fi \times Fe \times L$。

这就是著名的雷德克外星人方程式。雷德克正是用这个公式估计出，银河系中有能力进行星际通讯的先进文明的行星数目。

在这个公式中，R 是银河系一生中恒星的平均诞生率，即银河系平均每年诞生的恒星数目。Fp 是拥有行星系统的恒星在全部恒星中所占的比例，即行星出现的几率。Ne 是平均数，即在每个行星系统中环境条件适宜于生命起源的行星数目。F1 是真正诞生生命的行星，在有利于生命起源的全部行星中所占的比例，即生命出现的几率。Fi 是在其所属恒星系内，能够演化出具有操纵能力和智能生命的行星数目在诞生生命的全部行星中所占的比例，即此类智能生命出现的几率。Fe 是在其所属恒星系统内，出现既有兴趣又能进行星际通讯的先进文明的行星数目，在演化出上述智能生命的全部行星中所占的比例。L 是这种文明的寿命，即它能延续多长时间，这一点目前最难以估测。以现代天文学和生物学所确认的事实和理论为基础，利用有关的原理，卡尔·萨根等人得出的数值是：

$R \approx 10$，$Fp \approx 1$，$Ne \approx 1$，$F1 \approx 1$，$Fi \approx 0.1$，$Fe \approx 0.1$，$L \approx 1000$ 万

$N = 10 \times 1 \times 1 \times 1 \times 0.1 \times 0.1 \times 10000000 = 1000000$。

根据该公式，在我们银河系中既有兴趣又有能力进行星际通讯的文明世界的

数目，大约可达 100 万个。

1961 年 11 月，美国的 11 位世界性权威科学家，在西弗吉尼亚州讨论地外文明时，对这个公式各项又分别取最大和最小值，计算结果如下：都取最大值，N=50000000；都取最小值：N=40。也就是说，在银河系中，最多有 5000 万个不同文明的社会，最少也有 40 个，他们试图或正在与我们接触。

2．寻找地外生命及其文明

尽管并没有发现外星生命存在的确实证据，人类寻找外星生命的热情却丝毫不减。总的来说，人类对外星生命及其文明的探寻出自两个方面：一方面是眺望太空，另一方面是审视地球。这一部分，我们谈对太空的探索。

天文学家建成了"寻找地外文明工程"，一直在致力于搜寻地球以外的生命迹象和可能的文明发来的交流信息，另外还向外太空发射我们的文明信息。

监听外星人的信息

1958 年以前，对地外文明的探索还只停留在推测阶段，并未做定量的科学分析和计算。到了 20 世纪 60 年代，各种寻找地外文明的组织、计划开始了切实行动。

用于接收天外来音的射电望远镜。　　　　纪念人类探索外星文明 50 周年展览图片。

目前我们已经启动了若干个计划，用来搜索在宇宙中的其他地方存在着生命的证据。这些计划总称为 SETI。1982 年，国际天文学会联合会承认 SETI 为一个分支学科，定名为生物天文学。

SETI 寻找外星文明的工程，分两大部分：一部分是监听外太空的信号；一部分是向外面打招呼，包括向地外发射电磁波，宇宙飞船携带地球信息，如旅行者号携带了一个光盘。

我们使用的方法称之为射电 SETI，即使用射电望远镜来监听太空中的窄带无线电讯号。有些信号我们认为是不可能自然产生的，如果能探测到这样的信号，就可以证明地外文明的存在。

搜寻地外文明计划，早在 20 世纪 60 年代就开始了。美国康奈尔大学的两位物理学家在《自然》杂志上发表文章，首次阐述了无线电信号可以在两个星球之间传播，这直接引发了用射电望远镜探测宇宙间是否有其他文明存在的议题。从那以后，全世界涌现了 60 多家有关的机构。迄今为止，已进行 50 个搜寻外太空电波讯号的计划。

现代第一个寻找地外文明的计划是 1960 年 4 月 8 日开启的奥兹玛计划。由美国国家射电天文台的弗兰克·德雷克主持，用一个直径约为 25.9 米的射电望远镜，对地球相对较近的两颗恒星鲸鱼座 τ 星和波江座 ε 星进行监听。

1980 年加利福尼亚大学伯克利分校实施的计划最为出名。他们使用波多黎各阿雷西沃射电望远镜，搜索地外智能生命发出的无线电信号。

1984 年，"搜寻地外文明计划"（SETI）研究所在加利福尼亚成立。2001 年 7 月，该研究所联合加利福尼亚大学和天文台，开始搜索外星人发出的激光信号。原来的 SETI 项目曾经使用望远镜旁专用的超级计算机来进行大量的数据分析。1995 年，戴维·戈迪（David Gedye）提议射电 SETI 使用由全球联网的大量计算机所组成的虚拟超级计算机来进行计算，并创建了 SETI@home[1] 项目来实验这个想法。SETI@home 项目于 1999 年 5 月开始运行。

1991 年，NASA 宣布，在今后 10 年里，实施一项新的 SETI 计划：用位于美国、

---

[1] SETI@home 是一项旨在利用连入因特网的成千上万台计算机的闲置计算能力搜寻地外文明的巨大工程。参加者可以用下载并运行屏幕保护程序的方式来让自己的计算机检测射电讯号。

波多黎各和澳大利亚的多架巨型射电望远镜，监听和分析 1000 颗类似太阳的恒星的信号。其时，一种高性能的信号接受和分析终端仪器将接在阿雷西沃的 305 米天线上投入使用。而在洛杉矶的东南方，另一台无线电分析系统也正在安装。

1993 年，开始了平方千米阵列计划。"平方千米阵列"（Square Kilometre Array，缩写为 SKA），将是世界上最大的射电望远镜，拥有数千个小型天线，分布于澳大利亚或南非。工作在 0.10—25GHz 的波段，有效接收面积可以达到大约 1 平方千米，灵敏度将比当前世界上最大的射电望远镜还要高 50 倍。

1995 年，SETI 开始推出"凤凰计划"（Project Phoenix），通过大型电子天文望远镜，探测接收外太空的声音，包括背景辐射、星体发出的电波以及其他杂音。探索频道增至 5600 万个，搜索目标 1000 颗恒星。到 1999 年，凤凰计划已经探测过 500 多目标星体。

2000 年 9 月，美国微软公司捐资搜寻地外文明计划研究所，建立一个迄今为止最先进的大型接收外太空信号的艾伦（Allen）望远镜组计划。天文学家计划在 1 平方千米的范围内，建立 500 个—1000 个巨大的碟形天线系统，来探测收集外星人的信号，并把这些天线与先进的计算机相连接，以便对信号进行分析。2007 年 10 日，这个射电天线阵中已有 42 座建成。

2009 年 3 月 6 日，美国宇航局成功发射了开普勒空间望远镜，这是世界上第一架寻觅真正和地球相似的行星的望远镜，可以对 10 万颗以上的恒星进行大范围和长时间观测。2010 年 12 月，正值 SETI 成立 50 周年纪念之际，世界多个国家的天文学家再度展开"窃听外星人"的联合行动，以延续始自 1960 年的"奥兹玛计划"。新的探索活动被命名为"多萝西计划"，已于 2010 年 11 月 5 日正式启动，持续整整一个月时间，至 12 月 5 日结束。来自澳大利亚、日本、韩国、意大利、荷兰、法国、阿根廷和美国的天文学家，把大大小小的望远镜指向地球周围的一些星球，以期收听天外来音。

宇宙中哪一种智慧文明会拾到来自地球的信息？它又会在哪个文明里引起怎样的喧哗呢？如果外星人能够向我们发射信息的话，它会像和我们发射给他们的一样吗？科学家们相信，如果外星人真能截取并记录下这些信号，那么就会了解地球、太阳系、人体、人类文化和技术水平的大致状况。然而，遗憾的是，一直到现在，科学家们仍未发现确实是外星智能生物的无线电波。

1977 年，SETI 使用巨耳无线电望远镜收到了著名的"哇"（Wow）信号，这是一个长达 72 秒的非常强的无线电信号。当时，科学家们认为"哇"信号是迄今唯一被发现的最有可能来源于外星文明的信息。研究者们进行了多次仔细的搜索，试图再次找到那个信号，不幸的是这个信号只出现了一次。2010 年 5 月 14 日，媒体报道，美国"旅行者"2 号探测飞船，从距地球 86 亿英里远的太空中，传回了一些让美国航空航天局的专家们压根无法解码的数据信号。一些科学家大胆推测这一信号是外星人发来——旅行者 2 号可能已在太阳系边缘遭到了外星飞船的拦截与劫持！

人类主动打招呼

面对始终沉默的外太空，人类主动发起了信号。为了与可能存在的外星球智能生命进行接触，早在 20 世纪世纪 70 年代，科学家就开始计划如何与外星人建立联系，起初是通过发射宇宙探测器来证实外星人类的存在，同时还发送一些包含着编码和图像的信息，试着用各种方法向外星智能生命展现地球人类。

在人类搜寻地外智能生命计划 50 周年之际，英国《新科学家杂志》（New Scientist）列举了历史上人类向外星人发送的太空信息：

1974 年：阿雷西博射电望远镜信号。

1974 年 11 月 16 日，德雷克用设在波多黎各的阿雷西沃 305 米射电天线，向武仙座一个球状星团 M–13 发出 1679 组信号，内容包括元素的原子序数、DNA 分子结构以及有关地球人的简单信息，大约将在 25000 年后到达那里。

1986 年：向外星人发送关于人类的图像信息。

艺术家乔·戴维斯（Joe Davis）领导一项计划向太空邻近恒星系统传播一段女性子宫收缩的图像，为此他

美国 305 米口径的阿雷西博射电望远镜。

通过特殊的方法拍摄记录了子宫收缩的动态节奏。这段图像信息从麻省理工学院磨石山雷达装置向"天苑四"（Epsilon Eridani）、"天仓五"（Tau Ceti）和其他两颗恒星发射，然而，这段图像刚发送几分钟，美国空军就关闭了这项发射项目。尽管如此，这段女性子宫收缩的图像于 1996 年抵达天苑四，于 1998 年抵达天仓五，目前我们仍未收到来自外星人的回复信息。

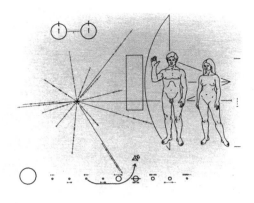

"宇宙呼叫 1 号"发出的信息。

1999 年："宇宙呼叫 1 号"信息。

研究人员伊万·杜蒂尔（Yvan Dutil）和斯蒂芬·仲马（Stephane Dumas）开发的星际罗塞塔—斯通系统编写了"宇宙呼叫 1 号"信息，这些信息基于宇宙算术和科学概念，科学家们希望，任何截收到这些信息的外星人能够理解这种信息。这段信息由乌克兰 RT-70 射电天文望远镜发射。

2001 年：十几岁的年轻研究员发送的电子音乐。

位于莫斯科的俄罗斯科学院射电工程师亚历山大·扎特塞维（Alexander Zaitsev）和"宇宙呼叫"信息研究小组部分十几岁的年轻成员，向太空外星人发送了信息。

他们采用类似"宇宙呼叫"信息的发送装置，除了一些类似的信息之外，还包括一种叫作泰勒明电子琴的昔日创新型乐器演奏的电子音乐会。这些信息向 6 颗恒星进行了发送，其中包括大熊座 47 星，这是科学家发现的第一个类似太阳的恒星，预计到 2047 年，该恒星系中可能存在的智能生命会接收到这些信息。

2003 年："宇宙呼叫 2 号"信息。

"宇宙呼叫 1 号"信息发送之后的 4 年，星际罗塞塔—斯通系统再次进行发射信息，这些信息中包括图片和其他各种文件。这些信息是由邂逅团队（Team Encounter）公司负责编制的，该公司还计划发射一艘配备太阳帆的宇宙飞船。该宇宙飞船还计划携带毛发样本、照片和其他物品进入太空。然而该公司这项计划可能受挫，至今仍未实施这项发射计划。

2005年：网页分类信息。

这是第一次将网页信息发送至太空中，这是一个网页分类信息服务网站。深太空通讯网络公司负责向太空传输这个网站地址，从公共服务向太空传输信息是非常特殊的，他们是在向广阔的宇宙空间发送信息，而不是朝向某些星体，因此，这种发送信息的方式很可能石沉大海，很难收到外星人的回复。

2008年：向北极星发送甲壳虫乐队音乐。

2008年2月，美国宇航局向太空发送了一首甲壳虫乐队音乐，以庆祝美国宇航局成立50周年。这首音乐发送方向是北极星，预计2439年抵达。然而扎特塞维对这次信息发送持批判态度，他强调称，这种传播方法存在着缺陷，同时北极星是一颗超级巨大恒星，可能不具备孕育生命的条件。

2008年："来自地球的信息"。

扎特塞维并不满足于发送两次"宇宙呼叫"信息和一次十几岁年轻研究员的信息，他又设立了一个新的计划，叫作"来自地球的信息"。这是在一个社交网站上罗列的501条信息。

美国宇航局向太空发送英国甲壳虫乐队的名曲《穿越宇宙》（*Across the Universe*）。

50 万的网友对所选择信息进行了投票，选出来的信息包括：《X 档案》（The X-Files）演员吉莉安·安德森（Gillian Anderson）和小飞侠乐队，这些信息均反映了当前地球人类生活的热点主题。这些信息使用 RT-70 射电天文望远镜进行发送，朝向格利泽 581c 行星（Gliese 581c），该行星被科学家们认为表面可能存在着液态水资源，预计这些信息将于 2028 年抵达。

2008 年：发送"多力多滋"宠物狗粮广告。

2008 年，对于地球大气层之外的外星人而言是忙碌的一年，6 月份，安装在北极圈的雷达装置发送了长达 6 个小时的"多力多滋"宠物狗粮广告信息。此次信息发送的目的地是 47 大熊恒星；2008 年下半年，研究人员还将科幻电影《地球停转之日》（The Day the Earth Stood Still）发送至阿尔法半人马星座（Alpha Centauri）。

2009 年：来自地球的问候。

2009 年 8 月，《宇宙》杂志收集了公众投票选出的一组信息，其中包括一条叫做"来自地球的问候"的信息。该信息是由澳大利亚堪培拉深太空通讯系统向格利泽 581d（Gliese 581d）行星发送的，这颗行星是迄今科学家探测发现的最潮湿、最明亮的太阳系外行星，依据这颗行星的名称，人们会想到类似太空环境条件的格利泽 581c 行星，此前研究人员也向格利泽 581c 行星发送过地球信息。预计"来自地球的问候"信息将于 2029 年抵达格利泽 581d 行星。

2009 年：核酮糖二磷酸缩化酶（Rubisco）信息。

艺术家乔·戴维斯之前向太空发送过女性子宫收缩的图像信息，2009 年，他为了庆祝阿雷西博射电望远镜首次发送信号 25 周年再次发送太空信息。此次他向太空发送的信息是核酮糖二磷酸缩化酶（Rubisco），它是光合作用必不可少的物质，核酮糖二磷酸缩化酶是地球上最普通的一种蛋白质，它是地球上具有代表性的生命体。

宇宙飞船

人类监听外太空信息的努力结果收效甚微，但人类寻找外星文明的另一种方式，即利用人造宇航器对外太空进行直接探测的努力，仍在进行之中。

1972 年和 1973 年美国先后发射先驱者 10 号和 11 号、旅行者 1 号和 2 号宇宙飞船，探寻遥远的外太空。

1972 年，美国发射了先驱者 10 号飞船，它于 1987 年飞出了太阳系，成为人类历史上第一个飞出太阳系的人造物体。当然，先驱者 10 号仍然没有飞出奥尔特云。先驱者 10 号和 11 号各带有一封"写"在镀金盘上的问候信，旅行者 1 号和 2 号各携带一张直径 30.5cm、名为"地球之音"的镀金碟片，并有放音设备，上面录有 60 种语言的问候语、113 幅描绘地球风土人情的编码图片、35 种地球自然家用音响、27 种世界名曲，旅行者宇宙飞船携带的"地球之音"还有美国总统卡特签署的给宇宙人的一份电文。内容是："这是一份来自一个遥远的小小世界的礼物。上面记载着我们的声音、我们的科学、我们的影像、我们的音乐、我们的思想和感情。我们正努力生活过我们的时代，进入你们的时代。"

旅行者号携带的照片就像是内藏信件的一个宇宙漂流瓶，等待有谁偶然把它拾去。

星际探索：月球，火星，金星

对外星生命的寻找，最直接的莫过于在星球上寻找。随着科学技术的发展，人类登上月球，并先后发射宇宙飞船登上火星、金星，等等。

火星是被认为最有可能有外星人居住的星球，1976 年美国发送了维京号登陆

火星快车。

勇气号火星车在火星表面上行进。

火星，找寻生命。维京号装载有探测生命、采样火星大气层及分析干燥土壤的工具，但没有发现有外星生物。不过科学家认为，维京号没有发现生命并不表示火星没有生命，生命可能存于地面或地底下。几十年来，苏联、美国、日本、俄罗斯和欧洲共发起 30 多次火星探测计划，其中 2/3 以失败告终，但研究一直没有排除火星上存在生命的可能性。

在火星上没有发现生命后，科学家把目光转移到金星上。金星的表面温度很高（465—485℃），不存在液态水，加上极高的大气压力（约为地球的 90 倍）和严重缺氧等残酷的自然条件，存在生命的可能性不大。

木星上存在强大的大气环流，很容易把一些有机化合物卷进热区使其瓦解。因此，木星上没有高级生命。根据目前对土星的探测，与邻居木星十分相像，表面也是液态氢和氦的海洋，狂风肆虐，高级生物存在的可能性微乎其微。

水星表面只有极其稀薄的大气。其向阳面的温度常高达三四百摄氏度；背阳面呢，又可在 -200℃ 左右。如此严酷的环境，生命难以生存下来。水手 10 号飞船考察结果完全证实了这一点。

天王星、海王星和冥王星由于离太阳都很远，其表面温度一般都在 -200℃ 左右。看来，它们也是不可能有智能生命存在的。

外太阳系将近有 60 颗卫星，研究显示多数都不适合居住，但有两个例外，其一是土星最大的卫星土卫六（Titan）——泰坦星。泰坦星就像早期冰封的地球，它有很多地球出现生命前所拥有的物质。另外一个是木星多岩石的卫星——欧罗巴。欧罗巴是外太阳系中最可能有生命的卫星。1996 年，伽利略号太空船带回了令人兴奋的证据——欧罗巴星有海洋，而且可能充满生命。拍摄的照片显示了地表的裂缝下可能有海洋。

月球。月球是被人们研究得最彻底的天体。人类至今第二个亲身到过的天体就是月球。1969 年 7 月 20 日，美国东部时间 22 时 56 分，阿波罗 11 号成功登月，美国宇航员阿姆斯特朗成为人类历史上第一个踏上月球的地球人。在 20 世纪 90 年代的时候，美国发射的月球勘测者曾预计，月球南北极的地下可能有冰冻水，但随着卫星的不断发射、探索，证实月亮只是一个荒凉的星球，没有水也没有类似地球的大气，生命存在的可能性微乎其微。

目前，对太阳系八大行星的探索似乎并没有发现生命。实际上，问题还不单单在这里，生命的存在究竟需要怎样的自然环境？难道必须拥有与地球相似的自然条件吗？地球的生物观普遍适合宇宙中所有的星球吗？

外星生命可能与地球不同

在地球上发生的一切，也可能已经、正在或将要在其他的星球发生。我们知道外太空有无数个星球。在理论上许多星球能够维持生命。整个宇宙是用同样的元素构成的。到处都是同样的化学物质，同样的物理原理。所以，除非地球上发生了奇迹，否则完全有理由期待外太空中存在许多种生命。

说到生命，通常我们所能想到的就是地球上各种形态的生物。然而，宇宙中的生命还有无限种别的可能。为什么只有我们这样的生物才叫生命？为什么不可能有某种生物它根本不需要氧气和水？只要修改了对生命的定义，外星生命便有可能存在。所以我们也不能断定，哪个星球上没生命，我们能说的只是，我们现在没有得到哪个星球上有生命的证据。

地球生物观认为，阳光、水分、氧气是生命的三要素。目前探索地球外生命的努力均建立在这么一个假设上，即所有生命都离不开水、碳和DNA这三大要素。正是基于这种思维，一直以来，人们根据地球生命的组成要素来寻找外星球生命。包括 NASA 在内，探索地球外生命的努力均建立在这么一个假设上。表面可能存在水的行星和卫星因此成为探索重点。

然而，人们却在几千米深的海底及北极冰层下发现了不需要阳光、氧气的厌氧细菌；从完全封闭的岩石层中发现了沉睡数万年的青蛙，在正常的自然条件下，它们竟然恢复了生命的活力；放射性极强的核物质周围也同样有生命存在。1997年，美国生物学家在地球上发现了一种太古生物，这种生物能在极冷或极热的极端环境下生存；1996 年，美国宇航局从一块落在亚利桑纳州来自火星的陨石中发现，这块陨石中存在古代微生物。

外星生命可能是异类生命。美国国家科学院下属全国研究委员会 7 月 6 日公布名为《行星系统有机生命的局限》的报告，指出外星球生命的形态完全有可能不同于地球生命。

　　这份报告认为，地球外生命完全可能是一种无须水、碳、DNA 的异类生命。报告更大胆提出，异类生命可能不需要由碳元素组成，或许能以硅元素为基本构成；DNA 也不一定非要由磷元素构成，也许可用砷元素。这一提法得到最新一些科学发现的支撑。比如有些有机生物生存在极热、极冷或完全黑暗的环境中，它们可资利用的化学物质以前被认为不适合生命。

　　"毫无疑问，我们目前在地球上使用的生命探测方式会让我们与它们失之交臂。"本纳说。要想找到神秘生命，科学家将不得不建立新的探测种类，探索可能存在的"非碳水化合物生命"。

3. 天外来客之史前文明

　　人类在太空中的努力所获不多时，地球上的种种现象却指明疑似外星生物活动的痕迹。如史前遗迹、UFO 事件、麦田圈现象，甚至还有和外星人直接接触的大量实例等等。难道，这些就是天外来客和地球、人类接触的证据？

　　史前遗迹有可能是远古外星人在地球上留下的吗？

　　《被禁止的历史》（*Forbidden History*），J. 道格拉斯·凯尼恩（J.Douglas Kenyon）著，江苏人民出版社出版。

　　17 位另类历史研究领域巨匠的 42 篇重量级文章，彻底还原了一个失落世界的真相并提供超级证据：史前科技、创造与进化、外星人对地球文明的干预和被隐瞒的文明起源真相。

　　旨在向现存文明和技术方面的正统科学理论发出挑战。

传统观点认为，现代人类出现文明最多也不过几千年历史。几万年前、几十万年前怎么会有人类文明的遗迹呢？学者们把这些统称为史前遗迹。我们都想了解宇宙的真实情况，遍布世界的高科技古代遗迹和遗物或许能给我们提供答案。现在，我们将这些遗迹和遗物进行简单的分类，分为史前建筑学、史前天文学、史前地理学、史前物理学、史前艺术等等。

史前建筑学

在建筑学方面，地球上有很多史前巨石建筑群，迄今可见的有埃及的金字塔、玻利维亚帝华纳科古城遗址、秘鲁萨克塞华曼城堡、古巴比伦通天塔、复活节岛巨型石雕人像等等。这些建筑的共同特点是：高大宏伟，用庞大的石块砌筑而成，拼接得相当完美，往往运用了十分准确的天文知识。建筑物的三维尺度、角度和某些天体精密对应，蕴含着很深的内涵。以金字塔为例。胡夫大金字塔由 230 万块巨石组成，平均每块重达 2.5 吨，最大的达 250 吨。其几何尺寸十分精确，四个面正对着东南西北，高度乘以 109 等于地球到太阳的距离，乘以 43200 倍恰好等于北极极点到赤道平面的距离，周长乘以 43200 倍恰好等于地球赤道的周长。选址恰好在地球子午线上，金字塔内的小孔正对着天狼星。科学家推测，要造出大金字塔这样高技术的水准至少要经历数千年的进化，然而翻遍埃及历史，却找不到这类技术发展的记录。这些古建筑都体现了一个天文、建筑、冶金等技术超过现代人的文明。

史前天文学

在天文方面，古玛雅人知道天体的精确运行周期，并和现代极为相近。比如，太阳年（一般意义上的一年）现代的精确测量值为 365.2422 天，而古代玛雅人却知道太阳年的长度为 365.2420，比准确数字只少 0.0002 天；玛雅人概念中月亮绕地球一周的时间为 29.530588，而现代的测量值为 29.528395。玛雅人对金星的会合周期的计算能精确到每 6000 年只差一天。而非洲的多汞（Dogon）人对天狼星具有十分惊人、详细的了解。天狼星非常暗淡，无法以肉眼观察到，以至于现代人直到 1970 年才获得它的第一张照片。在多汞人的传说中，天狼星是双星系，而现在天文学家用最先进的天文望远镜观测发现，天狼星果然有两颗伴星。多衮人还早就知道土星有环，木星有 4 个主要的卫星。秘鲁 ICA 博物馆收藏了一批石头，其中一颗石头上面刻画的人像手拿着望远镜在观察天空，早于伽利略。此外，英国索尔兹伯里巨石阵也被推定为是用来测定历法的史前观象台。

史前地理学

在地理方面，土耳其人哈基·亚哈马德早在公元 1559 年所绘的地图上就标明了南北美洲的海岸线，而旅行家和地图绘制者发现美洲，却是整整两个半

伊卡石刻，发现于秘鲁伊卡（ICA）。这颗石头上面刻画的人像手拿类似望远镜的东西观察天空。

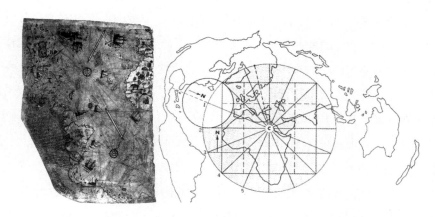

16 世纪土耳其海军司令雷斯从多张远古地图，拼凑出一张与现代卫星拍摄的照片非常相似的地图。

以开罗为中心模拟雷斯的地图。

世纪以后的事。在距今 3500 年的西藏古文书中也有关于美洲的记载。土耳其人奥伦奇·费那乌斯在公元 1532 年绘制的南极地图海岸线与现代南极地图极为相似，并还精确地绘出了南极在 8000 年前冰封前的大陆形状。但现代人知道南极冰封下的地形，是公元 1958 年科学家通过穿透冰层的勘测才知道的。上面所有这些16 世纪的地图，都是他们依据更为古老的地图临摹下来的。在 16 世纪初，土耳其海军司令雷斯，从多张远古地图拼凑出一张与现代卫星拍摄的照片非常相似的地图。这张署名为皮里·雷斯，落款日期为"1513 年"的地图，是 17 世纪之后才有能力完成的航海地图。该图准确地标画着大西洋两岸的轮廓，北美洲和南美洲的地理位置，特别是南美洲的亚马逊河流域、委内瑞拉湾的合恩角等地标注得十分精确。1559 年的一张土耳其地图显示了亚美大陆桥图，有一条较窄的地带，像桥一样把西伯利亚和阿拉斯加连在了一起，填补了白令海峡水路，这是 10000多年前的地质状况。

史前物理学

在物理方面，1972 年，在非洲加蓬共和国的一个著名的铀矿奥克洛（Oklo），发现了一个大型的核反应堆。据科学家考察，这是一个 20 亿年前的古老的核反应堆，运转时间达 50 万年之久。铀矿石中铀 −235 的含量不足 0.3%，其他任何铀矿中的铀含量都在 0.72% 左右，说明其已被提取过。1936 年，在伊拉克首都巴格达城，伊拉克博物馆的考古工作人员发现了一些奇特的陶制器皿、锈蚀的铜管和铁棒。经过鉴定，断定这个陶制器皿是一个古代化学电池。这比 1800 年世界著名物理学家伏特发明的第一个电池早了 2000 多年。1879 年，英籍考古学家韦斯在埃及东北部荒芜沙漠中的阿拜多斯古庙（Abydos Temple）遗址内的浮雕壁画中，发现与现今飞机形状极为相同的浮雕，以及一系列类似飞行物体。1898 年，在萨卡拉（Saqqara）的古埃及陵墓内，法国考古学家劳伦（Lauret）发现了一个木鸟工艺品，测定制造的时间约公元前 200 年。据实际研究，它不但能飞行，并且与今日滑翔机有相同的比例。后来在埃及其他一些地方，又陆续找到了 14 架这类飞机模型。

非洲加蓬共和国具 20 亿年
历史的奥克洛铀矿的位置。

奥克洛铀矿的实景。

奥克洛核反应堆的
分布位置。

巴格达电池。

壁画上显示的古代飞行器。

埃及木鸟。

史前采矿与冶炼技术

在采矿方面，1968 年，苏联考古学家科留特·梅古尔奇博士，在亚美尼亚加盟共和国的查摩尔发现了一个史前冶金厂遗址，至少有 5000 年历史。1969 年和 1972 年，人们在南非斯威士兰境内，发现了数十个旧石器时代以前就被开采过的红铁矿矿址。而在非洲雷蒙托的恩格威尼坦的铁矿，经科学测定，在 43000 年前就曾被开采过了。在美国的罗雅尔岛发现了史前铜矿井。在法国普洛潘斯的一个采石场岩层中发现的超远古矿场，至今仍受到地质学家和人类学家重视：里边有石柱残桩和开凿过的岩石碎块、钱币，已变成化石的铁锤木柄及其他石化了的木制工具。

在冶炼技术方面，在南非的克莱克山坡，矿工们发现了几百个金属球，其中一些带有凹槽，这些球所处的地层据考证有大约 28 亿年的历史。1851 年，在马萨诸塞州多尔切斯特地区 6 亿年前的前寒武纪岩石层中发现了金属花瓶，是一种呈锌白色的合金，经测定，含有大量的银成份。1968 年，考古学家 Y. 德鲁特（Y.Druet）和 H. 萨尔法蒂（H.Salfati）在法国的一个叫圣布·琼·得·利维的地方，在 6500 万年前的白垩纪地层中发现了一根金属管。1966 年夏，美国地质勘探学家维吉尼亚·麦金泰尔博士在墨西哥鉴定了一批在麦阿科勒克出土的铁矛。起先估计，这些铁矛的历史不到两万年，但测试结果表明是 25 万年。竖立在印度新德里（NewDelhi）一座寺院里的一根古代铁柱，估计至少有 4000 多年历史，至今没有任何生锈现象，磷、硫、风雨侵蚀对它都不起任何作用。在美国德克萨斯州拉克西河岸的岩层中，发现了人的手指化石和一把铁锤，锤柄已经变成了煤。锤头含有 96.6% 的铁，0.74% 的硫，2.6% 的氯，这种现在都不可能造出来的合金，展示了史前一个高度发达的人类文明。类似的例子数不胜数。

带有凹槽的金属球。

金属花瓶。

同样在德州白垩纪地层发现的人造铁锤。

经分析，铁锤制造纯度非常高且稳定，远远超出现在的炼铁技术。

铁锤木柄上的黑色部分已经煤化，说明岩层固化时，锤子就在那儿了。

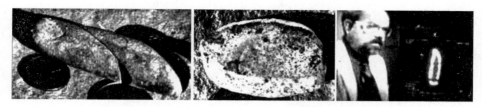

左图：古老岩层中的人手指化石。

中图：将手指化石切片后，观察到化石同样具有人的骨头的孔状组织。

右图：戴尔·彼得森博士（Dr.Dale Peterson）用电脑扫描观察手指化石的关节与其他组织。

左图：伊卡石刻。

中图：一个人骑在一头恐龙（三角龙）背上。

右图：人屠杀恐龙。

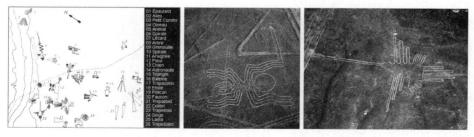

左图：纳斯卡平原巨画。只有飞行于秘鲁的天空，才能欣赏到各种精彩的纳斯卡平原巨画。

中图：以一条单线砌成46米长的蜘蛛图，据估计，每砌成一条线条需要搬运几吨重的小石头。

右图：一只巨大的蜂鸟。

史前艺术

1998 年 11 月 20 日，美国《科学》杂志报道了考古学家在世界各地发现的大量史前雕刻、壁画艺术。

秘鲁纳斯卡荒原上雕刻有神秘的巨型图案。这些图案栩栩如生，只有在空中俯瞰才能清晰地看出它的全貌。科学家发现，图案沟纹的深度、宽度是根据旭日斜射率精密计算过的，使图案恰好在晨曦中跃然地面。构成这些图案线条的是深褐色表土下显露出来的一层浅色卵石。谁拥有精密的量测技术与工程能力，绘制出这样的巨图？在飞机尚未发明的年代，制作这种图的意义与动机是什么呢？1997 年 5 月 17 日《中国科学报》发表《我国发现亿万年前的太古石画》一文，报道中国考古工作者在广西宝山的一个采石场发现栩栩如生的石画。据地矿部国家专业试验室鉴定，这些石画距今已有 4 亿 5000 万年。考古学家埃里克·温特（Eric Wendt）用 C14 测定非洲纳米比亚南部阿波罗 11 号洞出土的一小片石刻艺术，确定其年代大约是 27000 年前，与欧洲的古代巨石艺术（The Supper Palaeolithic Art）大致是同时代的。在匈牙利的塔塔（Tata）出土了一块 5 万—10 万年前、用猛犸象的牙抛光制成的墙壁装饰板。1927 年在中美洲的贝利兹（Belize）的玛雅遗迹中发现的水晶制成的头颅骨就更令人叹为观止了。这颗水晶头颅骨完全以

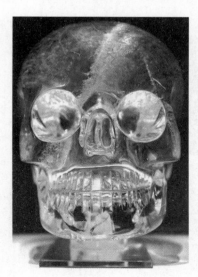

水晶头骨

石英石加工研磨而成，大小几乎和人类的头颅骨相同。高 12.7 厘米，重 5.2 公斤，是依照一个女人的头颅骨雕成。水晶头骨展现了成熟的解剖学与光学技术。并且利用了某种现在的科技仍未掌握的碰撞技术制成。

伊卡石刻在秘鲁伊卡被发现。石头成分被鉴定为无机物"安山岩"，而且无法用碳 -14 追踪考证其历史年限。刻石依照图案的类别，被划分为太空星系、远古动物、史前大陆、远古大灾难等几类。这种分类与现代科学完全脱节，似乎在谈论一个完全崭新的课题。这些石头画被称为 ICA 石刻。

对史前遗迹的看法和猜测

留在地球上的这些神秘的建筑、高科技技术、知识、艺术，究竟是怎么回事？对此的猜测有以下四种看法：

（1）独自创建学说。即人类靠自己的知识水平创建了文明。这次文明大约在20亿年前毁于核战争或环境污染。

（2）知识传授学说。即来自外部世界的人类曾传授了高度发达的科学技术知识。这个假说的依据是：精准的月历、神殿的建筑技术和金字塔建筑物。

（3）沉没的大陆人来访学说。这个假说依据柏拉图的亚特兰蒂斯传说。这些遗迹是以下两种文明留下的：曾在大西洋中心的亚特兰蒂斯和在太平洋或印度洋存在过的叫作利莫利亚的大陆。

（4）外星人来访学说。太古时期，地外拥有高度科学技术文明的外星人曾来到地球创建了文明。

在以上学说中，很多人支持知识传授学说和外星人来访学说。因为那些古代文明运用了比现代科学技术还要进步的科技，且它们一开始就存在于那里而非阶段性发展而来。透过这些史前文明，我们看到：过去曾存在的其他族类，拥有超出人们想象的科学知识。

冯·丹尼肯的看法

宇宙物理学家卡尔·萨根曾说过，在苏美尔文明的记载里存在"王权来自天上"这样的内容：50名阿努纳奇乘坐天上的船来到地上。阿努纳奇指"来自天上的人们"。中国的《尚书》里也有类似内容：太初时人与天神来往频繁，但因人犯了罪，天帝就命重和黎绝地通天。此外，在《国语》《周书》中也能找到相关记载。

若分析古代记录中描述的神的特性，就会发现，神具有与人类一样的特性：他们会嫉妒、做爱、发火。难道，这些神就是拥有高科技的其他真实存在的族类？

1968年，瑞士学者冯·丹尼肯把考古之谜、UFO之谜、古典文献记载之谜、神话传说之谜等地球上的疑团，全部统一在一个答案之下——外星人来过地球。

他认为，人类在蒙昧时期，巢居穴处，茹毛饮血，崇敬太阳月亮，畏惧雷霆闪电，而神秘的生和死、不测的祸福更使他们惶惑不安。某一天，一艘太空船像飞鸟一样自空而降，眩目的探照灯把夜晚变得如白天一样明亮，马达的轰鸣声像雷霆一样吓人。这时，闪光的太空船中走下一个或一群陌生的形体。

这些天外来客，有的铺设航标、航道，这就形成了埃及金字塔、纳斯卡荒原画、巴克贝尔的平台……有的教给人类天文知识、生产知识，如英国的巨石阵、哥斯达黎加的石球，以及世界各地无穷无尽的石柱、石城……有的甚至同原始人类交配，从而孕育出智慧更高的人类祖先，如蓝血人。这些外星人，在完成了考察任务之后就离开了地球，他们的形象，以及自空而来、破空而去的本领，在地球人心目中留下了不可磨灭的印象。这不只激发了遍及五大洲的岩画、陶塑的灵感的火花，也是地球各民族大同小异的创世纪传说的源泉，那翘首云天的石雕，那与生产力极不相符的对星空的了解和兴趣，表达的就是一个永恒的期待。

4. 天外来客之麦田圈的回答

据文献记载，麦田怪圈最早出现在英格兰，那是 1647 年，距今 350 多年。那个怪圈呈逆时针方向。20 世纪 80 年代初，英国人在汉普郡和威斯特一带屡屡发现怪圈，而且大多是在麦田，所以，正式将怪圈命名为麦田圈。

几百年来，这一神秘现象不断亮相，美国、澳大利亚、欧洲、南美、亚洲等地都频频发现麦田怪圈，其中绝大部分是在英国。从有关记载来看，麦田怪圈出现最多的季节是在春天和夏天。麦田怪圈的图案也各不相同。

对于麦田圈的形成，及大部分图案所表示的含义，我们还不得而知。这个神秘却又普遍存在的现象，一直是人类的未解之谜。科学家现在已经排除了大部分麦田圈是人造的可能性。因为它们复杂的构图、庞大的规模、精巧的设计，绝非人力一夜之间可以造出。它们真的是地外生命发给人类的沟通信息吗？

隔世回音：3D 人脸和信息版

至今为止，在人们发现的几千个麦田圈中，有两个被认为是最重要的，曾经一度引起轰动，并将麦田圈现象提升到一个新的层次。它们被科学家称为是外星人首次与地球人的对话，这正是我们多年以来翘首盼望的。

出现在汉普郡的 3D 人脸麦田图案和信息板。

2001 年 8 月 19 日，星期日，在英国南部地区汉普郡的 Chilbolton 天文台[1]附近的麦田里出现了一个令人吃惊的图案：一张巨大而复杂的 3D 人脸。3 天后，另一个更让人震惊的图案出现在旁边：一个记录着某种密码的信息板。

前面讲到，在 30 多年前，也就是 1974 年 11 月 16 日，地球的科学家们把有关地球、人类的咨询转换成二进位密码组成的图案[2]（见下图），在位于美国波多黎各（Puerto Rico）中部的阿雷西博（Arecibo）天文台射向了遥远宇宙中的 M13 星团[3]——距离地球约 2.5 万光年远、包含 10 万多颗恒星的球形星团。人们期待着有一天外星的智能生命能够收到这个信息。这个图案表达的内容主要是：用二

---

〔1〕该地区正是人类探索太空的科学实验基地之一。

〔2〕这个图案便是阿雷西博信息（Arecibo Message）。1974 年，为庆祝阿雷西博射电望远镜完成改建，科学家们创作该无线电信息，并以球状星团 M13 为目标，把信息透过该望远镜射向太空。该信息共有 1679 个二进制数字，而且 1679 这个数字只能由两个质数相乘，因此只能把信息拆成 73 条横行及 23 条直行，这是假设该信息的读者会先将它排成一个四边形。如果把它排成 23 条横行，它会变成白色噪声，相反，如果把它排成 73 条横行，便可排出图中的一幅信息。阿雷西博信息本身没有颜色，颜色是人为标注用于区分。向球状星团 M13 发送信息的原因是，其中的恒星分布比较密集，被地外智能生命接收的可能性较大。

〔3〕M13 星团：M13（NGC6205）的赤道坐标为赤经 $16^h41.7^m$，赤纬 $+36°28'$。美国宇航局哈勃太空望远镜拍到的球形星团 M13，恰似一个天上的"雪球"，里面有无数恒星在运动，如同连串的"雪片"在闪烁。M13 包含 10 万多颗恒星，是我们银河系周围近 150 个已知的球形星团之一。在宇宙中，球形星团里有一些最古老的恒星，它们可能形成于银河系圆盘之前，所以，研究球形星团会告诉我们有关银河系的演变历史。

进制表示的 1—10 十个数字；DNA 所包含的化学元素序号：氢 -H、氧 -O、碳 -C、氮 -N；核甘酸的化学式；DNA 的双螺旋形状；人的外形（中间代表男人的形态，左边的图案代表男人的平均身高 [1764mm]），其表示方式是以二进制的 14 与信息的波长（126mm）相乘所得出的结果。右边的白色图案代表 1974 年全球的人口（4292853750）；太阳系的组成（突出显示了地球，从右面代表太阳的大星向左数的第三颗），以及在图案的最下部分附注了人类接收和发送无线信号的"太阳灶"图像。

通过比较可见，信息板（Transmission code）麦田圈与 1974 年传送的图案在表达内容上非常接近。在回复讯息中，有与科学家传送的内容不一样的部分（见下图）：改变了一个化学元素硅 -Si；改变了 DNA 的高度与分布以及核苷酸的数量；人口数量增加为 213 亿；改变了人形轮廓，成了典型的 ET 形象。另外，他们所表示的太阳系中有 12 颗行星，其中第三颗、第四颗和第五颗（从右侧数）突出显示着，尤其是第五颗星周围分布着 3 颗星；最后更新了图案最下部分的内

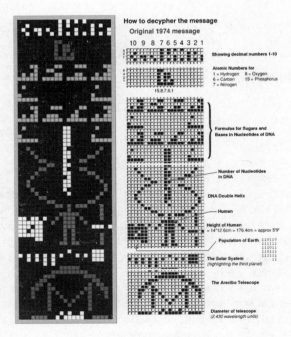

1974 年发出的阿雷西博信息

容，这部分新内容恰好与 2000 年 8 月 13 日在同一地点出现的麦田圈一致（见后图），表示某种放射构造。这个图形结构正是科学家们认为在理论上可以通过此类装备和原理，将微弱信号不断转换能量增强，提高发射功率。但人类目前的科技水准却是无法实现的。所以，有理由相信，这是比人类更高级的智能生命向人类传递的一个信号。那么，他们究竟是谁？他们在哪里？

根据上面的信息，或许我们可以推测他们也是一种智能生命，他们的 DNA 和地球人的 DNA 有一部分相同，但有一部分是不同的。他们比地球人矮，身高是 100.8mm。他们也是由头、躯体、胳膊、腿构成，头部大于地球人，他们的形象与众多 UFO 事件中目击者表述的外星人相似。人口数量变成了 213 亿，这个数量比地球人口略大，是外星人总共数量？还是他们的数量与地球人数量的总和？另外一个有关太阳系的重要信息，可能表明两种情况：要么仍然是指我们的太阳系，但强调地球也突出了第四、第五颗行星——即火星和木星。当然，更多强调的第五行星，它周围存在 3 颗星，也可能指的是位于火星和木星之间的小行星带；要么，它可能指的不是我们的太阳系，而是他们自身的太阳能系统。在麦田圈中对太阳的描述显得更小，这是他们的小太阳或可能是代表某个时候我们自己的未来——也许太阳已经变得越来越小了。

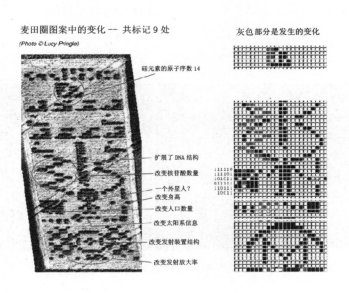

麦田圈图案中的变化 -- 共标记 9 处
(Photo © Lucy Pringle)

灰色部分是发生的变化

硅元素的原子序数 14

扩展了 DNA 结构
改变核苷酸数量
一个外星人？
改变身高
改变人口数量
改变太阳系信息
改变发射装置结构
改变发射放大率

外星人的头像和电报

无独有偶，2002 年再次出现了一个类似的麦田圈——外星人的头像与电报，被称之为最诡异的麦田圈。

这个著名的麦田圈出现在 2002 年 8 月 15 日，英国的汉普郡的温切斯特。这个图案令所有人感到吃惊，如此清晰的一张外星人面孔和一个神秘的密码圆盘。

麦田圈中外星人的形象正如我们在头脑中一直存储的印象一样：一个大而有形的脑壳，一双大而神秘的眼睛。据分析，圆盘图案代表着电脑里使用的二进制文字，只要是电脑专家都可以解读这种图案。麦子倒下的地方表示 0，立着的地方表示 1。例如，01000010 表示字母 B。如此可以破译这个圆盘上面的内容：

Beware the bearers of FALSE gifts & their BROKEN PROMISES. Much PAIN but still time. BELIEVE. There is GOOD out there. We oppose DECEPTION. Conduit CLOSING. Acknowledge.

警惕假象的制造者以及被打破的承诺，痛苦还将持续一段时间。但要相信，外面的世界是美好的，我们反对欺骗，通道正在关闭。鸣谢。

这些图案的出现不是那么单纯和偶然的，科学家已经排除该麦田圈人为制造的可能性——试想谁能在 Chilbolton 天文台科学家眼皮底下顽皮地一下子制造这

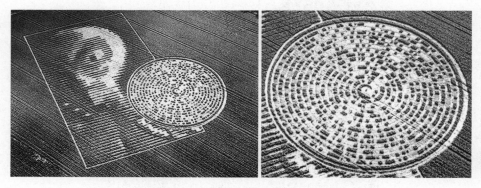

外星人面孔和密码圆盘的麦田圈

么巨大而复杂的麦田圈呢？难道这真是来自外星文明试图与我们接触的证据？是外星人对我们发出的瓶中信进行了最直接的回答？

麦田圈的特征

或许除了图案之外，我们还可以从其他的地方觅得蛛丝马迹。经过对近 20 年来出现的数千个麦田圈的调查，研究者发现，这些非人造麦田圈通常具有以下特征：

（1）圆圈多数形成于晚上，通常是子夜至凌晨四时，形成速度惊人。麦田附近找不到任何人、动物或机械留下的痕迹，没人亲眼目睹到圆圈图案的产生过程。动物远离现场，麦田圈出现前举止失常。

（2）在麦田圈附近常出现不明亮点或异常声响。

（3）图形以绝对精确的计算绘画，常套用极复杂的几何图形，或进行黄金分隔。最大跨度的麦田圈达 180 多米，比足球场还大。最复杂的麦田圈共有 400 多个圆，被称为"麦田圈之母"：

（4）农作物依一定方向倾倒，成规则状的螺旋或直线状，有时分层编织，最多可达五层，但每颗作物仍像精致安排一般秩序井然。

（5）秆身加粗，秆内有小洞，胚芽变形，与人折断或踩倒的麦子明显不同。

（6）麦秆弯曲位置的炭分子结构受电磁场影向而异常，但竟然能继续正常生

麦田圈附近出现的不明物体和亮点

长。生长的速度比没有压倒的小麦快。开花期的作物如果形成麦田圈，不会结种子。成熟期的麦子形成的麦田圈，会因发生变异而使果实变小。

（7）圈内像烘干的泥土内含有非天然放射性同位数的微量辐射，辐射增强三倍。

（8）麦田圈中的土壤里有许多磁性小粒，而且只有在显微镜下才能看到。

（9）图形内外的红外线增强。

（10）大多在地球磁场能量带出现。电磁场减弱，指南针、电话、电池、相机、汽车，甚至发电站失常。

这些特征明确表明这些麦田圈对作物的影响，而这些，都不是人为踩踏或

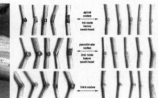

麦秆弯曲后的细部图

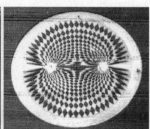

左图：最大跨度的麦田圈。中图：最复杂的麦田圈。右图：麦穗比较图。

左图：果实比较图。右图：显微镜下的磁性小粒。

者人造机械踩踏能造成的结果。这些，是不是也是麦田圈制造者给我们留下的信息呢？

麦田圈为什么不来中国？

常常有中国网友问"为什么麦田圈不来中国？""为什么麦田圈对英国的威尔特郡（Wiltshire）情有独钟？""麦田圈经常出现的地区有什么特别之处吗？"对于这些问题，虽然至今仍没有准确答案，但还是可以从现今的麦田圈中寻找到一些痕迹。

英国南部的威尔特郡是麦田圈最喜欢拜访的地区，这一地区具有白垩（主要成分是碳酸钙）地质特征，这样的地质被认为具有"能量线"，并拥有神秘的历史。威尔特郡有众多史前遗迹，也是报道中 UFO 目击事件最多的地区，很多人认为麦田圈是神或宇宙智能生命传达信息的产物。此外巨石阵（Stonehenge）、人造土山（Sibury Hill）、埃夫伯里石圈（Avebury Stone Circle）、白马石刻（White Horse）等古代遗迹附近也常常出现麦田圈。人们猜测，这些神秘图形也许和古代遗迹有某种联系。

而多年的观测与数据积累，使研究者们发现了一个有趣的现象：在英国出现的麦田圈中，有 87% 以上出现在浅层地下水上方，有 78% 以上出现在白垩土或海绿石砂（砂岩和绿土的混合土层）之上。由此推测，塑造麦田圈的力量似乎和水有着密切的关系。

麦田圈的地域分布特点是制造者留下的某种信息吗？虽然还有这样或那样的

依次为：巨石阵、埃夫伯里石圈、白马石刻。

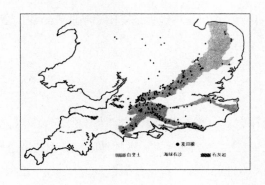

英国南部麦田与蓄水层
分布图。

不确定性，但可以肯定的是，人类对地外生命的探索永远不会停止。希望真的有一天，我们能够揭开所有的谜团，破解所有的未知讯息，张开双臂欢迎来自外星球的朋友。

5．天外来客之 UFO 事件

历数现代人类和天外来客的接触事件，首当其冲的便是 UFO 事件。细细探究 UFO 事件，我们发现，史前遗迹、麦田圈、外星人目击事件等都与此相关。

UFO 以充满神秘的方式存在，数以千万计的地球人声称看见过 UFO，究竟这些目击者是幻想家还是大骗子？抑或在谎言与真实之间存在着某些东西？答案是在太空中的星球，还是来自人类对神秘的崇拜？ UFO 是在心中还是天空中？

UFO 简介

提到 UFO，人们首先想到的是外星人、飞碟，甚至把 UFO 等同于外星人和飞碟，但 UFO 却不仅仅包含这些。UFO 的全称为不明飞行物，也称"幽浮"（Unidentified Flying Object），指一种会移动的飞行物或天文景象，可由肉眼观测或雷达监测到，而人类目前尚无法解释的现象。其实飞碟是指外星人驾驶的宇宙航行器，因目前人类对外星人仍存怀疑态度，所以 UFO 就包括飞碟，但是飞碟

各种 UFO 图片

并不等于 UFO。

在世界范围内第一次掀起 UFO 研究的热潮，始于 UFO 研究史上最著名的"阿诺德事件"。据目前统计，UFO 已达 100 多种不同的形态。据报道，全世界约有 1/3 的国家在开展对不明飞行物的研究，已出版的关于不明飞行物的专著约 350 余种，各种期刊近百种。UFO 研究比较活跃的地区有北美、欧洲和日本，其次是澳大利亚、韩国和墨西哥。

"X 档案"和蓝皮书计划

对于 UFO 事件，各国政府异常一致地保持沉默，极力掩盖相关真相。但事实上，许多国家的军政要人异常关心 UFO。

从世界范围来看，这几十年来收集的大量数据和进行的大多数调查基本上是徒劳无功的。也正因为如此，才增加了 UFO 的神秘性。英国国家档案局最近公开了一份厚逾 1000 页的"X 档案"，解密了英国民众于 1978 年—1987 年间发现 UFO 的奇特经历。英国作为全球 UFO 目击高发地区，据政府统计，每年发生在英格兰和苏格兰的 UFO 目击事件超过 2000 件。

在 1947 年进行的"蓝皮书计划（Blue Book Project）"，前后继续 22 年，共调查 12600 多个目击事件，其中约 600 件的报告无法使用科学的方法或自然现象来说明，其余均可用已知的物体或现象来解释，譬如飞机、气球、云彩、流星、人造卫星、飞鸟、光线反射、雷球（balllighting）等等。由此可知，UFO 目击事件有 95/100 可能是误认，甚至伪造。而其他爱好者则把 UFO 分为四种情况：一是地外高度文明的产物，是外星球的高度文明生命（外星人）制造的航行工具；二是自然现象：某种未知的天文或大气现象；三是对已知现象或物体的误认；四是心理现象：它产生于个人或一群人的大脑。

人类和飞碟的接触

飞碟接触事件的分类，第一类接触：远距离发现飞碟，仅是目击者遥遥看到。但没有留下任何具体的物证。第二类接触：近距离目击飞碟，对目击者或地面物体留下痕迹。引发诸多争议的麦田怪圈可以被归为这类接触。第三类接触：直接和外星人接触，包括对话、绑架以及肌肤接触等。这些接触事件的证据种类有：目击证人、照片、影片、雷达、实体飞碟及外星人本体、用品或残骸、环境痕迹、压扁植物、脱水折枝、牲畜惊吓、动物死亡、地面印痕、土壤变质、人体效应、目眩目盲、烧灼疼痛、精神错乱，等等。

第一类接触。"阿诺德事件"是第一类接触的典型代表。1947 年 6 月 24 日，美国企业家阿诺德在华盛顿州雷尼尔山上空，驾着自用飞机飞行。当时天气晴朗，突然发现在北方有九个白色碟状的不明飞行物体，连接成锁链状，其飞行高度约为 3600 米，由北往南飞。物体的直径约有 20 米，飞行时速高达 2700 公里，速度相当惊人。阿诺德说，他根本追不上，它们可能来自外层空间。这些碟状的不明飞行物体，阿诺德称它们为飞碟。这个消息发布后，造成美国极大的轰动，因此每年的 6 月 24 日被定为飞碟纪念日。

第二类接触。麦田圈是最好的例子。这个我们前面已经讲过，不再赘述。

第三类接触。罗斯威尔飞碟坠毁事件，独臂农夫比利·迈尔（Billy Meier）和昴宿星人的交往，阿曼多事件，希尔事件，等等，是第三类接触的经典。

罗斯威尔飞碟坠毁事件是 UFO 研究史上的重要事件。

1947 年 7 月 8 日，美国新墨西哥州罗斯韦尔的《每日新闻报》（*The Daily News*）登出一条耸人听闻的消息："空军在罗斯韦尔发现坠落的飞碟。"这条新闻马上被《纽约时报》（*New York Times*）等各大报刊转载，被无线电波传遍世界。这条消息像一枚重磅炸弹，在美国公众中引起轩然大波。人们从四面八方奔向美国南部的新墨西哥州，在距罗斯威尔 20 公里外的一片牧场上，蜂拥而至的人流受到一排排铁栅栏和一队队荷枪实弹的士兵们的阻拦……

当日，罗斯威尔空军基地宣传部的瓦特华特中尉，发表了下列内容的报道："驻扎罗斯威尔的第八空军联队第 509 轰炸大队情报部，因得当地牧场主人和查别斯郡警局的协助，而成功地取回 UFO。"这则消息当然会在当地流传开来，而且还通过通信社送往全世界。可是，在这个消息发布的数小时后，又马上发表了一则更正启事："此次飞碟收回事件纯属误导，事实上，这是观测气象用的气球。"

另外，7 月 8 日在距遍布金属碎片的布莱索农场西边五公里的荒地上，住在梭克罗（Socorro）的一位土木工程师葛拉第（Grady L.）发现一架金属碟形物的残骸，直径约 9 米，碟形物裂开，里面 4 把座椅上都有一具用安全带束紧在座位上的死尸。这些尸体体型非常瘦小，身长仅 100—130 厘米，体重只有约 18 公斤，无毛发、大头、大眼、小嘴巴，穿整件的紧身黑色制服。当日军队马上进驻发现残骸的两地，封锁现场。

独臂农夫比利·迈尔和昴宿星人的交往。比利·迈尔是瑞士人，他用相机拍下和昴宿星人接触的大量照片、相关的录音、金属物品。而 NASA 对这些证据的鉴定结果是没有作假。据悉，他一共和三位外星人交往。具体情况我们将在下一章细谈。

希尔事件是绑架事件的典型例子。贝蒂（Betty）和巴利·希尔（Barney Hill）1961 年在加拿大一条边远的高速公路上遇到一个已着陆的 UFO。他们在精神受到控制的情况下被强迫带进 UFO 内。两人分别在不同的房间里接受各种医学实验、肉体实验和心理实验。在这类绑架事件中，外星人通常采用特殊手段短暂麻痹受害人的大脑，使受害人在被实验过程中既无法自理，又难以记起在他们身上所发生的细节。

此外，阿曼多事件以时间缺失闻名，也是一起著名的外星人绑架事件。1977年4月25日，一名智利下士阿曼多·巴尔德斯在玻利维亚边境不远的普特勒山地附近被UFO劫持。当时，阿曼多正率领7名士兵在边境线上巡逻，突然，在距离他们500米远的地方出现了一个发强光的不明飞行物。它向哨所附近的一盏灯飞去，停在不远的山坡上。士兵们立即监视这个发光体。阿曼多慢慢离开士兵，独自向发光体走去。忽然，他消失不见了。数分钟后，UFO也杳无踪影。15分钟后，阿曼多又出人意料地出现在巡逻兵身旁。他大吼一声，接着昏厥在地。士兵们惊愕地看到，阿曼多的胡子变得很长，神情憔悴。数小时后他醒过来，大家询问他，他说不知道发生了什么事。他的手表比其他人的慢了15分钟，日期却走到了4月30日。智利的这起UFO劫持案当时轰动世界，美国、英国、法国等国家的UFO研究专家纷至沓来，进行实地调查。阿曼多事件成了UFO研究史上的典型案例之一。

UFO 的特性

根据有关不明飞行物体的调查报告，飞碟出现的现象，由于飞碟种类的不同，可以归纳成六项不同的特性：

（1）平均速度极快，来无影去无踪或突然出现、突然消失。

（2）产生电磁力可以打碎空气，出现时能够无声、无阻碍地移动。

（3）四周有强烈的电磁场，会使汽车熄火、罗盘乱跳、收音机播音中断、电视受干扰以及电力系统失灵等。

（4）会产生各种红、橙、黄、绿、紫等色的亮光变换。

（5）没有惯性反应，可以呈连续性任何角度的折线形前进或后退移动。

（6）具有反重力，可以无动力状态停留空中，或快速垂直上升而消失。

6. 地球的武器对它束手无策

UFO 研究思考

UFO 现象是本世纪最激动人心、富有深远意义的事件。UFO 现象中一些似乎违反自然规律的事件，极可能是现代物理学革命的前奏，因为历史上物理学的重大发现往往是从观察天空开始，而且 UFO 现象还可能与外星智慧有关。

它所显示的种种超出现代科学技术水平的功能，无疑是对人类智慧和当今科学技术的极大挑战。假如 UFO 真是外星人的乘具，外星人真的同地球人接触，那将会对地球文明产生全面冲击；对宇宙图景、科学体系、思维方式、哲学思想以至伦理道德方面，产生巨大的推动作用。因此，对 UFO 的研究极有可能导致人类文明的新飞跃。

但是整个科学界对于外星人的说法并不感兴趣。究其原因，不仅与外星人的假设过于玄虚、其科学依据甚少有关。实质上，还存在着更深一层的原因。

自古以来，人是哲学的第一主题，到本世纪已形成了一种以地球人为中心的价值理论。这种理论只考虑地球人和地球人的目标，以及以地球人的经验来判断万物的准则。这种价值理论有广阔的历史、哲学和宗教背景，在西方国家中几乎已成为至高无上的准则。尽管哥白尼推翻了"地球中心学说"，而他却一直珍视"地球人是宇宙独一无二的智能生物"的信条，不能设想也不能允许别的智慧存在。这代表了一大批杰出科学家的观点：人的精神不可以用科学来解释，它只能为人类所独有，这是整个人类价值所在。而且当地球文明还未受到外星人的侵袭，由牛顿、麦斯威尔、爱因斯坦等创立的科学体系依然壮丽辉煌。

人类技术水平正在日新月异地飞跃，在这一系列场景下，谁还会杞人忧天，对外星人的神话而操心费神呢？然而，当人类安于一个古老的家园，傲视千古时，UFO 现象所显现的超乎寻常的力量是对人类文明的冲击，是使人类的精神世界得以更加完美的契机，因此人类不应回避外星人的存在问题或者漠视 UFO 现象。假如外星人真的存在，那将在人类文明的一切领域发生一场真正的革命，将使人类历史的进展焕然一新。

　　地球人的何来、何由、何去、何从等问题一向是哲学家的最大难题，到底地球人是万物之灵，还是属于宇宙中较低等的人类。我们通过对飞碟与外星人的研究，可以逐渐获得解答。

Chapter 10

外星人究竟在哪里？

种种迹象显示，真相正在逐步展现，"演员"开始粉墨登场，
"大戏"即将拉开帷幕，只是，作为观者的我们，不知道
是真正的清醒者，还是正在觉醒觉悟中，抑或糊涂茫然，
依然沉睡着。

2010 年 9 月 27 日，多家网站发布消息称，联合国任命马来西亚天体物理学家马兹蓝·奥斯玛为地球首位星际外交官，代表人类与可能造访地球的外星高层进行接触。但奥斯曼本人却在 27 日否认了这一说法，她表示下周确实要参加一项会议，但她要讨论的话题是如何处理"近地天体"，而非接待外星人。这一时让世人难辨真假，难窥真相。

同样在 27 日，6 名美国前空军军官在华盛顿召开新闻发布会，披露他们曾和外星 UFO 进行的"第三类接触"内幕。他们说，之所以选择站出来打破沉默说出真相，只是为了不想让人们继续被美国政府和军方蒙在鼓里。

同年更早的时候，4 月 25 日，英国著名物理学家霍金则抛出了"外星人肯定存在"的惊世之语，并提醒世人："人类不应尝试主动寻找外星生物，而是应该尽力避免与他们有任何接触，因为这对人类来说实在太危险，下场随时可能像哥伦布发现新大陆后印第安人惨遭屠戮一样。"如果霍金真的是一位知道更多内幕，且有良知、正义感的科学家的话，他可能是担心人类首先将要接触的是和黑暗政府暗中结盟的负面外星人，因为他也提到了"但愿外星人找到我们，是为和平共处而来"。

种种迹象显示，真相正在逐步展现，"演员"开始粉墨登场，"大戏"即将拉开帷幕，只是不知道，作为观者的我们，是真正的清醒者，还是正在觉醒觉悟中，亦或观望权衡，亦或糊涂茫然，抑或依然沉睡着……

1. 盘点外星人

种种迹象显示，在宇宙中，我们并不孤独。我们不是唯一的智能生命，甚至我们的文明可能远远不如宇宙中的某些邻居。他们在哪，他们是智慧生物吗，他们知道我们的存在吗，他们是敌人还是是朋友？

外星人在哪里？

外星人在哪里？目前有以下七种说法：

（1）宇宙空间说。太阳只不过是银河系 2000 亿颗恒星中的一颗，银河系之中还有着数目惊人的河外星系，宇宙的遥远和无限是难以想象的，因此 UFO 实体来自宇宙的某一个地方。

（2）地下文明说。据悉，美国的人造卫星"查理"7 号到北极圈进行拍摄后，在底片上竟然发现北极地带开了一个孔。这是不是地球内部的入口？另外，一些地球物理学者认为，地球的重量有 6 兆吨的百万倍，假如地球内部是实体，那重量将不止于此。这些引发了"地球空洞说"，一些石油勘探队员甚至在地下发现过大隧道和体形巨大的地下人。

（3）四维空间说。这一看法认为，外星人来自第四维。外星人在玩弄时空手法。一种技术上的手段，可以形成某些局部的空间曲度，且在与之接触的空间中扩展。另一空间的人由此可以来到我们的这个空间。

（4）杂居说。该观点认为，外星人就在我们中间生活、工作！在用一种令人称奇的新式辐射照相机拍摄的一些照片中，研究者们发现，有些人的头周围被一种淡绿色晕圈环绕，可能是由他们大脑发出的射线造成。然而，当试图查询带晕圈的人时，却发现这些人完全消失了，甚至找不到他们曾经存在的迹象。这非常恐怖：外星人就藏在我们中间，而我们却不知道他们将要做什么。

（5）人类始祖说。有这么一种观点：人类的祖先就是外星人。大约在几万年以前，一批有着高度智慧和科技知识的外星人来到地球。因工作和生活需要，他们决定创造一种新的人种——用外星人的精子和地球猿人的卵，创造出今天的人类。

（6）平行世界说。我们所看到的宇宙可能不是形成于长、宽、高、时间这四维宇宙范围内，而可能是由多个毗邻的世界构成，从而形成多个实际上互为独立的世界。因此，外星人有可能就是从另一个与我们不同的世界中来的。

（7）未来生命说。有些科学家认为，现在所谓的外星人，即为人类世界的未来人。我们也不能否认，也许当人类进化到几亿年以后，就成为今天所说的外星人的模样，并且掌握了穿越时空的技术，来到现在的人类世界。

外星人大盘点

外星生物和我们人类一样的长相、行为、智慧吗？

在纪录片《与霍金一起了解宇宙》中，霍金认为，外星生命几乎肯定存在于宇宙中的许多其他地方——不仅是活在行星之上，甚至还可能存在于恒星中心，甚或是漂浮于行星间的广阔宇宙。在他看来，外星生命极有可能以微生物或初级生物的形式存在，但不排除存在能威胁人类的智能生物。

在记录片中，霍金还设想了 5 种不同星球的外星生物，首次向世人展示他想象中的外太空生物的具体形态：类地星球，吃草的嘴像吸尘器，吃肉的像蜥蜴；气态星球，外星水母以闪电为食；液态星球，存活在冰层下的深海温水区的海洋生物似墨鱼会发光；极寒星球，长毛兽活在零下 150℃。此外，霍金还认为存在外星游牧民族漫游星际：宇宙间存在着漂浮的生命体，成群结队地游离在星球与星球之间，属于外星生物的游牧民族。它们可能用犹如行星般大的收集器吸收各个星球的辐射能，进而获得穿越时空的巨大能量。与此同时，霍金也警告我们小心地外智慧生物，他们高度文明，或许对我们怀有敌意。

我们有理由相信，在地球上发生的一切现在也在其他星球或空间中发生着。它们有的或许和地球一样有着智慧生物，有的或许还停留在原始状态，只有微生物。现在，我们主要谈论智慧生物。

目前，各国的 UFO 专家都掌握了一些可靠的有关外星人的报告。从这些报告来看，目前有 50 个以上正在拜访地球的外星生物。从外形来分，有灰人、类人型、爬虫类以及其他种类。

我们现在列一表格，粗略勾勒出外星人的种类、形态特征，智慧与否。

类型	分类[1]		形态特征	智慧与否
灰人型	灰人（Greys）	猎户座系统	典型 ET 形象：大头、大眼睛、灰色皮肤、没有鼻子，无性别之分。	智慧生物
	绿人（Grens or Oliverian）	不详		
	橙人（Orangean or Orange）	猎户座系统、伯纳德星系		
	蓝人（Blues）	不详		
	棕人（Browns）	不详		
	齐塔人（Zeta Reticulans）	齐塔网状星系、伯纳星		
类人族	宇莫星人（Ummites）	宇莫星·沃尔夫 424	外貌、体型与人类很相像，因而被称为类人型外星人，身高在0.9—1.8米不等，性别分男女。	智慧生物
	昴宿星人（Pleiadeans）	昴宿星团		
	天琴星人（Lyran）	天琴星（Lyra）		
	织女星人（Vegan）	昴宿星，沃尔夫 424 及其他地方		
	猎户星人（Orions）	猎户座系统		
	毕宿星人（Aldebaran）	毕宿5		
	半人马 α 星人（Centaurian）	半人马 α 星、南门二（Alpha Centauri）		
	鲸鱼 τ 星人（Cetians or Tau Cetians）	鲸鱼 τ 星、天仓五		
	科伦德星人（Korendian）	科伦德星		
	天狼星人（Sirians）	天狼星		
	耶洛因人（Elohim）	不详		
	伯纳德星人（Bernarians）	伯纳德星		
	南极洲人（Antarctican）	现居于南极洲山下的地底系统，起源地不详		
	亚格哈里人（Agharians/Aghartians）	现居于戈壁沙漠，起源地不详		

[1] 这个分类以外形分类，各类之间还有重叠，或者一族类可分为多类，如猎户星人有75%是人型外星人，14%为爬型类外星人，10%是黑皮肤天琴星人及1%是白皮肤天琴星人。此表以习惯分类。

续表

类型	分类		形态特征	智慧与否
	蓝人（Blues）	不详		
	火星人（Martian）	火星极其两颗卫星		
	金星人（Venusian）	金星		
	太阳系人（Solarians）	太阳系内		
	杜立巴人（Dropas or Dzopa）	现居于青海及西藏附近，起源地不详		
	海娅蒂丝人（Hyadean）	金牛座		
	达尔人（Dals）	达尔宇宙的"诺迪克"		
	诺迪克人（Nordics）	不详		
爬虫族 Reptilians	天龙星人（Draco）	猎户座的参宿五系统	爬虫型外星人有类似于爬虫的外形，高度不一，具有蜥蜴外形、能够直立行走。有的有翅膀，有的灰色皮肤，像狗或豹的脸及鼻子，分叉的舌头，眼睛为令人害怕的红色。	智慧生物
	猎户星人（Orions，14%）	猎户座恒星		
	有翼龙（Dracons）	居于地下，起源地不详		
	α–天龙星人（Alpha-Draconians）	α–天龙星		
	牧夫星人（Booteans or BOÖTEANS）	牧夫星系统		
	南极洲人（Antarctican）	现居于南极洲，原住地不详		
	橙人（Orangean or Orange）	猎户座系统		
	金星人（Venusian）	金星		
	纳加人（Anunnaki，Nagarian or Naga's）	在印度、西藏的宗教经典中出现过，起源不详		
	路西法人（Luciferians）	在圣经中出现，起源地不详		
	地底爬虫族（Subterranean Reptilians）	地球地表、月球及火星的地表下		
	牛郎星人（Altairians）	牛郎星恒星系统		
	卓柏卡布拉（Chupacabra）	出现在波多黎各、墨西哥、美国南部、智利、俄罗斯等，起源地不详		

续表

类型	分类		形态特征	智慧与否
其他类型	巨人族（Giant）：纳菲力姆、（Nefiilim/Nefilim）、阿努纳奇（Anakim）。	地球 / 尼比鲁（依前面次序，下面也如此）	他们有的体格巨大、有的无形体、有的类似昆虫、有的如灵长类动物、有的半人半鸟。	大部分为智慧生物
	无形体（或半透明）：仙女星系人（Andromedans）、某些天狼星人（Sirians）	仙女座星系（M31）、天狼星		
	混种（Hybrid）：橙人、Varginha Ebe's。	前者，伯纳德星系统；后者出现在巴西的"瓦尔任阿"，起源地不详		
	两栖型（Amphiboids）：天鹅星人（Cygnusian）、天狼星的诺莫人（Sirius Beings/Nomm、半人半鱼的类人（Sirius Reptilians）。	现居于青海及西藏附近，起源地不详		
	昆虫型（Insectoids）：螳螂人（Mantis Beings）。	不详		
	灵长类（Primatoide）：毛状小矮人（Hairy Dwarfs）、哈敏人（Homins）。	不详		
	半人半鸟类（Teropoid）：天蛾人（Mothmen）	地球地下		

　　上表粗略地勾勒出外星人的种类、文明程度。现在，我们分别例举各类型的主要族类具体介绍。

　　灰人型。灰人，被新创造的类似于蜥蜴的种族。经典的 ET 形象：体型小，大眼睛，灰色皮肤。由于没有生殖器，他们无性别之分。灰人是最常见的外星种族，残忍而没有同情心。据信，他们跟地球上的一些国家有秘密合作关系，并在地球上建立了基地。可靠资料显示，美国政府和灰人有合作——美国得到飞碟及其他武器的相关技术，灰人获得资源、能源、复制基地的权利。通过实验室，灰人培育了其他灰人。

　　一般来说，灰人可分为 3 大类：

　　种类 A：又名齐塔网状星系（Zeta Reticuli，简称 Zeta），这是最常见的一个类型，来自猎户座邻近齐塔网状星系的伯纳星。他们行动军事化，严格划分社会阶级，社会结构颇为严谨。这类种族头较大，眼睛大且黑，脸部特征有限，嘴成裂缝状，没有所谓的鼻子，也没有头发。他们已经进化到无需生殖或消化系统，进行无性生殖，正常身高约 1.35 米。在美国的新墨西哥和内华达州，以及其他国家内都有他们的基地。据说，他们的星球一天 90 个小时，一年有 432 天。

这类灰人的遗传因子以昆虫类（Insectoidal Genetics）为基础。科学以生命形式和遗传工程为主，数千年来参予地球人类基因的改造。他们似乎想和人类混种，以便制造出另一种比人类或灰人还要好的混种。原因在于灰人是一种将死的种族，他们行无性生殖以致于日趋虚弱，因而想以制混血种的方式来替他们的生命注入新血，巴夏的书中描述到的爱莎莎尼星即是混种的实验星球。

种类 A 细分为两派：一派比较具有侵略性，行为粗鲁，另一派较为温和、文雅。温和派能以作生意的态度及外交的行为和人类交涉，以便控制人类。灰人似乎丝毫没有情绪，因此被认为对待人类很残忍，杀害人类，毫不尊重人类。他们很明显能使用人类身体的某些成份当作他们的养分，因此对人类来说是属肉食性的。他们臣服于某种更进步的爬虫族，并且奉命替天龙座的爬虫族先行前来地球，打点准备，以便迎接爬虫类的到来。灰人倾向于享受他们在地球享有的远离爬虫类的自由，且渴望于面对爬虫类主子时，得到地球人的支持和援助。此事似乎在 90 年代中期展开。

种类 B：来自猎户座的高的小灰人。和另外两个种类相比，他们身高最高，约为 2.1—2.4 米。脸部表情类似种类 A，却有着大鼻子。他们也使用人类看起来是奇迹的科技。主要的基地似乎在阿留申群岛。他们擅长于用用政治影响力去达到某些谈判结果，和世界强权签有协约（NWO 计划）。和种类 A 的灰人相比，对人类较为不怀恶意。

种类 C：来自猎户座的参宿五星（Bellatrix），离猎户座不远，是三种小灰人中身高最矮的，约为 1.2 米，面部特征和种类与 A 相似，且与之"同源"，是最为敌视人类的一种类。

类人族。这类外星人外貌、体型与人类很相像，因而被称为类人型外星人。现主要介绍天琴星人、宇莫星人、天狼星人。此外，类人型的昴宿星人也很重要，后边将重点介绍。

天琴星人。据相关资料显示，人类和人型外星人的先祖就是天琴星人。天琴星人躯体高大，皮肤、头发、眼睛的颜色都很淡，和地球上的白种人相像。天琴星发生战乱时，许多居民为了躲避战争而移居到昴宿星、毕宿星和织女星上。大约在5万多年前，天琴星再次爆发战争，当时的领袖带领36万族人来到地球避难，是第一批定居地球的外星人。

宇莫星人。他们来自距地球14多光年远的宇莫星·沃尔夫424（Wolf 424 Ummo）星，于1950年降到地球法国南方山丘地区。宇莫星人属于人型外星人，跟我们地球人长得很相像，也有男、女性别之分。和我们的逻辑系统不一样——他们比我们多两个选项：我们的逻辑系统是非真即假，而他们的是：真，假，是真是假，不是真不是假。

天狼星人。天狼星人在大约四五百万年前拜访地球。就地球银河历史而言，是最早拜访太阳系的外星人。早期的拜访都是为了科学因素而作的短期拜访。直至100万年前，天狼星人开始在地球作长久的殖民。此后不久，天琴星人、猎户

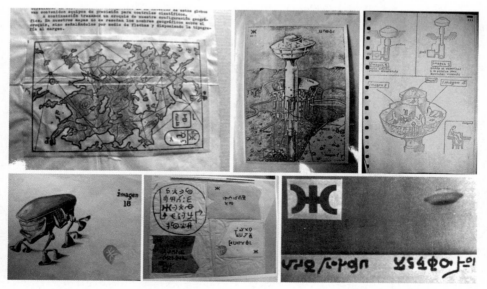

依次为：宇莫星人的星球上只有一块超大陆、宇莫星人的建筑物（两幅）、宇莫星人的交通工具、宇莫星人的文字、宇莫星人的UFO。

左图：天狼星人外观。

中图：诺莫人，他们也
　　　是天狼星人。

右图：天狼星是晚间天
　　　空中最亮的一颗
　　　星，它距离地球
　　　8.6 光年远。

星人及昴宿星人也来到这颗行星。在地球上的各类外星人开始透过混合自己族类的ＤＮＡ和当时在地球上已存在的猿人，"建造"出诸种类人的种族。在第九章，我们详细叙述了整个造人故事。

　　天狼星星球上有多个种族：有形体的，没有形体的；人型的，非人型的。从人类神话中，我们得知，早期地球上的许多战争是天狼星人和天琴星人之间的。天狼星人对人类较为友善，尤其对人类医学颇有影响。当然，天狼星人里面也不乏坏份子，他们注重个人利益大于其他利益，一些依靠绑架、帝国主义行为获利的就是他们。

　　爬虫类（Reptiles，或者 Draconians）。基因属爬虫类，已经高度进化，但被人类视为性情邪恶、带有敌意或危险的生物。他们把人类看成是一种完全低级的种族，就像人类看待牛羊一般。和人类一样，他们也是肉食性生物。他们把地球看作是他们自古以来的前哨，期待着在他们回归时能完全地控制它，因为他们自

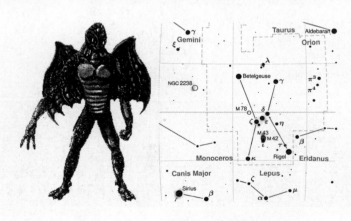

天龙星人外观。　　　　猎户座大多数恒星离地球最少
　　　　　　　　　　　　都有 600 光年远。

己的行星快要无法支持生命，所以他们需要别的地方居住。这个小行星像宇宙飞船般可人为操纵驾驶。他们就是上文所说的灰人种类 A 的主子。

爬虫类族以天龙星人、猎户星人为代表。天龙星人，是爬虫类外星人的皇室统治阶层。他们外观跟其他爬虫类外星人不同。天龙星人有翅膀，一般而言他们有 2.1—3.6 米高，而且他们的层级制度是依照他们皮肤颜色来区分的，白色皮肤的天龙星人是最高级的。据说天龙星人精通遗传学，且他们存在这宇宙已有数十亿年，他们创造了数个种族，因此，天龙星人也想当这些"被造物"的神，面对这些种族，天龙星人有绝对的优越感。他们在银河系大部分地方可被发现，而且他们也攻取猎户座大部分的地区。或许他们会取得所有猎户座的控制权。他们主要的根据地在猎户座的参宿五系统。

猎户星人。猎户星人有 75% 是人型外星人，14% 为爬型类外星人，10% 是黑皮肤天琴星人及 1% 是白皮肤天琴星人。大部分的银河战争都跟猎户星人有关。

其他类型。我们将具体介绍巨人族纳菲力姆、阿努纳奇、两栖类的天鹅星人，无形体（或半透明）族类仙女星系人为例。

纳菲力姆。他们曾经在圣经旧约中出现过，也是属于堕落天使的一族。他们是天使跟地球人类妇女所生的混血种族，他们属巨人族，身高约 2.1—3.6 米高。

阿努纳奇。和纳菲力姆一样，他们属于巨人族。身高 2.7—3.3 米高，也有些至 3.6 米高。据说他们在北美西部、阿拉斯加、墨西哥、得州东部被目击过。也

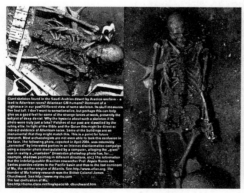

纳菲力姆的骨头。　　　　　　　　纳菲力姆跟人类之间的大小差距。

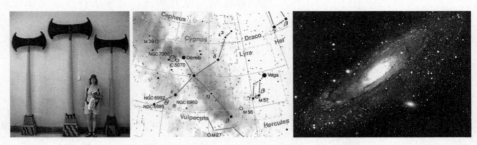

左图：伊拉克博物馆内的巨人武器。由照片内人的身高来比拟，就可知拿这武器的巨人有多高。
中图：天鹅星人来自天津四星系附近。
右图：仙女星系人来自220万光年之遥的仙女座星系（M31）。

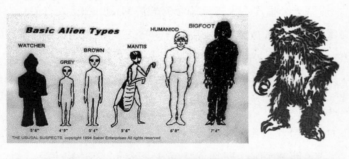

其他族类外星人的形状图片，依次为：螳螂人跟其他外星人身高比较；螳螂人外观，也分雌雄；毛状小矮人的外观：他们身高约1.2米高，重量约35磅，身上多毛，也是有智慧的生命体；哈敏人，像史前的灵长类人，身体多毛且体壮，在世界名地都有他们出现的报告；蛾人外观图。

认为他们有星际旅行的能力。

天鹅星人。他们属于两栖类的人，有着大且凸起的眼睛，宽大的嘴巴，没有头发，黑又油亮的皮肤，可能有着潮湿的外表。距离我们地球约 1550 光年。也有资料叙述他们于 53000 年前，频繁地来拜访利莫利亚大陆。

仙女星系人。他们已经发展至没有形体的种族，年龄平均有 2007 岁。他们也是昴宿星人的领导人及人型外星人（也包括我们地球人）的最后演化目标。仙女星系人也是个古老的种族，他们很担心我们的未来。据他们说，人类于 2013 年 12 月从第三密度提升至第四密度。仙女星系人正在帮助我们银河系类人的成长，如同昴宿星人帮助我们地球人成长一样。

2．外星人是敌是友？

前面，我们详细列举了我们在宇宙中的邻居。他们中的不少族类甚至正在地球上活动。那么，他们为何而来，是敌是友？

外星人为什么来地球？

对于外星人来地球的原因，目前有六种说法：

（1）促进文明：外星人暗中导引人类朝向发展更加文明的未来，以及推展宇宙文化。例如埃及、玛雅等古文明，可能是远古外星人遗留的文明。如昴宿星人。

（2）地球寻根：外星人曾是地球人，因生活环境变异等等诸多原因离开，遗留许多辉煌的古文明遗迹，例如埃及、玛雅的金字塔，南美的纳斯卡地面巨大图形等。现在想再回到地球，以便探访这些遗迹。

（3）观光旅行：外星人生活水平极高，科技相当发达，可以到宇宙各处旅游，当然也会到地球观光。

（4）监视警戒：人类好战，因此外星人监视人类使用毁灭性核子武器，并防止产生公害，导致地球灭亡及影响到宇宙的和平。

（5）调查资源：外星人曾杀害许多牲畜，甚至诱拐人类作医学试验，也长期探勘地球的各项资源，经常采取植物、岩石及水样，以寻求其行星上所缺乏的信息或资源。小灰人等常常做此事。他们没有灵魂，不能永生，渴望拥有人类的灵魂，因而常来地球收购灵魂等。

（6）侵略征服：地球是宇宙中极珍贵的行星，在外星人因自然环境等原因需要外移时，可能以地球为移居的目标。因此秘密侦察地球上的军事机密、地理环境及人文数据等，为将来武力侵略征服地球做计划。物理学大师霍金就持这一观点，甚至严厉警告人类不要和外星人接触。

上述六种说法，众说纷纭。以科学观点而言，外星人花费庞大资源，航行遥远的距离到达地球，必有其目的。人类必须提高警觉，防止外星人的侵犯。

正面外星人和负面外星人

外星人从外表上分为正面外星人和负面外星人。类人型外星人大部分是正面外星人。负面外星人以著名的小灰人和爬虫类居多。现有资料认为，银河系有超过 200 个种族，其中有 50 多个种族与我们接触。自 1947 年罗斯威尔事件后，地球人类与外星智慧生物的接触日盛。

正面外星人几乎不与我们面对面接触，而负面外星人甚至干预人类文明的发展进程。正面外星人是以服务他人为灵性服务导向的种族，这和中国人的传统思想很接近，如团结、友爱、分享、仁慈等等。他们将地球人类以及其他宇宙生物视为兄弟姐妹，不愿露面，喜欢做一些暗示或提示来帮助和引导低级物种。负面外星人是以服务自我为灵性服务导向的种族，喜欢扮演上帝来欺骗低级物种，征服欲望强烈，喜好竞争、殖民、掠夺之类的词汇，提到自身的成就时会表现得很骄傲，是个没有同情心的种族。

对于正面外星人和负面外星人的不同处，我们列一表格，以作对比。

对比点	正面外星人	负面外星人
种类[1]	正面外星人有昴宿星人、半人马 α 星人、宇莫星人、天琴星人、织女星人、鲸鱼 τ 星人、科伦德星人、金星人、太阳系人、光明之子、达尔人、大角星人、仙女星系人等等。	灰人、天龙星人、猎户星人、有翼龙、α-天龙星人、耶洛因人、黑暗之子(Sons of Darkness)、雷维隆人(Leverons)、被复制的诺迪克人、黑衣人、牧夫星人、路西法人、蔡斯镇事件外星人。
自我提升	建议人类提升灵性，以灵魂为主，让五官意识与潜意识随着灵魂语言而合一。	倡导人类"取得物质并享乐"，让人类忘记自身是有灵魂的，无法提升意识能量，以及忘记探索、了解人类与宇宙创造者的真正关系。
社会形态	建议人类创造一个公开、没有竞争主义的祥和社会。	持续主导人类创造一个充满竞争、奴役、欺瞒与杀戮等制度的社会。
价值观	视所有有情生命为"一体"，知道宇宙循环真相与宇宙如何运作。也会适时帮助那些即将面对灾难的星球人民，但不会主动并大力干涉各个星球生命的进化意志，即自由意志。	他们的真理就是，除了他们自己种族以外，其他生命种族都被视为应该将之奴役、控制的低下种族。
飞船	通常是隐形的，停在距离地球大气层外围，给人明亮、平静与愉快之感。	通常是隐形的，带有较大噪音，给人焦躁之感，且容易引发头痛等不舒服症状。
个性	和平友善，喜欢冥想。与人类相处时，公开透明，总是带来更多的智慧与善意。	个性上要求尊崇与崇拜。与人类相处时，以威逼利诱的方式，换取他们认为的最佳利益。通常，他们喜欢捉弄人类，甚至残杀任何有情生命。
交流	喜欢使用心电感应与人类交谈，并且时常引导宇宙能量并传递给人类，尝试让人类自身开发潜能。	喜欢利用现有人类科技传达物质享乐与负面能量波长，企图影响人类的生理波长，其目的就是要改变与消除人类内心最深处的智慧与能量被开发出来的潜在性。

[1]这个分类以外形分类，各类之间还有重叠，或者一族类可分为多类，如猎户星人有75%是人型外星人，14%为爬型类外星人，10%是黑皮肤天琴星人及1%是白皮肤天琴星人。此表以习惯分类。

正面外星人和独臂农夫的故事

在正面外星人中，独臂农夫的故事广为人知。

首先介绍一下昴宿星人。昴宿星人，又称七姊妹星人，属人型外星人，同样分为男性、女性。不管是从精神方面还是科技方面来讲，他们的文明都比地球文明要发达。他们住在泰莱塔恒星（Taygeta）的伊柔星（Erra），寿命约为1000地球年。昴宿星人和我们人类有相同的祖先——天琴星人。

此类外星人高度进化，注重心灵生活，仁慈，是目前地球人类可以真正信赖的外星人之一。他们曾经一度向地球领导人表示愿意提供帮助，以便应付灰人在地球的活动，结果被拒。他们被拒绝的原因是帮忙的条件是地球各国放弃军事武力，致力和平，并进入4D，加入星际联盟（Confederation os Planets）及行星委员会（Planetary Council），终止和灰人签订的条约，由星际联盟负责保护地球。因此现在他们对地球袖手旁观。目前他们并不常在地球活动，因其行星附近出了严重的问题，有待处理。

跟昴宿星人接触最多的是瑞士的独臂农夫比利·迈尔。比利·迈尔是UFO史上的一位传奇式的人物。当别人的理论如今一一被修改，他的论述证据却逐一被证实。

比利·迈尔近影

比利·迈尔5岁时开始和外星人接触。1942年—1953年，他和一位来自伊柔星名叫Sfath的外星老人联系。1953—1964年，他同来自DAL宇宙（我们邻近的宇宙）名叫Asket的女外星人接触联系。在Asket的指导下，11年的时间里，迈尔去到欧洲和亚洲的许多国家旅行，在旅程中提升能力，展开精神探索。1965年8月3日，迈尔在一次车祸中失去了他的右臂，"独臂农夫"的称号也由此而来。自1975年开始，他与Sfath的孙女西米斯接触。在几次接触中，迈尔被允许拍摄她的飞船的飞行，而与外星人实际的接触交谈则获许被逐字记录，内容包括：创造和创作、宇宙起源、地球的历史、科学、天文学、灵性、转世、基因工程、地面宗教、人类的进化过程、精神教义、星际空间飞行、银河联邦、外星人的起源和探视地球、心灵感应、地球人口过剩、环境破坏、男女关系、政府和军事隐瞒，等等。

很多的接触时间发生在白天。外星人通过心灵感应通知。迈尔依靠独臂艰难地开着小摩托车携带照相机前往目的地。以后逐渐改为晚上。西米斯非常漂亮，她的眼珠是独特的淡蓝色，琥珀色的头发直垂腰际，鼻子小巧，嘴形美丽，颧骨高耸。西米斯有两个特征和地球人是完全不同的：她的新式碟型电视天线几乎贴在她的头上，而且线条很锐利并不圆滑；另外，她的皮肤看起来是那么苍白且美丽，甚至接近发光的样子。

图片依次为：昴宿星人 Sfath 是最早和比利·迈尔接触，因年岁高已逝世；昴宿星人 Asket；昴宿星人西米斯（Semjase）；昴宿星人的文字。

不同于其他第三类接触，迈尔有着大量的证据证实事件的真实性。1962—2007年之间，有 86 名人证可证实事件的真实性。而相关物证也颇多，如制造外星飞船的金属材料样本、照片、录像、飞船声音录音，等等。

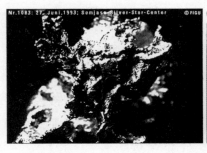

金属样品。　　　　　　　　　　　　　昴宿星人的飞船。

金属样品，代表最后制造光船船身的物质，由外星人提供。经过美国国际事物机器公司（IBM）检测，这个微小的样本含有很纯的银及很纯的铅，加上钾、钙、洛、铜、氩、溴、汞、铁、硫及硅。金属样品有以下特点：几乎包含了周期表中所有的化学成分，且每一成分都相当纯；每一种元素与其他元素结合在一起，又各自保有自己的特性；含有地球上罕见的元素——铥。目前，在地球上无法将已知的任何物质结合成这种样子。不幸的是，该金属样品神秘消失在马赛·沃杰的实验室中。

照片、录像、飞船声音录音也是非常关键的证据。这些照片、录像空前清晰、写实、震撼人心，拍摄的飞碟金属质感极强。NASA 用最先进的仪器验证，得出毫无弄虚作假的痕迹这一结论。相机是破旧的奥林巴斯 35 厘米相机，构造简单，可以很容易地用单手操作，每次冲洗也都在镇中唯一一家冲印店进行。录像是用 8 毫米的胶片摄影机拍摄，录像中的飞碟，做的锐角转弯是现在的人造飞行器所不能完成的，更不用说在 70 年代。而一段 20 分钟的飞船录音，科学家认为它发出的频率是人类无法做出来的。

此外，其他一些族类也对我们人类非常友好。半人马 α 星人跟昴宿星人一样，在精神方面帮助我们提升，也跟选择过的地球人联系，只是没有昴宿星人那么积极。光明之子保护着全类人种族，也包括地球人。天狼星人对人类友善，对人类

昂宿星团距离地球 440 光年远。

医学有影响。仙女星系人很担心我们的未来，他们说，我们会于 2013 年 12 月从第三密度提升至第四密度。他们也正在帮助我们银河系类人的成长，如同昂宿星人一样。

负面外星人：灰人的故事

爬虫人、灰人、耶洛因人、黑暗之子、部分天狼星人等等都是负面外星人。在地球上最活跃、最多的便是灰人。

灰人是最常见的外星人种类，残忍而没有同情心。据信，他们跟地球上的一些国家有秘密合作关系，并在地球上建立了基地。灰人似乎丝毫没有情绪，因此被认为对待人类很残忍。他们很明显能使用人类身体的某些成份当作他们的养分。而猎户座的高的小灰人则擅长于用政治影响力去达到某些谈判结果，和世界强权签有协约（NWO 计划）。有资料显示，齐塔小灰人常常绑架人类（或其他种族）做实验。α－天龙星人正有计划地、隐密地入侵地球。

纵观整个负面群体，小灰人一部分由蜥蜴人创造，属于生化机器人的类型；蜥蜴人的老巢在天龙星，由从未来的负面堕落天使族回到过去创造，其 DNA 恒久不变，双性合一，干事效率极高，相比 DNA 经常变化的人类族来说，他们有天生的优越感，觉得控制是合理的。而猎户座的大灰人是出色的控制者，控制着蜥蜴人，也控制着小灰人，猎户座的上级又是谁呢？路西法！被称为堕落天使的路西法！路西法是离源头很近的造物者分身，他有他自己的一套进化方案，然后一路演变成为极端退化的个体化（Separateness）实体。

除了正面外星人和负面外星人外，宇宙中还存在着中立的外星人。他们大多数对地球上发生的事漠不关心。如海娅蒂丝人、诺迪克人。以诺迪克人为例，他们观察地球上的文化，但他们不会干预。据说他们跟小灰人有冲突，因为他们反对小灰人干扰人类的进化过程。

3．政府和外星人

2010 年 12 月 22 日，新西兰军方公开了数百份有关外星人和 UFO 的秘密文件。近年来，美国、英国、法国、俄罗斯、巴西、菲律宾等国家先后公布了有关外星人的秘密文件，似乎已经成为一种风潮。据悉，北美防空联合司令部有 5 万份、美国空军相关机构有 1.3 万份有关外星人的文件尚待公布；美澳合作在澳大利亚的松树谷建立了地下外星人基地，实施"人类—外星人空间计划"。

为何现在各国相继公布外星人文件，我们还不得而知。这些事件的背后，到底有何阴谋？我们地球上的政府，是否如传言中所说，不但早就知晓外星人的存在，甚至一开始就和外星人签订了秘密条约，建立了合作关系？

和政府接触过的外星人

在前面，我们详细列举了外星人的种类，并指出现在大概有 50 多种外星人在地球活动。那么，它们中的哪些种类和地球政府有过接触？各国政府对待外星人的真实态度究竟如何？它们为什么要隐瞒这一切，和外星人又有什么样的交集？

一如前面所叙，正面外星人少有和地球政府接触。他们中的大部分遵循不干涉法则，静静观察地球和人类的衍化。他们有的在远古时期和人类接触过，教给人类农牧业、建筑学、医学等文明发展所需要的东西，如天狼星人授人医术，爬虫类的阿努纳奇传给苏美尔人文明的技艺。他们有的给人类提示信息或者和挑选过的人类接触，传授给人类各种宇宙和人类提升的奥秘。如某些麦田怪圈是给人类的提示信息，昴宿星人和独臂农夫的交往故事。当然，也有一小部分正面族类和地球政府有过接触，如昴宿星人提出帮助地球人类，条件是放弃核武器，结果被拒。

负面外星人的故事在地球上上演最多，如绑架事件、牲畜被杀事件等等。常见的说法是，这些残忍族类得到了政府的允许，且和政府签订了秘密条约。由此，他们得以在地球上建立秘密基地、进行各种实验，而地球上的政府则获得了外星技术及其他好处。

由此看来，干涉甚至阻碍地球进程的便是负面外星人在地球上的活动。这方面的传闻，最多的莫过于美国政府和小灰人的合作。地球政府和外星人到底签订了哪些条约，合作项目具体有哪些，又有何目的？

外星人和美国政府签下的恶魔密约

事情起源于 1952 年。在 7 月 19 日和 26 日这两天，美国首都华盛顿的上空出现数架 UFO，在夜空中肆无忌惮地飞行。时任总统的杜鲁门下令击毁，不过爱因斯坦等科学家们皆强烈反对。在此后的 11 月，杜鲁门便促使"普罗杰克多·西格玛"项目成立，以便和外星人通信。第二年因政权的转移，由继任的总统艾森豪威尔接手该项目。

军方行动得更早一些。自 1947 年开始，军方便陆续成立 UFO 回收队的组织。在获得 CIA 提供的秘密基金支持下，他们回收 UFO，与外星人交涉，以便收集外星科学、技术、医学方面的情报。在研究有关飞碟和外星人的机构中，MJ-12 小组无疑是最高机构，由 12 位委员组成。当极机密事件被泄漏时，专门制造假情报以混淆传播媒体耳目，是 MJ-12 的工作之一。其实，当今世界上令人震撼的 UFO 事件，很多都是经由该组织流传出来的假情报。

1954 年 1 月，在新墨西哥州的赫鲁曼空军基地，政府和外星人正式交涉。巨大的 UFO 静静地降落在基地中，带有银色光芒的机门悄无声息地打开了，接着出现的是身高在 1.35—1.5 米之间的矮小生物。这些生物的眼尾极端高吊，灰色衣服从头到脚紧紧裹住，脸呈淡绿色，大鹰钩鼻非常醒目。在这次首次接触之后的一个月，即 2 月 20 日，在加州亚得瓦兹空军基地里，外星人、艾森豪威尔总统和 MJ-12 的成员正式签定一项协定。下面是协定的主要内容：

（1）外星人与美国事务一概无关。

（2）美国政府不干涉外星人的行动。

（3）外星人不可与美国政府以外的国家达成任何协定。

（4）美国政府保守外星人存在的秘密。

（5）接受外星人的技术援助，相对地允许外星人可以以人体以及牛只做实验。

就这样，这项被称为"恶魔秘约"的恐怖协定就被付诸实行了。

此后，各种活动便踊跃起来。1957 年，政府和外星人又签订了新的条约——建设双方共有的基地。在这两个条约的护航下，1957 年后半年 UFO 活动便渐趋频繁。当年 11 月，美国的中西部一带突然发生很多目击事件。和以前那种纯粹观察的态度完全不同，那些幽浮 UFO 不仅跟随汽车、飞机和火车等，还在各种场所着陆。到了 60 年代，外星人不仅在人类眼前出现，还频频发生诱拐人类事件，而以牛为主的动物被虐杀更是不胜枚举。紧接着才是真正令人害怕的事，政府主动帮忙外星人建造巨大的遗传因子实验中心，并诱拐人类，强迫他们反复接受实验。

在基于协定建造的地下秘密基地中，其中两个颇为出名——内华达州（Nevada）的"爱利亚 51"和新墨西哥州的达鲁西。

"爱利亚 51"是个极机密的地区，在这里早就有一些相当机密的实验进行着，例如波斯湾战争中的隐形战略轰炸机"B-2 史特劳斯"，曾在这里做了将近十年的试验。这个区域通常不许任何人靠近，也不许任何飞机飞入，但这里却接二连三地有 UFO 现身。还有传言指出，这里同时进行着被称为"普罗杰克·雷特莱伊"的地球飞碟试验。

在新墨西哥州的达鲁西基地进行的则是极不人道的行为：外星人诱骗人类，进行遗传工学的实验。更进一步说，是外星人想利用人类来施行手术，藉着心智控制以制造出能够符合他们要求的人类。而后发生的 UFO 或外星人诱骗人类事情，又有新型态，被称为"因普兰事件"，具体情况如下：外星人不仅收集人类细胞，还加了一些不明物质在里面。迄今为止，仍没有人可以确定他们这么做是为什么。最为可能的有两种猜测：一是外星人意图控制人类，二是这其实是美国政府制造的假象，目的在于掩饰外星人所提供的尖端科技实验。

"K 集团"的议程

其实，与外星人建立第一个条约的不是杜鲁门（实际上是继任总统艾森豪威尔签订的，人们习惯性地称之为外星人和杜鲁门签订的条约），而是罗斯福。

二战时期，相对于纳粹德国的威胁来说，美国处于非常脆弱的地位。罗斯福在绝望的顶点，愿意与外星人交易而取得"某些外星种族特有的科技"。由该条约产生了"K 集团"，代表天龙星联盟。天龙星联盟也被称为雷维隆人或猎户座集团。

布拉德·泰格的《费城实验和其他 UFO 阴谋》一书详细介绍了这次合约。

1934 年，外星人团体、美国总统罗斯福在宾夕法尼亚州举行会议，罗斯福和外星人签署了一项协议，交换某些外星种族特有的科技；外星人则获得在地球上进行实验、修建基地的权利。此时，整个费城实验的计划就被拟定了。该条约是灰人中的一个派别提出的，就是前面提到的 K 集团。他们是大约 1965—1990 年代绑架案件的主角。

几乎就在美国总统签署了互不干涉条约后，很快，美国的科技发展在几乎所有理论层面和材料的应用层面步伐明显加快。

费城实验、蒙淘克工程的一系列实验，船只隐形、远距离传送、精神控制、穿越时空，这些不仅仅是坊间的传闻。而这些技术中，外星科技掺杂其中。甚至，这些实验本身就在外星人的议程之内。

费城实验：隐形和远距离搬运

1943 年，美国海军秘密进行了一项前所未有的实验，目的在研究磁场是否能对船舰产生隐形变化，躲避敌人的雷达侦测。这项代号为"彩虹计划"（Project Rainbow）的实验，因实验进行的地点在费城（Philadelphia），故又称之为"费城

费城实验用的爱尔德里奇号船。　　　　　　　　　　美国费城。

实验"。它已经成为多本著作和一部电影的主题。

　　它是一项有助于结束"二战"的绝密工程，是今天隐形技术的鼻祖。这种技术是通过制造出一个电磁瓶（Electromagnetic Bottle），有效地分散船只周围的雷达电波。电磁瓶的发明改变了整个电磁学领域，因为它使其产生了一个特殊的新领域——一个围绕美国爱尔德里奇号（Eldridge）进行研究的特殊领域。让我们按时间顺序回顾一下整个过程。

　　第一次人体实验决定于 1943 年 7 月 20 日进行。这艘编号 DE 173 名为爱尔德里奇的驱逐舰，装置了数吨重的电子设备，包括两具能产生 75000 安培的发电机，三具 200 万 CW 的无线电发送机，还有一些特殊的同步调整回路。上午 9 时，经过充分准备接通主开关，实验开始。船内的控制室控制隐形化。船体的隐形已取得成功，但是，这次还包括船员的隐形实验。实验取得了成功。爱尔德里奇号从雷达屏幕上消失，隐形状态持续 15 分钟。但船上所有人员都因失去了方向感而产生迷惘状态，并伴随恶心的症状。

　　第二次人体实验被定在 8 月 12 日。约翰·冯·诺依曼博士（Dr. Jonh von Neumann）尽力避免这个设备对操作人员造成伤害，所以他尝试修改设备，只用雷达隐形，而不是整个画面的隐形。电磁场发生器再次开启后，爱尔德里奇号变得近乎隐形：在水面上只能依稀看到舰身轮廓。最初几秒钟似乎一切正常，但是随即闪过一道炫目的蓝光，军舰便完全从水面上消失了。更不可思议的是，爱尔德里奇号瞬间从费城移到 650 千米以外的诺福克，几分钟后又回到费城。这次实验后舰上的景象令人更加触目惊心，多数船员感到剧烈的恶心，有些船员干脆失踪并从此一去不复返，有些船员发了疯，而最怪异的是，有五名船员的肉体和舰身的钢铁结构居然融合在了一起！

实验的确取得成功，但是出乎意外地带来副产品。那不是船体的隐形，而是诱发了远距离传物，即突然从我们存在的时空连续体脱离，并在别的地方显形。

1943 年 8 月的实验以后，海军方面不知道该怎么办，4 天的会晤没有得出任何结论，他们决定再做一次测试。10 月下旬，科学家再次进行了试验。这次是从爱尔德里奇号装载货物，用遥控进行隐形，防止再出现人的受害。20 分钟左右的隐形后，人们检查搭载在爱尔德里奇号的船舱，发现两部发射机与发电机消失。另外，船内的控制室像台风经过后般荒凉。考虑到再继续做载人实验十分危险，海军决定全面中止计划。他们正式提交了爱尔德里奇号的记录。最后这艘船被卖给了希腊海军，他们随后公布了这艘船的航海日志，但是 1944 年 1 月之前的所有记录早被删除。

从物质观点来看，这项工程是成功的，但对那些卷进来的人来说却是灾难性的。实验后幸存的船员们变得与原先判若两人，他们回忆不起发生了什么事情，不论他们的实际身体状况如何，他们后来都被判定为"心理健康程度不适合服役"而被解雇了。据说有的人精神崩溃而住进医院，有的不明原因死亡。而心灵能力上似乎都获得加强，许多人仍然保留实验存留下来的隐形能力，不论在家中或是在酒吧，经常会忽然消失。

灾难性的结果导致彩虹工程的研究停滞了一段时间。主持开展这项研究工程的诺依曼博士被调到曼哈顿工程（Manhattan Project）———一项研发原子弹的工程。原子弹成了结束二战的武器。

蒙淘克工程简介

费城实验是蒙淘克计划开始的契机。这个计划的诞生是以调查、研究有关爱尔德里奇号偶然发生的远距离传物现象为契机，集中了 30 多年来科学技术的精粹才完成下列众多惊人的技术：利用电子控制开发的精神控制系统，以时间扭曲

《蒙淘克工程》系列，普雷斯顿·B.尼古拉斯（Preston B.Nichols）和彼得·穆恩（Peter Moon）合著：《蒙淘克工程：时间实验》（The Montauk Project: Experiments in Time）、《重访蒙淘克：同步性探险》（Montauk Revisited:Adventures in Synchronicity）、《蒙淘克的金字塔：探索意识之谜》（Pyramids of Montauk: Explorations in Consciousness）、《黑太阳：蒙淘克的纳粹—西藏连接》（The Black Sun Montauk's Nazi-tibetan Connection）。江苏人民出版社即将出版。

1943 年，美国军舰"爱尔德里奇"号执行了大量探索内心体验的研究项目，二战后被统称为蒙淘克项目。该项目致力于研究人类心灵与不可见时空连续体的涉入和置换。实验中，各式各样的心灵超能者各显神通，时间最终得以就范，变得可以被开发利用。随后，纽约蒙淘克点的蒙淘克空军站发生了奇怪的实验，这些事件记录在该系列的第一部——《蒙淘克工程：时间实验》。

1992 年，彼得·穆恩试图证实这一奇怪实验的确发生过。他在调查中惊讶地发现：蒙淘克整个场景背后，牵涉到强有力的、无法否认的超自然神秘因素，超乎寻常想象之外。该系列的第二部——《重访蒙淘克：同步性探险》记录了这一段探索。

该系列的第三部《蒙淘克的金字塔——探索意识之谜》通过研究金字塔，将此项目引向了更深入的调查，显示蒙淘克与古埃及的联系，以不同维度连接它们的门户。神秘主义和古代历史的新发现足以让最玩世不恭的批评家住嘴。

纳粹制度的深层秘密后面，还存在着更深的秘密：黑太阳会社（Order of the Black Sun）开创的秘密团体。这个会社如此恐怖，以至于战后德国禁止印刷其象征和徽章。黑太阳会社深入第三帝国的秘密及其与西藏的联系，超过了过去的任何尝试。作者彼得·穆恩把蒙淘克存在的各种奇异关系连接为一个整体：纳粹利用该地的美国军事设施，进一步推进他们的奇怪实验，继续进行第三帝国的秘密计划。这反映在第四部《黑太阳－蒙淘克的纳粹－西藏连接》。

现象的出现为契机开发的时间隧道，进一步探讨可能实现时间旅行的系统，按步骤进行的最终能"自由控制时间的技术"。

蒙淘克位于长岛（Long Island）的最东部。在灯塔西边的英雄营（Camp Hero），有一座神秘的空军基地。尽管在 1969 年被美国空军宣布停用并遗弃，但是不久后，未经美国政府的批准，它又重开并继续使用了。1983 年，蒙淘克基地的研究工作达到了顶峰。也就在那时，蒙淘克工程有效地打开了一个通向 1943 年的时空隧道。

威廉·瑞克和凤凰工程

20 世纪 40 年代末，美国政府开始着手气候控制工程的研究，代号为凤凰（Phoenix）。澳大利亚科学家威廉·瑞克（Wilhelm Reich）是这个工程的技术指导。

瑞克以发现生命力（Orgone）能量著称。该发现的实际应用价值之一，便是用于改变天气。他发现强暴风雨能积聚致命生命力能量（Dead Orgone），他称之为致命能（DOR）。生命能量和致命能不仅存在于生物体中，也存在于空旷的自然界中。他还发现风暴中含有的致命能越多，风暴就会越强烈。他对致命能爆发的多种形式进行了研究实验，并提出了一个能降低暴风雨强度的简单电磁方法。到 20 世纪 40 年代末，瑞克告知政府，他已经发明了一项能有效减小暴风雨破坏强度的技术。

政府把无线电气象记录器的技术与瑞克的致命能爆发装置结合在一起，开发出今天的无线电高空测候器。到了 20 世纪 50 年代，每天有接近 200 个无线电高空测候器被送上天空。我们不能精确地定义无线电高空测候器是否只是用作瓦解强风暴的，因为它也存在收集风暴破坏力的可能性。出于种种原因，政府最终取缔了天气控制工程。

"凤凰工程"和"彩虹工程"的合并

20 世纪 40 年代末，当凤凰工程正如火如荼地研究无线电高空测候器的使用时，彩虹工程也重新秘密启动。

彩虹工程要继续研究爱尔德里奇号当时遭遇的一些情况，诺依曼博士和他的研究小组再次被召回。这项工程涉及前面所谈的电磁瓶技术，目标在于找出实验中因人为因素引起的差错，以及实验不幸失败的原因。

20世纪50年代初期，政府决定将彩虹工程和无线电高空测候器工程未完成的部分，结合在一起进行研究。从此以后，凤凰工程就成了这项研究工作的统称。工程的总部设在长岛的布鲁克海文（Brookhaven）实验室，诺依曼博士被任命为整个工程的总负责人。

研究小组花了约10年的时间，研究为什么人们会在电磁场改变了他们的时空后不适。最终他们发现，人类天生就有一种"时间基准"点。时间基准点指向宇宙和它运行轨道的方向。从一开始，生命体就隶属于一个时间轨道，我们的生活就是从那个时间基准点开始。该时间基准点实际上也存在于我们地球的电磁场中。正是爱尔德里奇号上船员的时间基点失去了平衡，才给他们造成了无法形容的创伤。

由此，我们弄清了需要解决的问题，即只要不让实验者失去那个时间轴，就能很快地出入这个电磁瓶。此后，诺依曼和他的研究小组解决了这一问题：不断地向电磁瓶中的人告知地球上的正常情况，以确保实验者有一个连续的时间参考。这必须用到计算机：电磁瓶里的人将会穿越零点时间，而电磁瓶里本质上是一个不存在的或者最多是一个混乱的现实，所以只好用计算机产生出一种能与人们同步的电磁场环境（或是虚假驿站）。否则，肉身和精神就得不到协调，就会导致精神错乱。这就是为什么时间基点存在于精神中，而电磁场存在于肉身中的原因。

整项工程开始于1948年，结束于1967年。这项工程结束时，科学家们写了一份最终报告递交给美国国会。国会最后决定停止这项研究，因为他们担心这项出奇的技术被滥用。1969年，国会解散了整个工程。

蒙淘克工程－凤凰2：精神控制

当国会解散凤凰工程时，布鲁克海文研究小组已经围绕这项工程建立起了自己的研究王国，建立了与政府完全脱钩、独立经营的体制。此时他们已经掌握了能影响人类意识的隐形技术。

布鲁克海文研究小组去了军事部门，以精神控制技术为诱饵，尝试与军方重新合作，声称如果运用这个技术，那么只要战前按一下开关，就能使敌军投降。毫无疑问，军方受到极大诱惑，为他们提供了进行实验的场所、工作人员以及必要的器材。

器材中最特别的是古老的"鼠尾草雷达"，一种频率大约为425—450MHZ的巨型无线电高空测候器。从早期的研究中得知，这是"一种"进入人类意识领域的门户频率。当时已被关闭的蒙淘克空军基地，正好作为实验场所。研究的资金，据说就是1944年从纳粹手中夺取的相当于100亿美元的金块。

这项工程的名字被称作"凤凰2"，俗称蒙淘克工程。1971年底，蒙淘克工程开始投入运行。

小组成员在严守秘密的情况下进行精神控制机器的开发。他们由军事、政府雇员和各种机构提供的人员混合构成。其中有20世纪60年代从事鼠尾草雷达防

特高频功率放大器。本质上是一个超高频的功率放大器，在天线起作用之前，这个特高频功率放大器用作转化器最后的功率。

闸流管。这是使用过的一个四脉冲闸流管。这些闸流管驱动输出电子管，通过把转化器的脉冲注入输出电子管，调节跳动频率。正是跳动频率使得精神控制和逆转时间成为可能。功率放大器。它是一个大型的电子管设备，重达300磅，最大尺码达35英寸。

御系统的老工作人员。他们告诉凤凰工程的研究人员，能通过改变雷达的频率和脉冲持续时间，来改变基地上人们的心情。

这条新信息促进了"微波炉"实验。他们在建筑物的一处设置了有巨大反射机的聚焦装置，然后又在该建筑物的内部设计了被严格屏蔽的房间，放置了一个椅子，一个受过专门训练的人坐到这把椅子上——他就是我们熟知的邓肯·卡梅伦。然后，开闭建筑物的门，就能够调节射入房间的微波的量。

为了知道椅子上的人被不断地输入 X 频率、脉冲等会有怎样的反应，研究人员把转化器调到不同的脉冲宽度、速率和频率，然后进行反复的实验。最后，他们发现通过改变脉冲的重复速率，使振幅与不同的生物功能保持协调，可以控制一个人的思想。就如前面所提一样，在 425—450MHZ 的无线电频率下，实际上有一个通往人类意识的入口。而这也对人体造成了伤害。邓肯长期处于 100 千兆赫的无线电频率中，且距离频率中心大约只有 100 码的距离，因此他的脑细胞和组织受到由微波聚焦引起的严重伤害。

直到 1972 年，或是 1973 年，人们才真正认识到，这项秘密进行的研究利用了不燃烧辐射（non-burning radiation）理论。他们把燃烧辐射线对准天空，用不燃烧辐射线对准实验对象，发现这能够同等程度地改变人的心智，而且不会伤害到人的身体。

研究人员热衷于调节和改变人们的思想和心智。不同的军队受伤人员被送到基地休养，他们都成了精神控制实验的天竺鼠。不仅如此，实验的黑手还伸向长岛、新泽西州。在广泛地进行了大量的实验研究之后，研究人员发明了一种控制板，利用它可以设置不同的脉冲调节和时间。不同的脉冲反应代表着人们特定的思维模式。这意味着研究小组可以在他们想要的地方设置这种脉冲器，进而产生任何想要的结果。

所有这些研究花费了 3—4 年的时间。现在，这个转化器已经能够良好地运作。各种程序都能够被写进其中。导出的程序能够改变人们的心智，增加犯罪率，或使得人们变得狂躁不安。甚至在这一带的动物都显得很异常。

蒙淘克座椅：精神控制和时间控制

在 20 世纪 50 年代，国际电话电报公司（ITT）研究开发出了一种传感器，这个传感器能显示出我们正在思考的东西。它本质上就是一个读心器。借这种读心器，蒙淘克项目的工作人员将之改装成一种转化器，因为这可能降低隐形实验和时间实验的风险。

1975 年年终，在考究了座椅最初的原型（据说是天狼星人设计的）、国际电话电报公司提供的线圈装配、特斯拉设计的接收器、使用亥姆霍兹（Helmholtz）线圈后，蒙淘克座椅的设计取得了重大进展。这个座椅也就是前面提到的"专门的椅子"。从本质上来说，这个设备就是一个思想放大器。

1975 年底到 1976 年初，一切都正常运转了。研究人员让座在椅子上的邓肯集中意念在某个物体上，而这个物体很可能会出现在基地的某个地方。凡是邓肯所想的，发射器都能转化出来，并且能把他所想的一切事物化。通过发射器，他们实际上已经发现了思维的纯粹产物。

研究人员热衷于控制人类的思维。与早期的控制不同，现在的实验更进一步：看能否把一个人的思维植入到另一个人的大脑中。例如，他们让邓肯会见一个他并不熟悉的人，短暂的见面后，邓肯把所有的意念都集中到这个人身上。99% 的时间过后，这个人就会产生类似于邓肯一样的想法。只要把邓肯的思维植入到其他人的大脑中，邓肯就能控制其他人，并让这些人做他想要他们做的事情。这种控制因素比催眠还要更深一个层次。

精神控制只是蒙淘克工程的一部分，这只是刚刚起步。这一系列的研究一直持续到 1979 年。许多其他的实验也相继展开了。其中有一些实验非常有趣，但也有一些造成了可怕的结果：他们能控制个体、人群、动物群、居民点以及科学技术，可以说基本上能控制他们想控制的任何事物。例如，他们能让电视机出现故障，能暂停图像或是完全关闭电视。他们能心灵遥动物体，并毁坏房间。精神控制技术的飞跃发展，使之被各政府机构通道采用，进一步达到实用化。

使时空扭曲：时间发射机

蒙淘克的研究迎来了新的阶段——发生的契机是由于在邓肯的实验中，突然一切反应中止。

在 1979 年全年进行的实验研究中，有一个非常奇特的现象：邓肯思想的投射出现在正常的时间流之外。研究小组马上着手应对情况，全体被要求出席在华盛顿特区奥林亚召开的西格玛会议（Sigma Conferences）。在这个会上，有关人员暗示，将开发可操纵时间的发射机。

蒙淘克的机器已经具备了扭曲时空的机能，但是却不能完成整项工作，其主要问题是出在天线方面。因此，小组人员研究金字塔几何学与扭曲时间场的技术，最终开发出了猎户星座德尔塔时间天线。它之所以被称作猎户星座，是因为有流言说这种天线是由来自于猎户星座的外星人设计的（这是一群不同于天狼星人的外星人）。流言里面还说，猎户星人知道我们就快完成研究项目了，特地安排日程帮助我们。加上 20 世纪 20 年代尼古拉·特斯拉建造出的一个零点时间参考产生器，和让信息（信号）传输系统成为一个有机整体的白噪音，一切便准备就绪。

实验的目的是想让邓肯的精神传输能够连续不断。这项工程正试着开启一扇通往 1943 年美国爱尔德里奇号的大门。

和电脑连接的还是那把蒙淘克座椅，现在它被安放在两根天线中间的零点上。这次，电脑系统非常庞大，而且被安置在控制室中靠近雷达塔的地方。另外，这间电脑屋里还安装有许多终端接口和监视各项工作的设备。

邓肯坐到这把椅子上后，发射器就会被启动。他的大脑会变得一片空白，什么思想都没有。在收到指令后，他就集中意念在 1980 年（那时的当下时间）到 1990 年之间一个开放的时间隧道中。这次，一个"洞"或者说是一个时间大门，就正好出现在德尔塔时间天线的中心位置——你可以通过这扇门穿梭在 1980 年至 1990 年之间。还可以通过一个通道向里面看。从另一端的尽头来看，时空隧道像是一条圆形的走廊。

那些进入过这条时空隧道的人们讲，它看上去像是一个螺旋，很像科技小说中描述的漩涡。站在这条隧道外，看上去你好像看穿了时空一样——通过一个圆形窗户到另一头一个更小的圆形窗户。

　　从 1980 年到 1981 年底，时间功能被校准了，小组人员还掌握了如何使它保持稳定状态，以确保当门要消失时，时空隧道还存在。此后，研究人员继续研究探讨空间方面的稳定性。空间上的稳定性不仅确保他们能在特定的时间导出一个入口，而且还能在一个特定的空间里导出来。

　　在时间稳定和一切都就绪后，除了少数几个关键人物以外，他们遣散了所有人。邓肯作为这项研究的实验对象被留了下来。整个系统都是为邓肯设计和调试的。还有另外两个作为候补的人留了下来，以防邓肯出现意外或是不能胜任。工程负责人也留了下来，而军队离开了。一个全新的团队将负责基地的日常工作。

凤凰 3：时空之旅

　　新的技术人员被称作"秘密小组"。这项工程又重新启动，我们称之为"凤凰工程 3 号"。这项工程从 1981 年 2 月份一直持续到了 1983 年。

　　研究者们开始探究时间本身的特性。他们通过时间漩涡，不进入时空隧道就能采集空气、土壤和其他事物的样本。那些在时间漩涡中穿梭过的人把它描述成一个奇特的螺旋隧道，里面一路灯火通明。它是一个凹槽结构而不是一个径直的隧道。它是弯曲的并有一些转弯处，在你从另一端出来之前，要路经许多转弯处。在另一端，你会遇见某些人或做某些事。完成使命后要即刻返回。隧道将会继续为你开着，你可以回到你出发的那个地点。然而，如果在运转过程中，能量耗尽了，你就会迷失在时空隧道中，或是被丢弃在漩涡中的某个地方。

　　时空隧道会把里面的人带到另一端，通常情况下是在另外一个地方（相对蒙淘克来说），这要取决于发射器被安置在什么地方。进入隧道的人可能会出现在宇宙的任何一个地方。

　　随着"凤凰工程 3 号"的开展，被选来作研究的这些人身上都绑着各种各样的电视和无线电设备，以便他们回来后能对他们的经历做实况转播。每个人都是被护送进隧道中的，而有些人是被强迫的。通常情况下，那些被强迫的都是酒鬼或被遗弃的人，他们的失踪不会引起多大的轰动。有许多人没能返回。我们不知道还有多少人悬浮在时空隧道中，也不知道他们处于什么年代，身处何方，生活得怎么样。

重现的爱尔德里奇号与遭遇怪兽

一切都在正常地进行，但是到了 8 月 12 日那天，奇怪的事情发生了。突然间，装置好像变得跟什么东西同步了。就在那时，爱尔德里奇号——用作费城实验的船出现在时空隧道的入口处。小组人员立即锁定它。

这归因于地球 20 年一次的活动规律和 1943 年 8 月 12 日爱尔德里奇号的实验。

这个工程已经获得了一些启示性的成果。自然规律已经被打破，每个牵涉进来的人都深感不安，希望这个工程早点结束。随后，研究小组的几个人私下组建了一个临时的项目，用于毁掉整个工程。

在整个实验都准备充分后，邓肯坐在椅子上，低声说出"就是现在"，旁边的人启动了应急方案。

就在这时，他潜意识里出现了一只怪兽，转化器捕捉到了这只长毛怪物。它是一只巨大的多毛怪物。它在基地上活动，找到什么就吃什么。见到它的人对其描述都不一样，2.7—9 米高不等。

为避免情况更加糟糕，研究人员试图终止实验，在相继关掉发射器、转化器，切断电源、剪断电线、切断了连接各种各种设备的电源线后，所有的灯才都熄灭了。直到这时，怪兽才停止了活动，消失在上空。时空隧道的入口由此关闭，这事告一段落。

此后，我们才知道当天发生了什么。这个系统是自由能量运转模式。两个系统，即两个发生器———个是 1943 年爱尔德里奇号上的，另一个是 1983 年蒙淘克上的，连接在一起。两个发生器之间活跃着惊人的能量。借着这巨大的能量，所有连接在一起的电路依然能够运转。所以灯光依然亮着。更重要的是，这些发生器创造了一种从 1943 年到 1983 年的联系。这两个时期的能量创造了一个稳定的漩涡流场，这种漩涡流被当作锚来使用，利用这种漩涡流，可以将时间投射到时间隧道某一个特定的点上。

尽管平息了突然发生的异常事态，但基地化成了一片废墟。当恢复电力供应时，许多重要的仪器都出了故障，长年积累的技术产物，也呈现出不可修复的状

DEVASTATED BUILDING
According to legend, this is a building that the beast demolished.
It is to the south of the main base.

上图：上部分，毁坏的建筑。根据传说，这座建筑是怪兽破坏的，它位于主基地的南边。

中图：下部分，怪兽。这张照片摄于 1986 年，即蒙淘克计划到达最高峰之后。照片看起来像是一个巨大的怪兽，但是在开闪光的时候并没有这样的怪兽。如果给它一个更自然的解释，这可能是什么东西的幻影。它的结构是一个地下燃料库，差不多 3.6 米高。

下图：这是对前一张照片的放大。原来的那张照片，如果用放大镜来看，确实看起来有鼻子、眼睛和嘴巴。不幸的是，焦距太远了，所以并不清晰。

态。于是计划的领导者决定所有人员撤出基地，蒙淘克计划也寿终正寝。

封闭蒙淘克基地

在 1983 年 8 月 12 日的事件之后，蒙淘克空军基地就被遗弃了。在这年的年底，已经没有人在那里出现过。

1984 年 5 月或 6 月，一支精锐的黑色贝雷帽军队被派到了这里。他们的目的就是清除岛上的任何人。之后，第二支队伍带走了一些秘密设备，因它们被认为留在这里太敏感。大约在 6 个月以后，一个水泥搅拌大篷车队出现在基地上，蒙淘克巨大的地下室区域都被这些卡车填满水泥浆，就连升降机井也未能幸免。

大门被紧紧锁上，基地就这样被永久地遗弃。但是，今天访问蒙淘克基地的人们仍可以看到，作为计划痕迹的雷达发射机依旧耸立在发射楼的屋顶上。姑且不说蒙淘克计划是否真的就这样终结了，未能阐明的还有，蒙淘克计划的真正目的是什么？蒙淘克计划是由谁启动的呢？是恶魔捣的鬼？外星人的战术？还是中央情报局（CIA）的阴谋呢？这一切至今仍谜雾重重。

外星人为什么和我们合作？

一个普通的基本问题：是什么样的理由，让那些外星族类，对地球如此感兴趣？因为相对而言，外星族类拥有高明的科技，地球技术则如此落后。

是传说中的地球可能是打开星际之门或虫洞的一个富有价值的关键点，还是约翰·李尔（John Lear）暗示的，地球代表了人类基因库？或者是苏美尔神话中为寻找地球独有的稀土元素而来，亦或是罗伯特·拉扎的一本书所提及的"收割灵魂"？后一种说法认为，人类被称为"灵魂容器"，像做买卖一样，关于灵魂也有一个易货交易系统，外星族类一直都在做这个。

那么，外星人是以什么样的方式参与进费城实验的？

费城实验本身并非由外星人执行，问题在于1943年8月12日这个日期的设置，因为它已被锁定到1983年8月12日的凤凰项目上。这个日期是被外星人干涉的结果。他们希望借此容许大量的外星飞船，通过这个40年的多维空间大洞，进入这个维度。在爱尔德里奇号第二次人体实验的前6天，有3个不明飞行物出现在船的上方。而在8月12日，在测试的开关按下后，两个不明飞行物离开了那个区域，还有一个进入了超空间，停在了蒙淘克地下设施处。而其他的大多数外星人团体围绕在周围，在一旁观察正在进行的事情，而不是参与者。

那么，正在和地球政府交往的猎户座集团的真正本性和意图又是什么？

通常来讲，猎户座集团的本性是奴役和征服。他们遵循全一法则，却根据自由意志来服务自我。一些个体成为精英，通过精英，企图在剩下的行星存有中创造一种能被他们的自由意志奴役的条件。

他们之所以和政府合作，而不是直接登陆地球，奴役人类，是因为"行星意志"。大规模的登陆会侵犯星球的自由意志，从而导致一种极化方面的失败，因而选择和地球政府合作，变相入侵不失为一种好办法。这是猎户座集团的典型特征：让所有其他族类去为自己做苦力，包括人类。

4．那些神秘的组织和秘密项目

在历史上的任何时代，每个国家都会存在一些神秘组织。他们的动机和行为往往不为外人所知，通常是后期脱离组织的成员将真相公诸于世。地球上隐藏的各种秘密团体中，哪些成员最具危险性，哪些成员拥有改变我们生活、推动历史运转的权力？今天，我们要讲述的就是全球颇有影响力的共济会、光明会（Illuminati）、彼尔德伯格集团和这些组织背后的阴谋。

共济会和美国政府

共济会是世界上最大的神秘组织之一，几百年来坊间认为这个组织充满了阴谋论，指责其要控制全世界、掌管各地重要资产等，不过它自称只是个兄弟联谊组织。

共济会，字面之意为"自由石工"（Freemsons，全称为"Free and Accepted Masons"），其起源说法多样，但目前并没有确定的说法。据《共济会宪章》（The Constitutions of the Free-Masons）第一部《历史篇》的解释，共济会起源于公元前 4000 年。会员自称为该隐的后人，通晓天地自然以及宇宙的奥秘。也有人说共济会起源于参加建造古巴比伦巴别塔的石工工会。另一个说法是，共济会起源于建造所罗门的耶路撒冷神殿的石匠们。

近代的共济会成立于 18 世纪的英国，是 18 世纪欧洲一种带有乌托邦性质及宗教色彩的兄弟会性质组织。作为世界上最庞大的地下组织，共济会总部设于伦敦市中心高芬园，宣扬博爱的思想，以及美德精神，追寻人类生存意义，号召建立和平理想的国家。世界上众多著名人士都是共济会成员。共济会通过 1—33 级来注明他们的地位，作为共济会成员，第 33 级代表这个人成就的顶峰。全世界会员约有 600 万人，其中英国约 100 万、美国约 400 万、法国约 7 万。

近代共济会对神的解释源自柏拉图《理想国》对造物主的阐述。他们认为神是一位理性的工匠，而宇宙是神——"宇宙的伟大建筑者"（Great Architect of the Universe）创作的手工品，宇宙的秩序，即作品的外形来自神赋予的理性。外在的宇宙称为大宇宙（Macrocosm）；每一个人类都是宇宙的影子，也就是神的复制品小宇宙（Microcosm）。然而由于材料的先天性缺陷，小宇宙这个复制品总是不完美的。因而如果能够以理性为准绳，以道德为工具，不断地修正自身精神上的缺陷，那么最终人能够凭借自己的努力完善自身，即完成内在神殿的建造，成为完美的"石工导师"并且进入神的领域。共济会会员建设所罗门神殿的过程，象征着人追求理性和自身完善的过程。

通过奉行理神论的理想，共济会发起了启蒙运动且在不到 50 年时间里迅速扩散到西欧、中欧和北美，建立起可以和天主教会匹敌的巨大体系。共济会会员有孟德斯鸠、歌德、莫扎特、腓特烈大帝、华盛顿、富兰克林、马克·吐温、柯南道尔，等等。

共济会的分支庞杂，有很多标志，代表性标志是圆规和曲尺。而其他标志基本上是以各种形式表现的金字塔、五角星和六芒星。

共济会的部分标志

圆规和曲尺是全世界共济会共用的标志，源头可追溯至古埃及的梅尔卡巴（Merkaba）。标志当中的角尺与圆规，是昔日石匠通用的建筑工具。而共济会所相信的"宇宙的伟大建筑者"，亦是以这两个工具来设计宇宙。在共济会中，圆规、曲尺和法典被看作会所的家具，是会员完成个人实践、突破三重黑暗、重见理性光明过程中必不可少的工具，因此被称为三重伟大之光。当然，这个标志还有多种意义。

金字塔和全视之眼（The All-Seeing Eye）也是共济会最著名的标志之一。

在一美元背面有完整的美国印章。印章正面鹰头上由13颗小星构成的六芒星，同样也是共济会的重要标志。

此外，美国首府华盛顿在建设规划时早就将"共济会密教符号"、"撒旦教公山羊头的符号"等隐化在首府、白宫、街道规划中。

首先，看看美国首都华盛顿的卫星图，截取自最新的 Google 卫星图。卫星图未做任何更改，黑圈部分是这里要介绍的重要地标。

大家可以看到一些特别的设计。中间一排依次是林肯记念馆、华盛顿记念碑、国会和林肯公园，成一条直线；华盛顿记念碑、白宫和共济会美国总部成一条直线。

五角星是代表撒旦的公山羊的标志。下面是白宫门前的卫星图，道路设计是否依旧比较特别？在特别阔的道路上加上黑线，一个五角星出现了。五角星的四个角都是一个圆形的交通交汇处，而第五个角就是白宫。

但是白宫门前的设计不只是如此。其实，白宫对出的13条街道，与一元美金上的图案一致，而白宫就是那个未完成的金字塔的全视之眼。上一张图显示了白宫门前较多的地区，我们现在利用黑线，把两条从白宫门前伸展出来的道路标示出来，并与一元美金作出对比。从白宫门前对出，刚好是13条街道，而一元美金上的金字塔亦有13层。

第二个与共济会有关的建筑物是美国国会，这次是与共济会的代表性标志有关。

其实在美国国会的左右两边，都有共济会的标志藏在其中。不错，只要有两组相交的道路，就可以形成共济会的标志，但除了美国，还可以在哪一个国家的

相当于美国国徽的美国印章背
面图案上出现的金字塔和全视
之眼。

在法国大革命中诞生的人
权宣言上出现的金字塔和
全视之眼。

白宫门前的卫星图。

美国印章上的五角星。

一美元的背面图

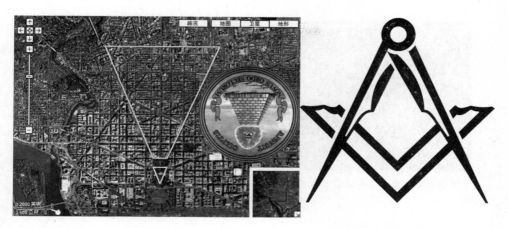

对比图。　　　　　　　　　　　共济会通用标志：角尺与圆规。

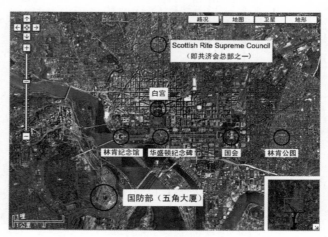

华盛顿的卫星图

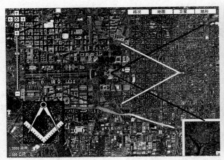 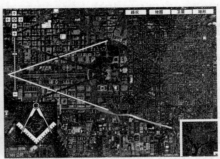

美国国会右边的道路与共济会标志的比　　左边的道路与共济会标志的比较图。
较图。

重要政府建筑物上发现这样的设计？这绝不是偶然之下的设计。

　　美国国会右边的道路与共济会标志的比较见以下左图。当中的两个角都与重要的地标重叠。白色线的是林肯公园，而左边的道路与共济会标志的比较见以上右图。

　　共济会标志的一再出现，暗示了其在美国建立过程中的重要作用。美国历史学家史蒂文·布洛克指出，共济会成员在 19 世纪初期"帮助给予这个新国家一个象征性的核心"。北美独立运动的先驱者几乎全部都是共济会会员，签署《独立宣言》的 56 人中有 53 名共济会会员。历任美国总统中从华盛顿开始，只有被暗杀了的林肯和肯尼迪不是共济会会员。因此，美国的国徽上印着奇特的符号，不具有基督教的意义，却表明共济会的理想：金字塔、与古埃及神秘宗教相关联的眼睛以及拉丁文词组世界新秩序（NOVUS ORDO SECLORUM），都融入了共济会关于神秘智能的观念，以及藉由美国建立一个非君主政体的世俗政府带来的一种世界新秩序信念。

　　共济会阴谋选举国际领袖，发动战争，控制货币流通，已渗透到社会的方方面面。资料表明，他们对其秘密权力的发挥运用不胜枚举。以美国为例。前面提到，美国不少开国元勋是共济会员。事实上，至少有 25 位美国总统和副总统都是共济会积极和活跃的支持者。

光明会和世界新秩序

光明会一般特指德国巴伐利亚（Bavaria）光照派。大部分宣称存在或想象存在的光明会，通常被描绘成是现代世界中古老巴伐利亚光明会的后裔，其成员试图阴谋幕后控制全世界。和共济会一样，光明会有时也被作为世界新秩序的同义词。

1776 年 5 月 1 日，亚当·魏斯豪普特在德国的巴伐利亚组建了光明会。该团体形成 8 年之后，于 1784 年遭到查禁，在 18 世纪末彻底消亡。尽管如此，在它存在的时代里，光明会吸引了大批的拥戴者和批评者。

和共济会一样，光明会也与一美元扯上了关系。

一美元纸币上玄机重重。

首先，这张钞票背面左边金字塔上的眼睛。怎样来解释这个神秘奇异、转动着的眼球？

金字塔上的全视之眼是众所周知的光照派符号，叫作"光芒四射的德耳塔"。这只眼睛表明光照派对政府和社团的全方位渗透。围绕眼睛的三角形，又名：德耳塔，是数学里的转换符号。最后，三角形外围四射的光线意味着启发、阐释。光照派的最终目标，是要带来世俗的世界新秩序形式上的巨大变化。

"NOVUS ORDO SECLORUM"这句拉丁文在 1782 年才被发现与光明会有关，是光明会的用语之一"A New Order of the Ages"。代表新纪元的秩序，即美国脱离英国独立之后的新秩序，也有人猜想是世界新秩序的意思。所谓的世界新秩序，就是光明会所要建立的世界新秩序。最底层上有"MDCCLXXVI"的字样，是罗马数字的 1776，代表美国人民于该年一举推翻了英帝国主义的殖民统治，可

一美元的正面图

全视之眼

1776 同样也是光明会成立的年份。

除此之外，在整个一元美钞上还有许多 13 这个数字，而这个数字正是共济会和光明会的象征之一。老鹰头上有 13 颗星星，象征着美国创始时的 13 个州，但把这些星星全部连接起来也成为象征犹太人的大卫之星，六芒星；金字塔上有 13 个阶梯；钞票背面的拉丁文 "ANNUIT COEPTIS"，意即上帝祝福我们的行为，也是 13 个字母；"E PLURIBUS UNUM" 意即众皆为一，也是 13 个字母。此外，老鹰所夹着的盾牌有 13 条棒状图、所含着的橄榄枝有 13 个叶子、有 13 个果实、13 枚箭头。

一美元钞票背面的美国国徽的起源已有多种讨论：

为什么是金字塔，一个可被论证的非美国式符号？

为什么是世界新秩序，这个拉丁参照符号与 "我们信仰的上帝" 完全相反？

现在许多历史学家认为，光明会幕后执事影响了美国国徽的设计。在共济会成员一度对美国政治极具影响力之时，光明会渗入了共济会成员兄弟会之中。换句话说，对阴谋论者来说，整个美国政府从奠基开始就是在共济会和光明会的操纵之下。既然连整个美国都在他们操纵之下了，那还有什么力量不能够操纵呢？所以，在他们的眼中，整个世界的运行，就是我们这些无辜者在阴暗的强大势力对抗中生存的过程。

由此，有了如下推断：金字塔的黄金尖顶代表品达（Pindar），接下来那只眼睛代表 13 个统治家族。即罗斯柴尔德家族（Rothschild）、布鲁斯家族（Bruce）、卡文迪许家族（Cavendish）、麦迪西家族（De Medici）、汉诺威家族（Hanover）、哈布斯堡家族（Hapsburg）、克虏伯家族（Krupp）、金雀花家族（Plantagenet）、洛克菲勒家族（Rockefeller）、罗曼诺夫家族（Romanov）、辛克莱家族（Sinclair）、华伯家族（Warburg）、温莎家族（Windsor）。

每一个家族对应一种特定的领域，比如：环球金融系统，军事科技／军工发展，意识控制，宗教系统，大众传媒等。每一个家族都有一个 13 人议会。13 这个数字对他们有非同寻常的意义。他们知道神圣意识（God-Mind）的 10 个层面共包含了 12 种类型的能量，这 12 种能量之总和代表了第 13 种能量——这被认为是最强大的知识。

这13个家族的下面一级就是"300委员会"(Committee of 300)。300委员会为品达和13个家族提供直接的支持。300委员会有许多著名的机构,如黑手党组织(Mafia)、罗马俱乐部(Clue of Rome)、中央情报局、彼尔德伯格集团、NSA、外交关系委员会(CFR)、以色列情报机构(Mossad)、国际货币基金会(International Monetary Fund)、英国军情六处(Secret Service or MI6)、美联储(Federal Reserve)、美国国税局(Internal Revenue Service)、皇家国际事务研究所(Royal Institute for International Affairs)、国际刑警组织(Interpol)、三边委员会(Trilateral Commission)。

这些家族和委员会,在光明会的操纵下,控制世界。

彼尔德伯格集团,暗中玩转地球

彼尔德伯格集团是一个由欧美各国政要、企业巨头、银行家组成的精英团队,他们在暗处操纵着世界。这个秘密组织的诸次会议所讨论的问题包括全球化、国际金融、移民自由、国际警察力量的组建、取消关税壁垒实行产品自由流通、限制联合国和其他国际组织成员国的主权等等,往往被认为是西方重要国际会议召开前的预演。这个超国家游说团体,被形象地称为"彼尔德伯格俱乐部"。

左图:彼尔德伯格俱乐部的创始人约瑟夫·雷亭戈(Joseph Retinger,右)。
右图:2004年6月3—6日,彼尔德伯格俱乐部成员在意大利斯特雷萨(Stresa)小镇风景如画的Borromees小岛上举行会议。这个成立于1954年的俱乐部,50年来商讨了许多重要的世界议题,被誉为世界上最有权力的精英俱乐部。

　　与世界上其他高层精英聚会，例如每年的世界经济论坛（WEF）相比，彼尔德伯格俱乐部最大的特点就是它的神秘性。具体体现在如下3点：一是年会从来不会在一个地方举办两次，一般在每年5月或6月的某个周末举行；二是会议地点严格保密，如每年支付数十万美元给会议召开地政府，派出军队保护会议隐私，甚至用直升机搜寻私自闯入者；三是会员挑选的严格性，没有人可以通过金钱、权力或其他关系打通前往彼尔德伯格会议的道路。每一届年会通常会有115个参会者，80%来自西欧，其余来自北美。其中有1/3是政府部门和政界人士，剩余2/3是工业、金融、教育、通讯行业的精英。以2004年6月3日该集团在意大利斯特雷萨举行的50周年庆典和年会为例，被邀请的人物包括BP的老板约翰·布洛文尼，美国参议院议员约翰·爱德华和比尔·盖茨夫人。过去参会的人还包括亨利·基辛格、查尔斯王子、比尔·克林顿、唐纳德·拉姆斯菲尔德，等等。

　　直到最近几年，有关彼尔德伯格集团的故事在网络上开始发布，集团也增加了些微透明度。

　　彼尔德伯格集团的名字源自其1954年举行第一次会议的荷兰一间旅馆的名称，创立的动机是鼓励北美和西欧在第二次世界大战之后重新崛起。不少人认为，彼尔德伯格俱乐部是改变世界的"阴谋理论"的成形之地，虽然那些参与运作彼尔德伯格每年四天会议的人和那些曾经与会的人，都坚称其中并没有什么阴谋。

《矩阵之子》（Children of the Matrix），大卫·艾克（David Icke）著。

谁是矩阵之子？我们是！本书讲述了一个异次元种族如何控制世界数千年，直至今日。

来自外星的蜥蜴人在很早以前入侵地球，他们伪装成人的样子，和人类杂交，并让其后代控制着地球上的主要的经济，军事，政治，媒体等领域，世界上所有的大事几乎都是他们一手操控的。谁是外星族类的后代？垄断寡头，温莎家族和世界上其他比较庞大的家族，光明会、共济会等组织的高端成员……他们通过创造一个全球性的政府，来掌控全人类的命运。

甚至连官方也称会议只是一个有益的私人论坛,为那些来自全球的在政治、商业、皇权等领域有影响力的卓越人物,提供一个讨论全球重大议题的机会。在南斯拉夫,塞尔维亚领导人已经因为一场导致米洛舍维奇失败的战争而责备彼尔德伯格俱乐部;左派英国报纸《大消息》曾称,其俱乐部成员在某次会议中决定让俄罗斯轰炸车臣;还有消息说,俱乐部成员因为英国前首相撒切尔夫人反对实行欧元,一度决定向她的政权发难。左翼激进分子如托尼·高斯宁等也予以同样评论,"我听说关于美军进攻伊拉克的决定,首先来自于 2002 年彼尔德伯格的年会。"阴谋论者可以想象这样一个情节:喝香槟的时候,皮特·曼德森对拉姆斯菲尔德说:"部长先生,你准备什么时候进攻朝鲜?"例子举不胜举。

阴谋论

共济会和光明会被人混淆得很厉害,甚至认为它们就是一体的。尽管光明会模仿或解释了共济会的仪式,还曾有过一些杰出的共济会会员的加入,但从根本上说它不属于共济会,显然也不是由共济会的权威人士组建的。共济会的对手则支持鼓励光明会与共济会是一体的说法,说光明会是德国共济会的一个分支。

像一个套着一个的俄罗斯套娃一样,据说秘密团体都是存在于相互之中的,较大的团体藏匿着较小的团体。光明会与共济会之间的微妙关系引发了一个传说,直到今天,一些谋叛热衷者还坚持这种说法:光明会成员是那些拉线木偶的操纵者的操纵者,他们躲藏在暗处的暗处。据说光明会就盘旋在共济会和其他团体的后台,这些团体包括郇山隐修会、卡巴拉教、蔷薇十字会,或者走上神学极端的锡安长老会。

一个基本的事实不容忽略:这些组织背后有何阴谋?

在前面,我们提到过爬虫族类 – 蜥蜴人的混种实验。拥有一半人类基因,一半蜥蜴基因的混种,因血液中含铜呈蓝色,被称为蓝血人。长期以来,他们活动于地球之上,各国之间,暗中掌控地球的进程。他们是谁,他们就是我们所说的各种神秘组织,如共济会、光明会等成员,或者说,最高控制者。那些外星人的议程,便由这些人执行下去。

以下是这些阴谋组织的控制图。

政府的秘密项目之气象武器——HAARP 项目

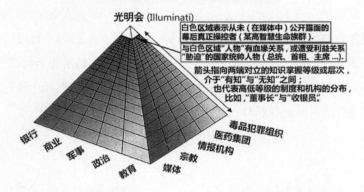

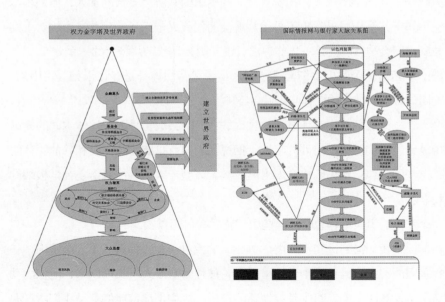

依次为：光明会操控世界的原理图、权利金字塔及世界政府、国际情报网与银行家人脉关系图。

北极光通常是由太阳风引起的。然而根据美国国防部的 HAARP 项目最新成果，科研人员已经可以成功地在电离层的极光之中制造出人造极光。

HAARP 项目，全称"高频主动极光研究项目"（High Frequency Active Auroral Research Program），旨在利用高频电磁波束控制高层大气，由美国空军和海军资助。HAARP 计划于 1993 年启动，2002 年建成，2003 年开始实施研究。该实验基地位于美国阿拉斯加州南部港口城市安克雷奇东北 200 英里处，是一所庞大的军事设施。

HAARP 试验基地占地 13 公顷，其高频主动极光装置的天线阵网共有 180 根天线，每根几十米高，间距设置 24 米。美国行政当局一再申明，HAARP 完全是一个研究电离层和空间天气的科学计划。但是，美国科学家和媒体根据 HAARP 计划开展的试验内容及其具备的能力，一致认为这是一个庞大的军事工程计划。该研究计划目前进行得如何？目的何在？

HAARP——电磁武器。HAARP 利用相控阵天线的原理，调整每个天线发射微波的相位，使 180 根天线发射的微波聚集形成一个波束，发射到高空电离层中的某一点，形成强大的能量，可轻而易举破坏指定地点上空的电离层结构，甚至将臭氧层烧出一个大洞。这会造成宇宙中的各种射线可以通过空洞长驱直入，释放出比核爆炸强大得多的辐射能；破坏地球各圈层的平衡，影响平流层和对流层，大气环流的改变，引起所在地区内的洪水和干旱。

HAARP——设置太空天然屏障。HAARP 通过在地面某一点或多点上以回旋振荡加热的形式，产生不同高度和特性的等离子体，在太空形成各种形式的天然屏障。这既可以用来堵塞、干扰和破坏敌人的通信，保护己方通信，也可以把在太空形成的等离子团——高电离化的空气云，作为一种强大的武器，用来销毁敌方的飞机、导弹、卫星等，整个过程只需 0.1 秒。

HAARP——改变地磁场产生地震。极光的辐射，还会引起地磁场的变化。地磁场作为生物处于平衡的因素，一旦改变，不仅会导致生物平衡的失调，还可能造成地磁场极性倒转，带来难以估量的灾难性后果。由 HAARP 激发起电离层和磁层的变化，也会导致天然地震。这就是特拉斯效应下的人控地震。

HAARP——电磁辐射。如果 HAARP 的频率能引起极光电喷流谐振，那么

HAARP 项目：从左至右依次为人造极光、基地门口的警告牌、天线阵网、工作原理图。

就可以把极光电喷流变成一个虚拟天线，使之辐射出具有极强能量的电磁波，其高频可高到几百万赫，低频可低至 0 ～ 1000 赫。高频电磁波可以构成对无线电通讯的干扰，甚至可以破坏大面积或局部地区的通讯设备。低频电磁波可以和人的大脑工作频率（0.5—40 赫）一致，从而进行意识的控制，强大的 60 赫的频率甚至可以破坏 DNA，减弱人的免疫能力。

我们有理由相信，HAARP 试验项目一旦成功，将会造成以下结果：堵塞、干扰和破坏敌方通信；改变战区的气候和生态环境；摧毁对方的飞机、军舰、潜艇、导弹、卫星；甚至诱发地震、洪水和干旱等。这些能量将被用来操控全球的天气、破坏或毁灭生态系统、破坏电子传讯及改变人类的心情与精神状态。当然，也可以用于对付外星人。

政府的秘密项目之自由能源

19 世纪 80 年代末，电子科学的商业期刊预言将要出现"自由电源"。特斯拉演示"无线电灯"和其他关系高频电流的奇迹。关于电学难以置信的发现被预计

《被埋没的天才》（Tesla: Man Out of Time）。玛格丽特·切尼（Margaret Cheney）著，重庆出版社出版。

尼古拉·特斯拉，被誉为是唯一堪比达·芬奇并超越爱因斯坦的伟大科学家。他发明和创造了交流电系统，对现代世界工业产生了深远影响。然而，因为历史上一些利益集团的阴谋，和美国军方一些更为神秘的理由，他的成就与事迹被人为地打压或隐瞒，以致绝大多普通人连他的名字都没有听说过。但随着人类对环境破坏的加大而引发出对清洁能源与自由能源（免费能源）的渴求，特斯拉的名字又再次浮出水面。《被埋没的天才》一书深入探索了一位科学奇才仍有待于世人探究的成就，并调查了这位人物在科学之外所经历的种种困扰和古怪。

《被禁止的科学》,（Forbidden Science），J.道格拉斯·凯尼恩著，江苏人民出版社出版。从远古高科技到自由能源的神奇之旅。本书19个作者的41篇文章涉及大部分为正统科学界故意隐瞒的技术，从大金字塔的真正功能、撒哈拉沙漠中的拉巴塔·普拉亚巨石圈到心灵感应和超感官知觉（ESP），囊括了最为读者感兴趣的未知领域。

将进入普通人家。

能源技术在其他方面成功地取得了突破。在那个时期，用最小的投入产出巨大能源的方法已经开发出来。但是所有这些技术都没有作为商业项目开放给消费市场。以下是那个时代自由能源的种类：辐射能源、永磁能（静态磁能）、机械能转化成的大能量热能、超级效率电解氢气、爆聚／旋涡、冷态（常温）融合、太阳能辅助热泵，等等。它们的共同点是，使用少量的一种能源，就能控制和释放巨大的不同种类的能源。

这些足以证明自由能源的存在。它们能提供给世界上每个地方每个人无污染、充足的能源。生活可以如此美好：可以停止产生温室气体；可以关闭所有的原子能发电站；可以用低廉的价格从无限的海水中净化淡水，并把它送到哪怕是最远的居住地；同交通和产品成本相关的任何产品将有戏剧性的下降；食物在任何地方的冬天都可以在温室中成长。

然而事实是，所有这些可以使这颗星球的生命生活更好、更容易的奇妙好处被延期了，似乎还将无限期地拖延。

四种巨大的阻挡力量一起导致了这种局面。它们是：利益集团、国家、阴谋组织、人类的本性。具体如下：利益集团为了继续当前的垄断控制；国家为了继续借控制能源而控制世界；一群迷惑的发明者和反对者为了自己的名声和利益而阻挠；人类懒于改变现状，接受新东西而使自由能源技术实用操作遭阻、延期、难以推广。

　　自由能源技术在公众领域中的出现是真正文明时代的黎明。没人可以借贷它，没人可以由它而获得财富，没有人可以用它统治世界。

霍金：

没有身体的舞蹈

STEPHEN
HAWKIING

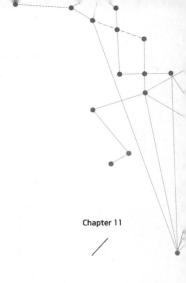

Chapter 11

霍金：
生命起源无关上帝

霍金的地球末日论直指人类本性的贪婪自私，地球——盖亚母亲已经不堪重负。而更多的末日论却与"天"有关，关于太阳、太阳系、银河、神秘天体。灾难，自天而降。

　　种种传闻表明，我们的地球并不安定：负面外星人的侵略、各种秘密组织和集团的暗中操控，少数以牺牲整个人类种族而换取利益的政府高层……而造翼者、玛雅神话，传说中的人类扬升，帮助人类的正面外星人似乎又给了人类一些希望。这些言论或观点，真假混杂，爱恨交加。霍金的忧虑或许应该从是否与外星生命接触，转到下列问题：我们是安全的吗？我们如何重新看待人类以及怎样看待我们的邻居外星生物？我们最终的归宿何在？

1．我们的处境和局面

　　外星生物的存在，使得人类不得不重新思考一个基本问题：我们从哪里来，我们为什么会在这里，我们将要到哪里去？而地外智能生命体存在的可能性，逼迫我们重新审视人类，这个被认为是地球上唯一智慧生物的族类。

　　目前，我们的处境和局面又是怎样的？

外在威胁之外星人的阴谋

　　这方面的威胁主要来自负面外星人。它们的活动分为几类：一是在地球上开展不人道的实验，以人体和牛、羊或其他动物为实验对象，进行如解剖、挖取内脏、植入芯片等活动；二是进行基因整合，培养外星人和人类的杂交品种，以便控制或取代地球上的人类。如小灰人和爬虫类；三是操纵、控制特定人群，或者化身为某一族，进入到政治、经济、金融、文化等领域，操控地球。如化身共济会成员、光明会成员的蓝血人、猎户座 K 集团等；四是直接和地球政府合作，在地球上建立合作基地，进行共同的实验。如美国政府和外星人签订的"恶魔协定"。五是很早就在地球定居，与人类不相干地存活。如关于地心文明的传说：居住在地底下的族类已经发展出高度的文明。当然，还有一种说法是地心的爬虫族类、灰人正伺机攻击地表生物，重获在地表上的主导权。

外在威胁之天降灾难

霍金的地球末日论直指人类本性的贪婪自私，地球——盖亚母亲已经不堪重负。而更多的末日论却与"天"有关，关于太阳、太阳系、银河、神秘天体。灾难，自天而降。

在末日论中，太阳会肆意向地球开火，脆弱的电力文明在风暴面前将不堪一击；神秘的第十二个天体尼比鲁和其上的苏美尔神话中的神将如期归来，行星引力将在地球上引发诸如海啸、地震、火山喷发等灾难，而归来的"神——外星生物"有何目的我们也不能确定；

末日论似乎并不只关于地球，太阳系内的其他行星也会在磁场、温度、大气等方面发生惊人变化。整个太阳系都在变暖。太阳系朝超新星残骸移动、银河对齐等诸种引发原因的猜想五花八门。甚至太阳系内有皮壳，月球上有文明建筑物，火星上有金字塔等说法也呈现在我们面前。一时之间，真假莫辨。

内在威胁之自然灾难

地震、火山喷发、地陷、海啸等自然灾害呈指数上升，地球活动愈发强烈。与此同时，地球磁场正在减弱，甚至还出现了巨大裂口。这不仅影响对诸如来自太阳风暴的外太空辐射的阻隔和吸收，还对鸟类及其它动物的迁徙活动造成困扰。即便地磁突然逆转毁灭世界的可能性不大，但磁极的移动导致如阿拉斯加的快速升温也是不可争辩的事实。

关于地球变暖的争论还在继续，太平洋岛国被淹没的可能性也在加大。而争论的背后，除了对环境难民的探讨，还有节能减排活动背后的碳交易市场。

这些关于灾难和自然威胁背后的数据，哪些真的能置我们于死地，哪些又成了谋取利益的工具？

内在威胁之阴谋论

这方面的威胁不外乎是地球政府和外星人的交往。阴谋论者指出，我们的世界，已经或正在被服务于外星侵略者的秘密政府掌控。这些人有的出于自愿，有的是被欺骗而不知真相。侵略者以外星技术为诱饵，和地球政府签订下各种秘密条约，迈出计划的第一步。如美国政府，及其开展的彩虹计划、蒙淘克计划。那些服务于外星族类的人，控制了政治、经济、军事、文化等各个领域，形成了权利的金字塔。真正的控制者便居于金字塔顶端，能够轻易操纵全球的未来。

最后的时刻到了？

物理学巨匠史蒂芬·霍金在《大设计》和纪录片《万物始末》中说：生命起源无关上帝，万有引力解释其自然发生。是不是霍金洞悉了惊人秘密？

在前面我们提到：霍金警告人类不要主动和外星生物打招呼，并预言地球将在 200 年内毁灭。是不是最后的时刻到了？

霍金 2010 年的这些言论，是对人类、生命、宇宙命运的终极思考。只是，他抛出了问题，却没有给我们答案。或许问题还不仅如此。

联合国设置星际外交官风云，各国公布外星人秘密文件成风潮，政府的各种隐瞒世人的项目，如此种种，是霍金诸种言论的表面背景。在背景的背后，还有太阳系的真相和内幕，宇宙和生命诞生之疑问，遗留世间的各种史前文明遗迹、遗物等待解之谜，以及种种真假难辨的秘密协约、基地和实验、UFO 目击事件等等。这些事实或资料隐隐约约，模模糊糊，真真假假，对真相的探寻还在继续。虽然我们还不得而知最终的结果，但我们知道：事实并不如我们见到的、听到的那般简单。

2. 尼比鲁：灾难的洗礼

随着尼比鲁的接近，地球将受到其引力和磁场影响。

尼比鲁的到来，不会对地球上的人类有直接影响，但会影响到地球上的天气，和因天气造成的次生和地质灾害，以及造成地球类软流层加速和规则的运动。这可能会诱发地震和火山爆发。而地球板块的运动，会造成地陷、空难、矿难、地面异常变动的增加。

地面上的人们将面对什么？火风暴、磁爆太阳风、飓风、暴雨、地震、火山、板块移动的造山运动、地裂、地陷、海啸、洪水和由此影响造成的地质和次生灾害。而这不是某一天，那个某一天只是开始，而是一段时间内。

这些灾难会极大地影响人们的生活，但还不足以造成人类的灭绝。

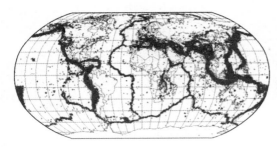

1973 年到 2010 的地震显出的板块边界。

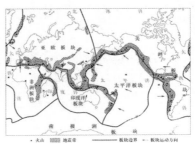

板块的移动方向。

DNA 的重组进化

在第四、五章，我们详细介绍了 1975—2010 年的变化：整个太阳系的行星气候都在发生变化，如全球变暖、磁场变化、大气变化等等。

很显然，这既不能归咎于太阳黑子的活动，因为太阳黑子爆发的峰值周期仅为 11 年，又不能归因于所谓的 X 行星尼比鲁，因为该行星的体积和质量与太阳系其他一些星体相比，要小很多，显然不足以造成整个太阳系所有行星星际气候的巨大变化。

那么，和银河中心的超级大黑洞有关吗？该黑洞旋转速度约为11分钟/圈，质量约为320万—400万个太阳，相当于10560亿—13200亿个地球。如此超大的质量，如此快的旋转速度，我们难以想象这将会产生多强的旋涡，会释放多大的射线。可以确定的是，银河对齐发生的时间为1980—2016年之间，目前我们正处于对齐的路上。

对于人类，银河对齐究竟会有什么样的影响？斯波蒂·斯伍德（Spottiswoode），用长达20年的时间专门研究人类的超感能力变化。他发现：用太阳和地球的相对位置作为研究对象时，实验者的超感能力没有什么变化；但如果使用地球和银河中心的相对位置作为研究对象时，特别是当地球和银河中心对齐的时候，实验者的超感能力就会提升400%。这是主流科学的研究成果。这证明了银河系能量的存在。

银河能量场的层次结构，导致了行星上的红外射线发生了变化。罗西纳·拉勒芒博士发现，银河系能量波不断从银河中心向外扩散。虽然它不算证据，但也间接证明了这一点。

这就是斯波蒂·斯伍德发现的事实，当人们受到银河能量场冲击的时候，超感能力就会变强。不仅如此，它还能让地球上所有生物的DNA重组进化。这个进化的周期是6200万年和2600万年，而我们正处于这个6200万年周期的结束之时，时间可能就在2012。

前面提到，人类基因中97%的垃圾DNA，并不是真正的垃圾，而是遭到封印。能量波是否将激活这些沉默的DNA？我们的智慧是否突飞猛进，寿命大幅增长，最终成为超级生命体？

3．我们的行动

在信息组成的汪洋大海里，霍金教授的话语如投入海中的鱼雷。一开始掀起阵阵巨浪，随后整个海洋慢慢恢复平静，依旧潮起潮落。风平浪静，是嗤之以鼻而不屑还是为抚慰大众情绪、安定局面的延缓之策？

我们并没有坐以待毙。政府已经或正在开展各种秘密项目。在这方面，美国和外星人合作项目最多，技术最为先进，泄露出的资料也较多。

星际援助之星际联盟

在人类寡头统治的影子下，负面的多维生物正扮演着行使权利的角色。面对他们发达的科技，残忍的行为，阴险的用心，人类确实有无力之感。真的没有东西可以约束他们吗？

和猎户座集团的本性是奴役相对，银河联邦和光明联盟是爱和仁的联盟。

银河联邦（The Galactic Federation of Worlds，GF）。银河系联邦是一个来自不同行星文化的大联邦，星系和星系为全部生命的和谐存在一同工作。每个居住于我们宇宙的星系都有一个银河系联邦。

我们星系的银河系联邦是宇宙里最古老的联邦，如今有数百万名成员。银河联邦有三次壮丽实验。第一次银河联邦进化实验——天琴星（位于织女座）；第二次银河联邦进化实验——昴宿星；第三次银河联邦进化实验——地球。

第三次进化实验因地外族类的干涉并不顺利。尤其以蜥蜴人的干扰著名。蜥蜴人及其控制下的小灰人，在地球上建立秘密基地、和地球政府签订下阴谋协议、收割人类灵魂、进行基因混种实验等。

银河联邦现正与地球上的蜥蜴人进行谈判，以保护地球和人类的进化。这个谈判已经进行了大约 50 年。

光明联盟（简称 GA）。为了在银河系对抗负面势力，中央族类将银河系中一些高密度星球联合起来，组成了一个联盟，即光明联盟。这些星球大多为第六以及第六密度以上的星球，其成员也几乎都是第六以及第六密度以上的生命，甚至还有不少造翼者。因这些生命又被叫作光明生命，所以该联盟被称为光明联盟。

光明联盟的使命和义务是解救被负面族类、黑暗势力奴役的星球，包括地球。由于成员大多为光明生命，还不乏智慧大师即光之导师，因而光明联盟能够主动发动对负面势力的战争，并使自身不产生由于主动发动战争而生出的黑暗能量。

地球上的起源装置的核心现在已被点燃，中央族类的舰队马上就要进入太阳系。这些舰队进入太阳系，是为了配合光明联盟以及银河联邦在太阳系外所形成的一道防御圈，以进一步阻挡负面族类和其他黑暗势力的进入。中央族类会利用在地球上的传送装置以及分布在太阳系内的数量众多的其他的大型星际传送门，将庞大的星际舰队传送到太阳系，以与负面族类作战。

　　光明联盟和银河联邦是两个完全不同的星际组织，后者的力量远弱于前者。如主动发动对负面势力的战争，银河联邦自身就会产生大量的黑暗能量，严重影响其成员和成员星球的提升，所以在负面势力面前，光明联盟会主动出击，而银河联邦则显得保守——只有被黑暗势力入侵的星球请求其对抗黑暗势力时，它才会与黑暗势力作战。

拯救者之深蓝儿童

　　深蓝儿童（Ndigo Children，或译为靛蓝儿童），这个词汇起源于《辨色识生活》（*Understanding Your Life Through Color*）一书。该书作者南希·安·塔朴（Nancy Ann Tappe）是灵媒及共知感觉（Synesthesiac）者，她在书中提及，许多带有靛蓝色气场的小孩在 70 年代末出生。此后，靛蓝孩童的概念被 1998 年出版的一本名为《深蓝儿童》（*The Indigo Children The New Kids Have Arrived*）的书籍扩展。作者李·卡罗（Lee Carroll）与珍·托柏（Jan Tober）用深蓝一词来描述所有进入地球的新小孩。自此，深蓝儿童这一概念开始被更多的人知晓。

"Ummac Dan" 是光明联邦的标志。六角星代表创造的科学生活。十字架的每一边是一把银色大镰刀，代表精神／物质的结合及与黑暗势力的对抗。紫色象征神圣圣洁。

　　根据新时代运动所信仰的定义，深蓝儿童是敏感且具有清晰自我价值观的人群，他们对世界有着深远的协助和改变的渴望。他们有如下特点：具有敏锐的洞察人心的能力并且能够明白他人的感受；在性格上倾向于对未解之谜、超自然力以及神秘学有浓厚的兴趣；对权威和传统持反叛心态；人们无法恐吓或强迫深蓝儿童做事；在同类人中相处自然，但对外界来说，则有不擅交际、不适应社会的倾向。

　　事实上，靛蓝人群在地球历史的各个时期都曾出现过，在历史中上一次大量出现的时期是中世纪。据记载，那时他们不是任何正规教派的信徒，对于教廷来说反而被冠以异教徒、魔法师等名号。在这个时代，深蓝计划开始被纳入行星发展的蓝图，意在提升星球的进化周期所必需的频率，深蓝灵魂再次被以逐渐递进的方式播种于地球。在 70、80 年代，深蓝还较为稀少，但进入 90 年代后便大量降生。

　　深蓝儿童的整体生命目的在于带来更多的爱，给予这关键时代行星转变所需的能量，改变人类过往的分离文化，颠覆对错观、二元论并带来怜悯平等、与万物一体的观念。

　　具体说来，他们的使命是帮助地球——盖亚母亲的提升。盖亚被困在第四密度[1]与第三密度间。因为人们还在第三密度，而她却已经进入第四密度。人们的意识一直影响着盖亚的中心意识，如果盖亚上的人们不进化到第四密度，盖亚就会有危险。深蓝儿童是转换到第三密度形态的人，他们不断地来到，提升自己成为第四密度的人（存有），把自己的意识注入盖亚的中心意识中。让共生体－人类的频率与盖亚的频率跟进，直到盖亚被第四密度的意识覆盖。这样，盖亚就真正成为一个完整的第四密度星球了。换句话说，深蓝儿童真正的使命不是改变他人，改变世界，而是改变自己，通过学习爱来达到爱的密度，即第四密度，让自己的意识（频率）成为盖亚意识（频率）的一部分，真正地帮助盖亚。

---

[1] 这是灵媒眼中的"密度"。他们认为，世界由不同的密度组成：第一密度是行星的元素和能量，像空气、水、火和土壤。第二密度是植物和动物。第三密度是像我们这样的人类存有。第四密度，下一个密度，是从我们的环境提升上来的，是能够学习爱与理解课程的人类。第五密度是能够学习智慧的人类。第六密度是能够学习爱与智慧的平衡和进入完美平衡与合一的人类。

但在此阶段存在于地球上的深蓝儿童与当今社会文化冲突巨大，格格不入。这些高频的古老灵魂还不适应低频生活：人群中混乱、低频的磁场能量引发了他们的退缩倾向；在社会、学校和家庭中的不适也导致了强烈的矛盾。当深蓝儿童无法从外界得到支持时，往往会改变他们的极向选择，变得狂暴、愤怒，具有攻击性或自卑、抑郁及分裂等精神不稳定现象，而无法顺利完成他们的生命目的——协助这颗星球。

拯救者之流浪者

在造翼者的神话中，我们得知，地球的扬升将使我们摆脱负面外星人的威胁，而人类及地球上的其他生物也将进入更高的层次，爱和仁慈将主导一切。

除了深蓝儿童外，还有三波人为帮助现今的人类进入第四密度，从第四、五、六密度以肉身状态进入地球。他们被称为"流浪者"[1]，约有6500万左右。他们的具体任务是：来到第三密度的地球，爱每一件事和每一个人，包括这行星上的植物和动物、流浪者本身和其他普通人类，以及所有较高密度的美好德行。

我们在地球第三密度的人类之所以需要帮助，是因为尚未学习到这个密度的课程，即彼此相爱。第三密度即将结束，下一堂课在2012年开始，地球会成为正面的第四密度行星。

第一波流浪者于1940年左右开始来到地球。他们分享了很多深蓝儿童的特征，热情地陷入从事服务的想法中，感觉自我在地球上有个使命。

第二波流浪者在1970年左右开始降生。他们并非特别地服务导向，而是为了个人的进化而来到地球上。帮助行星和其上的人群是次要的任务。

第三波流浪者是从第三密度的地球毕业的。他们是第四密度的先驱，在1985年左右开始流入我们的地球世界。这是相当大的牺牲，他们选择从他们的新密度回来，帮助那些在他们的故乡行星中尚未毕业的人们作为他们的首要任务。他们也想要作为服务员大大地修复地球自身的平衡。他们强烈地感觉到了这个双重的使命。

流浪者在地球上有时会感到反感，因为这星球的频率相当低，这与他们原先

---

〔1〕流浪者，指从高一密度星球转世到低密度星球的人。他们原本可以"往上爬"，但由于某种原因——想帮助地球和地球人，由于"自由意志"就来到地球了。

星球的密度并不相符。

托尔斯泰说："无论这世界变得多么黑暗，在你们的心中总会有那么一点火花，点燃起永不熄灭的火焰！" 当这种觉醒的意识开始影响到大部分群体的时候，社会行为自然会由此而改善，我们将从"第三密度"扬升到"第四密度"。

4．我们将要到哪里去?

外星生物的存在，特别是智能外星生命体的存在，使我们不得不重新思考人类、地外智能生命的存在意义。生命为什么会产生？生命存在的目的是什么？

我们如何看待自己和外星族类？

我们有必要重新审视人类这一族类本身，因为我们并不孤独。

作为一个族类，我们必定要保证自己的生存和存在。你是否思考过，为什么我们这个种族是地球上唯一的高智能物种？你是否想过，为什么从古代的哲人到现代的科学家，都无法完全回答我们从哪儿来？其实我们一直就置身于创造的奇迹之中，或者，我们本身就是一个被创造的奇迹。

如地球文明一样，茫茫宇宙存在着许多文明，有些甚至远远高于我们。那些邻居们，也是有意识的生物，被我们称为外星人，尽管事实可能更微妙。我们和他们之间并没有本质的不同，除了进化过程中的某个阶段的经历不同。他们不是上帝或任何神。事实上，他们是我们平等的宇宙兄弟。他们是否也如人类中的大多数一样，正在寻求终极存在？

我们的结局是否如源头智慧所设想的复归整体，集体提升，最终完成星际文明的进化？

史前文明

当今的社会发展，许多人引以为荣：人们庆幸地球这个得天独厚的星球，在宇宙中少见的环境中孕育了生命；庆幸生命从低等生物成功地进化出了人类；庆幸人类从古代的愚昧到推动今天科学的巨大进步。但最近几十年来，越来越多古生物学和考古学的事实，使得这种信仰开始动摇。

不论是源自外星人访问地球所留下的痕迹，还是地球文明周期进化论中的前一届高级人类留下的史前超文明，在我们探寻诸多超文明遗迹时，这个事实不容忽略：尽管拥有令今天人类望尘莫及的高度发达的科技，超文明及其拥有者还是毁灭了。亿万年的沧海桑田几乎抹去了一切，毁灭原因成了不解之谜。

我们不得不重新审视现代社会和科学。以实证方法为主的科学界，究竟带给了人类什么？不错，我们的科技飞速发展，我们的生活更为便利，但与此同时，人文精神的缺失造成了社会的畸形发展，丰裕的物质文明和贫瘠的精神世界对比如此鲜明。

实证科学忽视总体、整体，重视细枝末节使这条科学发展路线的局限性一目了然。就地球的角度来看，现今人类的发展历史，已经逐渐演变成一部破坏史。科学使人们相信，人是自然的主宰，对自然进行贪婪的掠夺和破坏，使生物灭绝的速度加快。以剥夺了其他物种生存的权利为基础，人类发展一枝独秀。无休止的竞争、惨烈的战争、人性的自私和盲目，很难说，我们究竟是进步了，还是退后了？

周期轮回的史前文明告诉我们：历史是重演的，就像星球的运转有规律一样。无数辉煌的文明消失了，能看到的只是零星的残迹。这些极度发达的文明，是什么原因导致了最后的毁灭？在我们的记忆中，只记得柏拉图时代留下的传说：发达的亚特兰蒂斯文明葬身海底。人类究竟如何才能走出以暴制暴的恶性循环，并且避免环境持续恶化，以及避免由战争和污染导致的自毁，走向健康、美好无极限的理想之路呢？当我们勇敢地正视人类真正历史的时候，也许能体会到远古睿智的人类为什么要建造那些坚不可摧的纪念碑。复活节岛上，那些默默望着东方的巨石人像，那些刻着眼泪的面孔，也许是祖先留给今天最珍贵的警醒。

霍金：

没有身体的舞蹈